E-Book PLUS+
E-Book inside

Mit folgendem persönlichen Code erhalten
Sie die Ausgabe dieses Buches als
- **E-Book PLUS+** (ePub 3.0-Format)
- **E-Book** (pdf-Format)

zum kostenlosen Download:

a0uw6-p56r5-
01800-sw1vy

Registrieren Sie sich unter
www.hanser-fachbuch.de/ebookinside
und nutzen Sie das
- **E-Book PLUS+** mit interaktiven Elementen auf Ihrem iPad/iPad mini
- **E-Book** auf Ihrem Rechner*, Tablet-PC und E-Book-Reader.

Weiteres Zusatzmaterial finden Sie
kostenlos zum Download.

* Systemvoraussetzungen:
Internet-Verbindung und Adobe® Reader®

Füermann

Prozessmanagement

Timo Füermann

PROZESSMANAGEMENT

- Kompaktes Wissen
- Konkrete Umsetzung
- Praktische Arbeitshilfen

HANSER

FSC
www.fsc.org
MIX
Papier aus verantwortungsvollen Quellen
FSC® C014889

Bibliografische Information der Deutschen Nationalbibliothek

Die Deutsche Nationalbibliothek verzeichnet diese Publikation in der Deutschen Nationalbibliografie; detaillierte bibliografische Daten sind im Internet über <http://dnb.d-nb.de> abrufbar.

http://www.hanser-fachbuch.de

Lektorat: Lisa Hoffmann-Bäuml
Herstellung: Thomas Gerhardy
Satz: Kösel Media GmbH, Krugzell
Umschlaggestaltung: Stephan Rönigk
Druck & Bindung: Friedrich Pustet, Regensburg
Printed in Germany

ISBN 978-3-446-43858-3
E-Book-ISBN 978-3-446-43768-5

Für Martina und meine Söhne Florian und Felix, die gemeinsam mit mir festgestellt haben, dass ein Buch zu schreiben doch mehr Zeit in Anspruch nimmt als gedacht.

Vorwort

Warum wurde dieses Buch auch noch geschrieben? Es gibt doch schon genug Veröffentlichungen über Prozessmanagement. Da wird klassifiziert, definiert und eingeteilt. Es wird zusammengefasst, beschrieben und aufgelistet, welcher andere Autor was bevorzugt oder welches Konzept er wie benennt. Auf vielen Seiten wird dargestellt, was gemacht werden müsste und wo es einen Zusammenhang mit anderen Konzepten gibt. Die meisten Beiträge haben eher den Charakter von Lehrbüchern und leisten nicht wirkliche Hilfestellung im Alltag. Es gibt wenig Praktisches!

Früher habe ich gedacht, dass es ausreichend ist, die generellen Prinzipien und theoretischen Hintergründe zu verstehen, und daraus kann man sich dann den Rest selbst herleiten. Heute weiß ich, dass ein langer Weg von der Theorie zur Praxis führt. Theoretisch wissen viele, wie man Ordnung hält, das Idealgewicht erreicht oder sich das Rauchen abgewöhnt, aber das reicht in den wenigsten Fällen aus. Zusätzlich bedarf es noch eines besonderen Anstoßes und ein paar Werkzeuge, die beschreiben, wie man konkret vorgeht. Es gibt etliche Fallgruben, in die man fallen kann, und viele Kleinigkeiten, die dafür verantwortlich sind, wenn dann doch nicht funktioniert, was sich in der Theorie so einfach angehört hat. Gerade ein Thema wie Prozessmanagement findet nicht in der Studierkammer statt, sondern jeder im Unternehmen soll mitmachen. Weil das so ist, müssen alle die Prinzipien verinnerlichen und es reicht eben nicht aus, dass ein Experte weiß, wie es geht. Wer die anderen überzeugen möchte, benötigt ein schlüssiges Gesamtkonzept vom ersten Schritt bis zum Ziel. Daher wird hier nicht nur ein Kochbuch geliefert, sondern die einzelnen Rezepte werden eingeordnet und kommentiert. Es gibt Vorschläge für ein Menü und den passenden Wein dazu. Eine kleine Warenkunde und die Erläuterung der gängigen Küchenwerkzeuge runden das Konzept ab.

Dieser Vergleich soll aber nicht als Theoriefeindlichkeit verstanden werden. Wie nämlich der einflussreiche Sozialpsychologe Kurt Lewin Anfang der 1950er-Jahre schon feststellte, ist nichts praktischer als eine gute Theorie. Diesen Satz kenne ich seit meiner Promotion in den 1990er-Jahren und wollte ihn schon immer mal irgendwo schreiben. Es hat etliche Jahre gedauert, doch jetzt ist es endlich so weit. Schon damals ging es um Prozessmanagement und das Thema befand sich gerade im Entstehen. Ich konnte natürlich nicht wissen, dass es sich so lange hält. Seitdem habe ich mich mit der Einführung des Prozessmanagements in der Praxis beschäftigt und die Zusammenhänge mit anderen großen Themen wie Qualitätsmanagements, schlanke Produktion oder Six Sigma kennengelernt. Im Laufe der Jahre hat sich bei mir immer mehr die Überzeugung verfestigt, dass Prozessmanagement ein äußerst wertvolles Instrument ist, um ein Unternehmen fit für die Zukunft zu machen und Unwägbarkeiten erfolgreich zu meistern. Daher kann ich die Implementierung nur uneingeschränkt empfehlen. Dieses Werk zeigt Ihnen hierfür einen praktikablen Weg.

Ich wünsche Ihnen viel Freude bei der Lektüre und viel Erfolg bei der Umsetzung!

Timo Füermann, Haan im Frühjahr 2014

Inhalt

Mit E-Book PLUS$^+$

Zu diesem Werk erhalten Sie ein kostenloses E-Book PLUS$^+$(siehe den vorne eingedruckten Code). Das E-Book PLUS$^+$ ist mit interaktiven Elementen ausgestattet. Sie können im E-Book PLUS$^+$ die in diesem Buch enthaltenen Arbeitshilfen direkt öffnen. Zudem finden Sie am Ende der Kapitel interaktive Frage- und Antwortelemente.

Das E-Book PLUS$^+$ lässt sich bequem auf Ihrem iPad nutzen. Sollten Sie kein iPad besitzen, können Sie sich das E-Book auch als pdf-Datei herunterladen (siehe ebenfalls den vorne eingedruckten Code). Die Arbeitshilfen stehen Ihnen in diesem Fall zum Download unter www.hanser-fachbuch.de/9783446438583 unter Extras zur Verfügung.

Einleitung

Warum finden prozessorientierte Managementmethoden so viel Anklang? Seit Beginn der 1990er-Jahre werden Konzepte wie Prozess-Re-Engineering, Prozesswertanalyse, Lean Management, Prozessmanagement oder Six Sigma in Unternehmen, auf Seminarveranstaltungen und auch in der Fachliteratur umfangreich diskutiert. Zur Begründung wird auf veränderte Marktbedingungen verwiesen, die von stärker werdendem Wettbewerbsdruck, gestiegenen Kundenanforderungen, fortschreitender Internationalisierung und einem immer schneller werdenden Technologiewandel herrühren. Die Unternehmen des 21. Jahrhunderts stehen vor der Herausforderung, auch in Zeiten des stetigen Wandels erfolgreich zu bleiben. Somit bestehe die größte Kunst nicht mehr darin, erfolgreich zu werden, sondern darin, es zu bleiben. Das allgemeine Gefühl macht sich breit, dass sich etwas ändern muss und dass sich die Wirtschaft vom Taylorismus abwenden sollte, der auf die Spezialisierung setzt und auf die strikte Trennung von Planung und Ausführung. In diesem Umfeld scheinen die prozessorientierten Managementkonzepte einen Ausweg aufzuzeigen. Die Unternehmensprozesse treten in den Vordergrund und werden organisiert, analysiert und optimiert. Die kompetente Fachabteilung allein, die hervorragenden Wissenschaftler und Ingenieure oder die herausragende Personalentwicklung bedeuten nämlich nicht automatisch eine besonders hohe Wertschöpfung. Für den Kunden zählt allein, ob die erbrachten Produkte und Dienstleistungen für ihn nützlich sind. Erst wenn die Prozesse reibungslos funktionieren, alle Mitarbeiter wissen, was zu tun ist, und die Prozessergebnisse pünktlich und fehlerfrei vorliegen, stellt sich beim Kunden Zufriedenheit ein.

HINWEIS: Das kundenorientierte Managen der Prozesse bestimmt, wie die vorhandenen Ressourcen für den Kunden eingesetzt werden und welche Wettbewerbsposition das Unternehmen einnimmt.

So weit, so gut, doch was ist Prozessmanagement genau? Es lässt sich zunächst aus drei verschiedenen Perspektiven betrachten, wie es in Bild A dargestellt ist. Häufig wird es als das Implementieren einer prozessorientierten Unternehmenssoftware angesehen. Zweitens werden Verbesserungsprogramme so genannt, die an den Prozessen ansetzen. Und schließlich beschreibt die dritte Sichtweise eine langfristige, prozessorientierte Unternehmensentwicklung. Im ersten Fall werden die Geschäftsprozesse analysiert, um sie dann in einem IT-System des Unternehmens abzubilden. Dabei werden die Abläufe automatisiert und möglichst effizient gestaltet. Das schließt eine parallele Prozessverbesserung nicht aus. Dieses ist sogar ratsam, da eine detaillierte Analyse und damit Kenntnis der Abläufe sowohl für die Softwareentwicklung als auch für ein prozessorientiertes Verbesserungsprogramm notwendig sind. Nachdem die Abläufe erst einmal im IT-System abgebildet sind, lassen sie sich nur noch mit verhältnismäßig großem Aufwand ändern. Daher steigert eine vorgelagerte Optimierungsphase den Nutzen des gesamten Projekts.

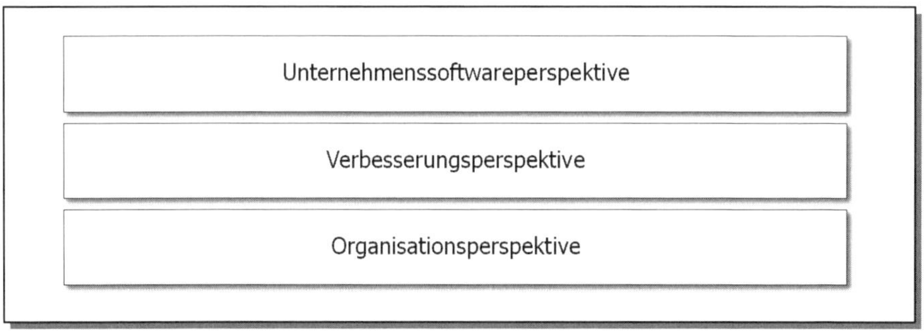

Bild A Sichtweisen des Prozessmanagements

Wird Prozessmanagement als Verbesserungsprogramm gesehen, so werden Prozesse gezielt nach dem vorhandenen Optimierungspotenzial ausgewählt und dann mit geeigneten Methoden verbessert. Solche Ansätze werden häufig von Beratern gewählt, um die Mitarbeiter im Prozess zu unterstützen und besonderes Fach- und Methodenwissen einzusetzen. Die Berater können entweder unternehmensextern sein oder aus entsprechenden internen Abteilungen stammen.

Prozessmanagement besteht somit aus einer Reihe von Projekten und kann zu großen Rationalisierungserfolgen führen. Eine tief greifende Änderung der Organisationsstruktur lässt sich hierbei jedoch kaum erwarten.

HINWEIS: Prozessmanagement kann als langfristiges Organisationsprinzip definiert werden. Voraussetzung für eine gewinnbringende Umsetzung ist eine umfassende Organisationsentwicklung.

Die dritte Sichtweise betrachtet die Prozesse aus der Organisationsperspektive heraus. Es geht um das Definieren der Aufgaben und Zuständigkeiten entlang der Wertschöpfungskette des Unternehmens. Insgesamt wird nicht ein begrenztes Verbesserungsprogramm angestrebt, sondern es soll die ständige Verbesserung der gesamten Prozesse des Unternehmens angeregt werden. Das Unternehmen wird so aufgestellt, dass alle Prozesse auf den Kunden ausgerichtet sind und die Mitarbeiter alle ihre Fähigkeiten einbringen können, um die Wertschöpfung fortlaufend zu erhöhen.

Die üblichen Verbesserungsprogramme bringen zwar schnelle, messbare Erfolge und erfordern keine Änderung der bestehenden Unternehmensstruktur, aber weisen auch schwerwiegende Nachteile auf: Die meisten Programme sind nur wenig nachhaltig. Die Kundenanforderungen an den Prozess werden einmal ermittelt und die Prozesse darauf aufbauend optimiert. Dies hat zumeist nur geringen Einfluss auf die langfristigen Einstellungen und Sichtweisen der Führungskräfte und Mitarbeiter. Bei der nächsten Anpassung der Strategie oder wenn sich das Wettbewerbsumfeld oder die Kundenanforderungen ändern, verlieren die Prozesse wieder an Wirksamkeit. Das Optimierungsspiel beginnt von vorn und zusätzlich steigt die Abhängigkeit von Beratern oder einer internen Organisationsabteilung. Die betroffenen Mitarbeiter in den Prozessen lernen nicht die Methoden des Prozessmanagements und was noch schwerer wiegt, sie lernen nicht, prozessorientiert zu denken. Somit kommt man nur an die tief hängenden Früchte und kann nicht das gesamte Potenzial des Prozessmanagements ausschöpfen. Denn es erfordert dauerhaftes und konsequentes Arbeiten an den Prozessen, um auch festsitzende Probleme zu lösen oder die Vielzahl der kleineren, nicht so offensichtlichen Potenziale auszuschöpfen. Aufgrund des begrenzten zeitlichen Umfangs der Verbesserungsprogramme kann die kundenorientierte Ausrichtung des Unternehmens nur wenig vorangebracht werden. Wenn die Mitarbeiter im Callcenter sich mit Namen melden und fragen, was sie tun können, ist das noch keine wirkliche Kundenorientierung. Sondern dazu muss die gesamte Organisation konsequent an den Kundenforderungen ausgerichtet werden und die Prozesse müssen auf Wertschöpfung getrimmt werden.

Dieses Buch nähert sich dem Thema aus der Richtung der dritten Sichtweise und stellt die prozessorientierte Organisationsentwicklung zu einem kompakten Programm zusammen. Die beschriebene Vorgehensweise schafft Übersicht, wirkt der wachsenden Komplexität entgegen und setzt die langfristige und ständige Verbesserung der Prozesse in Gang. Ist die prozessorientierte Organisation erst errichtet, so ist es leicht, sie ständig weiterzuentwickeln. Sowohl die Wertschöpfung als auch die Kundenzufriedenheit können gesteigert werden. Darüber hinaus sollen die Prozesse die Strategien unterstützen. Möchte sich ein Unternehmen als Innovationsführer positionieren, so benötigt es einen wirksamen und schnellen Entwicklungsprozess. Wünscht ein anderes Unternehmen hingegen, im unteren Preissegment anzubieten, so ist eine strikte Orientierung an den wertschöpfenden Prozessen ratsam und der Marktführer im Servicebereich benötigt beispielsweise einen exzellenten Kundenservice und ein funktionierendes Beschwerdemanagement.

In diesem Buch wird die Einführung des Prozessmanagements als „Programm" bezeichnet. Damit soll klargestellt werden, dass es sich nicht um ein Projekt mit definiertem Ende handelt, das einmal durchgeführt wird und dann abgeschlossen ist. Das Programm „Prozessmanagement einführen", das in dem vorliegenden Buch beschrieben wird, ist in insgesamt fünf Teile gegliedert (Bild B).

Im Teil eins werden erst einmal die Grundlagen erarbeitet.

Im Teil zwei wird beschrieben, wie die gesamte Organisation auf das Prozessmanagement eingestimmt und die Infrastruktur errichtet wird. Nachdem das Management das anstehende Programm im Unternehmen bekannt gemacht hat und die Mitarbeiter durch zielgerichtete Kommunikation und entsprechendes Training vorbereitet wurden, beginnen der Veränderungsprozess und die eigentliche Arbeit. Die vorhandenen Prozesse werden identifiziert und voneinander abgegrenzt. Wo es notwendig ist, wird das Zusammenwirken der Prozesse neu organisiert und die Zuständigkeiten werden geändert. Der Programmleiter erarbeitet eine sogenannte Process Map, also eine Landkarte, die die Prozesse darstellt. Diese Übersicht mit Wechselwirkungen und Abläufen dient dazu, das gesamte Konzept zu verdeutlichen und die zukünftige Organisation darzustellen. Sie ist Bezugspunkt für alle Mitarbeiter, denn im Mittelpunkt einer ernst gemeinten Prozessorganisation stehen die Prozesse und die Prozessergebnisse, die an Kunden geliefert werden und dort für Zufriedenheit sorgen, und nicht etwa die Größe einer Abteilung oder die Hierarchieebene, auf der sich ein bestimmter Manager befindet. Nun wird für jeden Prozess ein Prozessbesitzer ernannt, der für die Umsetzung des Programms und anschließend für die weiteren Verbesserungen verantwortlich ist. Der Prozessbesitzer kann die umfangreichen Aufgaben nicht allein bewältigen. Ihm zur Seite steht das Prozessteam, das aus weiteren Mitarbeitern besteht, die in diesen Prozess eingebunden sind. Manchmal ist es ratsam, zusätzlich einen „externen Beistand" hinzuzuziehen, der das Team vor Betriebsblindheit schützen soll. Dieses Team bewertet die Prozessleistungen, plant Verbesserungen und setzt alle weiteren Maßnahmen um, die sich auf den jeweiligen Prozess beziehen.

Im dritten Teil des Buchs wird beschrieben, wie der Prozessbesitzer gemeinsam mit seinem Team die Details festlegt, ein Ablaufdiagramm erstellt und schließlich die erarbeiteten Festlegungen standardisiert.

Im vierten Teil wird die Prozesslenkung dargestellt. Lenken bedeutet, die Prozessleistungen fortlaufend zu bewerten und mit den Anforderungen zu vergleichen. Um eine wirksame Lenkung sicherzustellen, werden Leistungsindikatoren festgelegt und fortlaufend beobachtet. Die Vorgaben für die Prozesse stammen aus der Zielplanung nach dem sogenannten Hoshin-Kanri-Prinzip. Durch diese Planung werden außerdem die Weiterentwicklung der Prozesse und die Orientierung an der Strategie sichergestellt. Nahtstellenvereinbarungen kommunizieren die Kundenanforderungen intern und durch Prozessaudits werden schließlich Abweichungen festgestellt. Zeigt irgendeine der beschriebenen Maßnahmen Handlungsbedarf an, so greift der Prozessbesitzer mit seinem Team korrigierend ein.

Im fünften Teil geht es um die Verbesserung der Prozesse. Je nach Unternehmenssituation und Zustand des Prozesses kommen verschiedene Vorgehensweisen in Frage. Erfüllt der Prozess grundsätzlich die Kundenanforderungen und hat lediglich ein paar Ecken und Kanten und zeigen sich im Detail einige Möglichkeiten zur Erhöhung der Wertschöpfung, so sind die Methoden des Kaizen oder – auf Deutsch – der ständigen Verbesserung angebracht. Bestehen größere Verbesserungspotenziale oder sollen sprunghafte Veränderungen erreicht werden, so startet man am besten ein Projekt und lässt nicht das Prozessteam mit der Herausforderung allein. Six Sigma bietet hierfür eine schlagfertige Projektorganisation mit Vollzeit eingesetzten und methodensicheren Projektleitern. Soll der Prozess schließlich von Grund auf neu gestaltet werden, weil z. B. neue Technologien zur Verfügung stehen oder sich die Strategie verändert hat, so kommt das Prozess-Re-Engineering zum Einsatz.

Prozessmanagement ist keine einheitliche Theorie oder ein abgeschlossenes Spezialgebiet für eine Handvoll Fachleute, sondern es handelt sich um die Zusammenstellung einer ganzen Reihe verschiedener Strömungen, Methoden, Theorien und Praxiskon-

Infrastruktur	1. Mitspieler bestimmen 2. Programmplanung 3. Prozesse identifizieren 4. Die Processmap erstellen	Werkzeug 1: Programmplan Werkzeug 2: Trainingsplan Werkzeug 3: SIPOC-Diagramm
Beschreiben	1. Prozessdetails festlegen 2. Ablaufdiagramm erstellen 3. Prozesse standardisieren	Werkzeug 4: Turtle-Diagramm Werkzeug 5: Prozessablaufdiagramm Werkzeug 6: Tabellenablaufdiagramm
Lenken	1. Indikatoren festlegen 2. Hoshin Kanri 3. Nahtstellenvereinbarungen treffen 4. Prozessaudits durchführen 5. Korrekturmaßnahmen einleiten	Werkzeug 7: Trendkarte Werkzeug 8: X-Matrix Werkzeug 9: A3-Prozessbericht Werkzeug 10: Nahtstellenvereinbarung Werkzeug 11: Prozessaudit Werkzeug 12: Tabellenablaufdiagramm
Verbessern	1. Ständige Verbesserung 2. Six Sigma 3. Prozess Re-Engineering	Werkzeug 13: Wertstromanalyse Werkzeug 14: Ideenspeicher Werkzeug 15: Projektauftrag Werkzeug 16: Phönix-Workshop

Bild B Gliederung des Programms

zepte. Daher liegt es in der Natur der Sache, dass nicht alles genau erläutert werden kann. Was wichtig ist, steht im Text und was nicht ganz so wichtig ist, wurde weggelassen. In Kapitel 7 befindet sich jedoch eine Liste mit interessanten Links auf ausgewählte Seiten im Internet. Dort findet man eine ganze Reihe weiterführender Beiträge, Diskussionen, Werkzeuge und Anregungen genereller Art. Die wichtigen, insbesondere die englischen und japanischen Begriffe befinden sich am Ende auch noch einmal aufgelistet.

HINWEIS: In den einzelnen Kapiteln werden wichtige Werkzeuge Schritt für Schritt beschrieben. Der Begleittext erläutert Allgemeines und gibt die Hintergründe an. Die ganze Kraft des Prozessmanagements erschließt sich jedoch erst, wenn man beides liest. Der Begleittext zeigt die große Linie auf und wenn dann der Tag gekommen ist, an dem es an die Umsetzung geht, genügt es, die Werkzeuge noch einmal durchzugehen und die beigefügten Vorlagen zu verwenden.

Im Anhang befindet sich zur besseren Orientierung eine Liste der Werkzeuge.

1 Was ist eigentlich ein Prozess?

Für Wunder muss man beten, für Veränderungen aber arbeiten.
Thomas von Aquin

1.1 Prozessdefinition

HINWEIS: Ein Prozess umfasst eine Reihe von Aktivitäten, die untereinander in Verbindung stehen und aus einer Reihe von Eingaben ein Ergebnis für den Prozesskunden erzeugen.

In dieser oder einer leicht abgewandelten Form wird dieser Begriff quer durch die gesamte Literatur benutzt und in der DIN EN ISO 9000 definiert (z. B. Schmelzer/Sesselmann 2013; Harrington 2012).

Entsprechend dieser Definition kann das gesamte Unternehmen als ein einziger Prozess angesehen werden, in dem Material, Personal, Kapital und Wissen eingesetzt und nach bestimmten Regeln in Produkte und Dienstleistungen umgewandelt werden. Um die Abläufe eines Unternehmens zu analysieren, zu lenken und zu verbessern, ist diese Einteilung allerdings etwas zu grob und bei genauerer Betrachtung werden verschiedene Prozesse sichtbar, die miteinander in Wechselwirkung stehen und sich voneinander abgrenzen lassen. Beispielsweise seien hier der Vertriebs-, der Produktentwicklungs-, der Beschaffungs-, der Auftragsabwicklungs- oder der Produktionsprozess genannt. Bild 1.1 zeigt eine umfassende, aber nicht abschließende Auflistung typischer Prozesse.

Die Details unterscheiden sich je nach Branche, Art der Produktion oder Strategie. Ähnliche Prozesse lassen sich jedoch bei fast allen Unternehmen oder Institutionen finden und es spielt keine Rolle, ob es sich nun um Industrieunternehmen, Dienstleister, öffentliche Verwaltungen oder einen Energieversorger handelt. Lediglich die typischen Bezeichnungen unterscheiden sich voneinander. Bei Dienstleistungsunternehmen spricht man zum Beispiel nicht von Produktentwicklung, sondern von Dienstleistungsentwicklung. Der Produktionsprozess wird zur Dienstleistungserbringung und lediglich der Lagerungs- und Produkterhaltungsprozess entfällt. So kann die Dienstleistung Haareschneiden beispielsweise nicht gelagert oder per Spedition verschickt werden. Der Nutzen wird sozusagen direkt während der Erstellung wirksam. Als weiteres Beispiel sei hier die Einzel- oder Kleinserienproduktion angeführt, hier wird man einen Arbeitsvorbereitungsprozess finden, der festlegt, in welcher Reihenfolge ein bestimmter Auftrag über die Universalmaschinen durch die Werkstatt läuft. In der Massenproduktion wird eine Arbeitsvorbereitung zumeist nicht zu finden sein, sondern hier gibt es einen Produktionsplanungsprozess zur Einführung neuer Produktionsanlagen.

HINWEIS: Für die Einteilung in Haupt- und Teilprozess sind Praktikabilität und eindeutige Verantwortung ausschlaggebend.

Entsprechend der großen Komplexität dieser Aufgaben werden die in Bild 1.1 aufgelisteten Prozesse Hauptprozesse genannt. Sie lassen sich weiter in verschiedene Teilprozesse zerlegen. Der Auftragsabwicklungsprozess lässt sich beispielsweise weiter in die Teilprozesse Auftragsmanagement, Produktionsplanungs-, Materialplanungs-, Materialbereitstellungs-, Produktions-, Lieferungs- und Fakturierungsprozess gliedern. Der Produktionsprozess wird in diesem Beispiel als Teilprozess des Auftragsabwicklungsprozesses genannt. Im Bild 1.1 wird er hingegen als eigenständiger Hauptprozess dargestellt. Es gibt jedoch keine zwingende Logik zur Unterscheidung zwischen Haupt- und Teilprozess. Für den Anwender sind einzig und allein die zwei Kriterien Praktikabilität und eindeutige Verantwortung ausschlaggebend. In den meisten Unternehmen wird es auch mehrere Produktionsprozesse geben, die häufig räumlich und organisato-

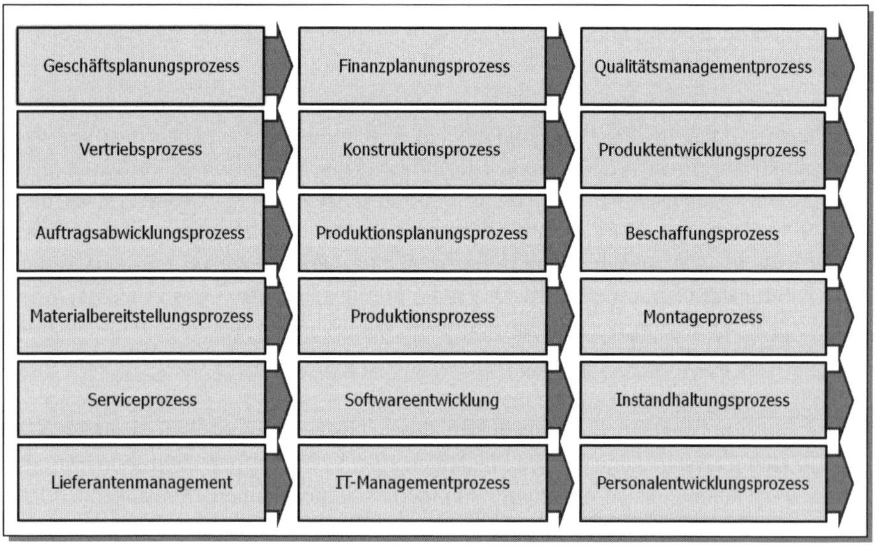

Bild 1.1 Typische Prozesse

risch voneinander abgegrenzt sind. Existiert ein übergreifender Verantwortlicher für alle Bereiche, der auch die eher operativen Anforderungen an den Prozessbesitzer erfüllt, und lässt sich ein Prozess nach diesen Kriterien einfach organisieren, so handelt es sich um einen Hauptprozess mit mehreren Teilprozessen. Ist dieses nach praktischen Erwägungen nicht der Fall, so ist es ratsam, von voneinander abgegrenzten Hauptprozessen auszugehen.

Sämtliche dieser für gewöhnlich fünf bis zwanzig Haupt- und teilweise über hundert Teilprozesse in einem Unternehmen stehen durch den Austausch von Materialien und Informationen untereinander in Verbindung. Das heißt beispielsweise, dass ein Kundenauftrag den Auftragsabwicklungsprozess durchläuft und dann einen Fertigungsprozess auslöst. Die erstellten Leistungen des Fertigungsprozesses werden an den sich daran anschließenden Distributionsprozess übergeben. Vom Kunden fließen Informationen über den Auftragsabwicklungsprozess zur Fertigungsplanung und lösen schließlich einen Fertigungsauftrag aus. Von der Fertigung wiederum fließen Informationen in Form von Formularen oder durch das IT-System zu anderen betrieblichen Teilbereichen. So wird der Auftrag im Planungssystem fertig gemeldet und die Daten stehen für das Kostenrechnungssystem und die monatliche Betriebskostenabrechnung und die Abweichungsanalyse zur Verfügung. In diesem einfachen Beispiel stehen die Prozesse durch Informations- und Materialfluss untereinander in Verbindung, wie es in Bild 1.2 gezeigt wird. Im Rahmen des Prozessmanagements wird in diesem Zusammenhang von internen Kunden- und Lieferantenbeziehungen gesprochen. In der modellhaften Darstellung gibt es zu jedem Prozess mindestens einen Lieferanten und einen Kunden sowie eine messbare Eingabe und ein Ergebnis.

HINWEIS: Jedem Prozess kommen drei verschiedene Rollen zu:

- Erstens ist der betrachtete Prozess Kunde von Materialien und Informationen eines vorausgehenden Prozesses. Er erhält also Leistungen, an die er gewisse Anforderungen stellt.
- Zweitens ist der Prozess Verarbeiter der erhaltenen Leistungen. An dieser Stelle findet auf der Grundlage der empfangenen Leistungen die Wertschöpfung statt.
- Und drittens übernimmt der Prozess die Rolle eines Lieferanten. Er gibt gemäß den Anforderungen des nachfolgenden Prozesses die erstellten Ergebnisse an eben diesen Prozess weiter.

Als messbare Eingaben werden Informationen und Materialien in den Prozess gegeben, die dann eine Kette von Tätigkeiten innerhalb des Prozesses auslösen. Solche Eingaben können beispielsweise Zeichnungen, Rohstoffe, Formulare, Telefonanrufe oder Informationen aus dem IT-System sein. In gleicher Weise werden Informationen oder Materialien, die aus dem Prozess herausgegeben werden, als Ergebnis bezeichnet. Kunden und Lieferanten sind somit organisatorische Einheiten, die Leistungen empfangen und weiterreichen. Dabei ist es unerheblich, ob sich der Kunde bzw. Lieferant in Form eines weiteren Prozesses, eines anderen Unternehmens oder einer Einzelperson innerhalb oder außerhalb des betrachteten Unternehmens befindet.

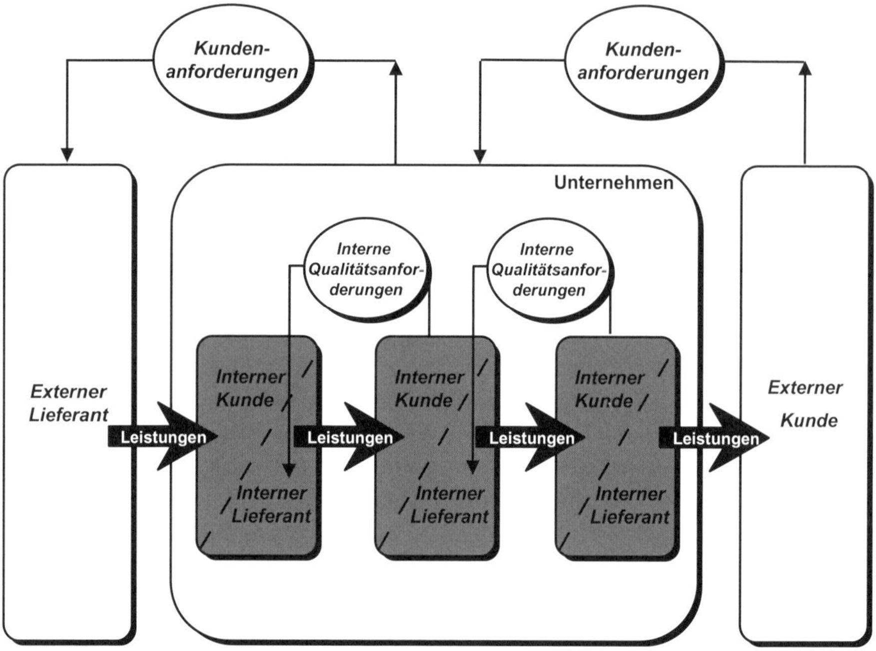

Bild 1.2 Prozessmodell (diese Abbildung wurde bereits in den 1990er-Jahren im Fachbereich Qualitätswissenschaft an der TU Berlin entworfen)

1.2 Prozessarten

Die Gesamtheit der Prozesse lässt sich in verschiedene Arten unterteilen, wie es in Bild 1.3 gezeigt wird. Dazu werden die Kriterien Objekt, Häufigkeit, Dimension und Auslösung herangezogen.

Als Erstes sollen die Objekte betrachtet werden, die durch den Prozess fließen. Diese Objekte können Materialien oder Informationen sein. Hieraus ergeben sich verschiedene Abstufungen von der reinen Informationsverarbeitung bis zur reinen Materialbearbeitung. Die meisten realen Prozesse befinden sich irgendwo zwischen diesen Polen; sie haben sowohl eine materielle als auch eine informatorische Komponente. So ist zum Beispiel der Prozess des innerbetrieblichen Transports vordergründig auf die Bewegung von Material ausgerichtet, wird jedoch von einer Anzahl Formulare und somit auch von Informationen begleitet.

Es könnte auch in materielle Prozesse wie Beschaffung, Lagerung oder Finanzierung und in formale Prozesse wie zum Beispiel Planung, Kontrolle oder Entscheidung unterteilt werden (Lohoff/Lohoff 1993).

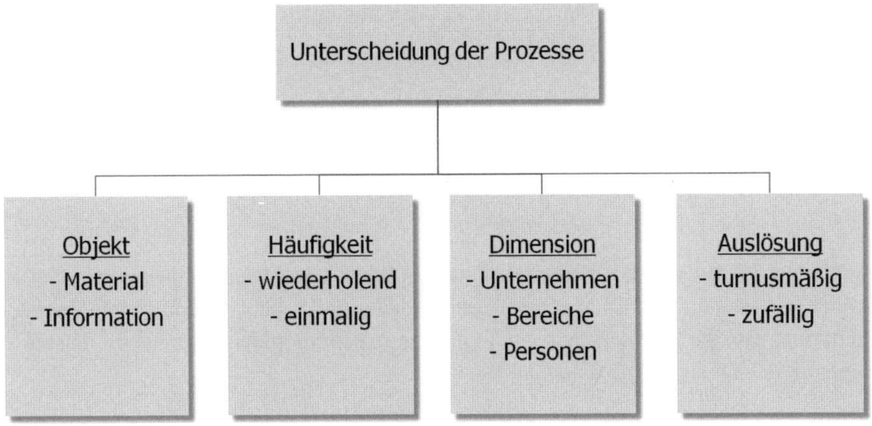

Bild 1.3 Arten von Prozessen

Des Weiteren werden Prozesse nach der Häufigkeit ihrer Auslösung eingeteilt. Prozesse wie beispielsweise die Gehaltsabrechnung oder der Forderungseinzug zeichnen sich dadurch aus, dass sie sehr häufig ablaufen. Zumeist sind solche Prozesse durch Verfahrensanweisungen standardisiert, so dass bei gleicher Ausgangssituation ein gleichartiges Ergebnis erwartet werden kann.

Im Gegensatz dazu läuft beispielsweise der Entwicklungsprozess für ein bestimmtes Produkt nur einmal ab. In diesem Fall können Verfahrensanweisungen nur einen groben Rahmen bezüglich der zu durchlaufenden Entwicklungsstufen vorgeben. Details müssen für jeden Einzelfall festgelegt werden, wodurch dem Mitarbeiter viele Entscheidungsfreiräume bleiben und er die auftretenden Probleme durch kreatives Verhalten lösen kann.

Auch in der Dimension können sich Prozesse stark unterscheiden. So können Prozesse danach unterschieden werden, ob sie unternehmens-, bereichs- oder personenübergreifend organisiert sind:

- Erstere erstrecken sich über mindestens zwei Unternehmen, wie es zum Beispiel bei der Just-in-time-Materialanlieferung vom Lieferanten direkt an die Produktionsstätten des Kunden passiert.
- Von bereichsübergreifenden Prozessen wird gesprochen, wenn mehrere Bereiche innerhalb eines Unternehmens von einem Prozess betroffen sind. Als Beispiel sei der Auftragsabwicklungsprozess genannt, der sowohl die Vertriebsabteilung und Produktionsplanung als auch das Controlling und die Finanzabteilung betrifft.
- Personenübergreifende Prozesse laufen innerhalb eines Bereichs zwischen verschiedenen Personen ab, wie dies zum Beispiel bei dem Prozess der Materialbereitstellung oder der Kalkulation zu beobachten ist. Solche Prozesse bekommen Eingaben aus anderen Prozessen und liefern auch ihre Ergebnisse an interne Kunden. Lediglich die notwendigen Tätigkeiten innerhalb des Prozesses sind auf eine Person konzentriert.

Der Grund der Auslösung ist als weiteres Unterscheidungskriterium zu nennen. Zum Beispiel zeichnet sich der Prozess der Budgeterstellung durch eine turnusmäßige, jährliche Durchführung aus, wohingegen die Ersatzteillieferung eher zufällig, abhängig von anderen Einflüssen ausgelöst wird.

1.3 Prozessorganisation

In den letzten Abschnitten dieses Buchs wurde beschrieben, welche Bedeutung die Geschäftsprozesse für den Unternehmenserfolg haben und welche Begriffe beim Management der Prozesse eine Rolle spielen. In diesem Abschnitt geht es nun um die Kernproblematik des Themas Prozessmanagement:

HINWEIS: Die Kernproblematik des Themas Prozessmanagement ist die Frage danach, welche Organisationsform ein Unternehmen anstreben soll, damit sich ein möglichst großer Nutzen einstellt.

Zu diesem Thema sagte der US-amerikanische Wirtschaftshistoriker und Ökonom Alfred P. D. Chandler in seinem wohl berühmtesten Satz: „Structure follows Strategy" – die Struktur folgt der Strategie (Chandler 1962). Für das Prozessmanagement bedeutet dies, dass die Prozesse an der Strategie auszurichten sind und dass sie die Unternehmensstrategie unterstützen sollen. Als Prozessorganisation wird dabei die Art und Weise bezeichnet, in der die Prozesse in die Struktur des Unternehmens eingebunden sind.

Beschäftigt man sich näher mit diesem Thema, so ergeben sich daraus zwei ganz konkrete Probleme:

- Das erste besteht in der Auswahl der idealen Organisationsform. Einschränkend sei hier jedoch angemerkt, dass es im täglichen Leben wohl eher selten vorkommt, dass eine Organisation mit allen Details am Reißbrett neu entwickelt wird. Aber wenn ein Unternehmen sich ernsthaft mit der Einführung des Prozessmanagements beschäftigt, sollte zumindest eine Vorstellung davon bestehen, wo die Reise denn hingehen soll.
- Nachdem das Reiseziel geklärt wurde, ergibt sich direkt das zweite Problem. Wie kommt man dort hin, wie soll der Wandel gestaltet werden? Soll ein großer Transformationsplan vom Management oder vielleicht von Beratern erarbeitet werden und dieser Plan wird dann konsequent umgesetzt oder soll lieber eine langsame Entwicklung angestrebt werden, in der die Mitarbeiter ihre Prozesse selbst gestalten?

1.3.1 Die Organisationsform bestimmen

Grundsätzlich kann in die Einflussprozessorganisation, die Matrixprozessorganisation und in die reine Prozessorganisation unterschieden werden (Schmelzer/Sesselmann 2013). Diese etwas sperrigen Begriffe werden in Bild 1.4 veranschaulicht:

- Bei der Einflussprozessorganisation bleibt die bisherige Organisationsform bestehen und es werden zusätzliche Prozesskoordinatoren ernannt, die den reibungslosen Ablauf der Prozesse durch die verschiedenen Abteilungen sicherstellen sollen.
- Bei der Matrixprozessorganisation wird für jeden Prozess ein Prozessbesitzer bestimmt, der gemeinsam mit den Abteilungsleitern für die Abläufe zuständig ist. Die Mitarbeiter haben dann jeweils einen Prozessvorgesetzten und gleichzeitig einen Abteilungsvorgesetzten.
- Bei der reinen Prozessorganisation treten die Abteilungen hinter die Prozesse zurück. Die Führungsstruktur und die Hierarchie sind konsequent an den Prozessen ausgerichtet.

Obwohl es aus der Organisationstheorie (Nordsieck 1934; Gaitanides 1983) ernstzunehmende Beiträge zur reinen Prozessorganisation gibt, sind bisher keine Beispiele aus der Praxis bekannt geworden. Das liegt vielleicht daran, dass die reine Prozessorganisation in der Theorie einleuchtend klingt, in der Praxis aber viele Nachteile mit sich bringt und schwierig zu realisieren ist. Anders als in der Frühphase der Diskussion um das Prozessmanagement, bestehen die Experten in der Fachliteratur ohnehin nicht mehr auf der reinen Prozessorganisation und wissen den Vorteil von hybriden Lösungen zu schätzen. Die Frage nach der Effizienz der reinen Prozessorganisation kann auch nur theoretisch erörtert werden, da es bisher keine empirischen Befunde oder veröffentlichte Fallstudien gibt. In der Literatur wird häufig die reine Prozessorganisation ohne kritische Reflektion postuliert, doch auch die Grenzen werden aufgezeigt (Mertens 1997, S. 110 f.; Kugeler/Vieting 2005, S. 221 ff.; Osterloh/Frost 2006, S. 109 ff.; Rebstock 1997, S. 274 oder Gaitanides 2007, S. 74 ff.).

Als vierte Möglichkeit der Organisationsgestaltung ergibt sich daraus die asymmetrische Matrixorganisation, in der Elemente aus den anderen drei Möglichkeiten nebeneinander vorkommen.

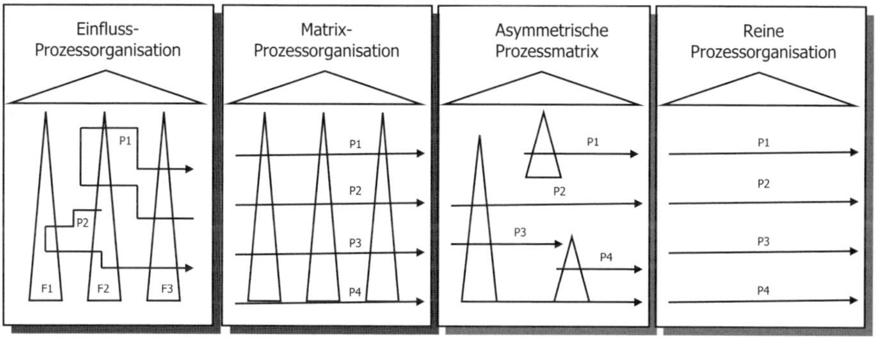

Bild 1.4 Prozessorientierte Organisationsformen

Einflussprozessorganisation

Die Einflussprozessorganisation stellt streng genommen keine eigene Organisationsform dar. Wie der Name schon andeutet, sind in dieser Organisation bestimmte Personen dafür zuständig, Einfluss auf die Erreichung der Prozessziele und die Abstimmung der Schnittstellen zu nehmen. Die funktionsorientierte Organisation mit ihren Abteilungen und Hierarchien bleibt unverändert bestehen.

So können zum Beispiel Abteilungsleiter zusätzlich zu der Leitung ihrer Abteilung noch die Koordination eines Prozesses übernehmen. Der Vertriebsleiter ist beispielsweise zusätzlich Prozesskoordinator für den Reklamationsprozess, der Lagerleiter übernimmt die Koordination des Versandprozesses und der Produktionsleiter könnte zusätzlich den Planungsprozess für das Einsatzmaterial verantworten.

Eventuell können auch zusätzliche Prozesskoordinatoren ernannt werden, um den Ablauf zu gewährleisten. Diese Koordinatoren haben jedoch keine Weisungsbefugnis gegenüber den Mitarbeitern in dem entsprechenden Prozess und sind nicht budget- oder ergebnisverantwortlich. Ihre Einflussmöglichkeit hängt stark von der Persönlichkeit, der organisatorischen Stellung und der Unterstützung durch die Unternehmensleitung ab.

Die Abstimmung zwischen Prozess- und Abteilungsverantwortlichen ist aufgrund dieser Konstellation sehr konfliktanfällig. Messungen und Bewertungen verschiedener Prozessindikatoren können zwar durchgeführt werden, die Erfolgszurechnung gestaltet sich aber schwierig, gerade weil der Prozesskoordinator nicht weisungsbefugt ist und verschiedene Abteilungen am Erreichen der Prozessziele beteiligt sind.

Dies trifft insbesondere auf Situationen zu, in denen die Prozessergebnisse hinter den Zielen zurückbleiben oder einen negativen Trend aufweisen. Um eine Korrektur einzuleiten, müssen Maßnahmenpläne erstellt und Ressourcen zu diesen Maßnahmen zugeordnet werden. Diese wiederum stehen dann unter Umständen nicht mehr zum Erreichen der Abteilungsziele zur Verfügung. Die Wirksamkeit des Prozessmanagements kann sich unter solchen Bedingungen kaum entfalten.

HINWEIS: Häufig wird die Einflussprozessorganisation in der Anfangsphase gewählt, wenn das Unternehmen beginnt, sich mit dem Prozessmanagement zu beschäftigen. Eine solche Organisation lässt sich schnell errichten und ohne größere Widerstände einführen. Änderungen in der Leitungs- und Abteilungsstruktur sind kaum notwendig. Trotz der Vorteile überwiegen aber die Nachteile bei dieser Organisationsform.

Im Konfliktfall zeigt diese Organisationsform eine starke Entscheidungstendenz zu Gunsten der Abteilungen. Da die Prozesse in der Unternehmenshierarchie und der primären Organisation als eigenes Entscheidungsobjekt gar nicht vorkommen, werden Streitigkeiten und Ressourcenentscheidungen tendenziell zugunsten der Abteilungen entschieden. Schnelle und eindeutige Entscheidungen sind zwar wünschenswert, der Kunde bleibt hierbei aber außen vor. Die Optimierung ist klar auf die internen Belange ausgerichtet und bringt den bestehenden Abteilungen einen Vorteil. Es gibt weitsichtige Unternehmensführungen und Manager, die das Wohl des Kunden im Auge behalten und auch die entsprechenden Entscheidungen treffen. Diese Entscheidungen haben es aber schwer, bis an die Unternehmensgrenzen vorzudringen, denn bei der Umsetzung kommen wieder die altbekannten Routinen der Optimierung und Konfliktlösung zum Einsatz. Dieser Effekt tritt nicht auf, weil das mittlere Management die Belange des Kunden nicht sieht oder böswillig und egoistisch handelt, sondern einfach, weil sich das Zielsystem des Unternehmens an den Funktionen und nicht an den Prozessen ausrichtet und weil ein Abteilungsleiter nun einmal die Aufgabe hat, seine Abteilung zu optimieren.

Wie man fast täglich in der Presse nachlesen kann, gibt es einige große Unternehmen, in denen die Unternehmensleitung glaubhaft versprochen hat, sich mehr am Kunden zu orientieren und eine Verbesserung im Service gelobt hat. Und obwohl sogar Veränderungsprogramme gestartet wurden, ist ein durchschlagender Erfolg ausgeblieben. Die mangelnde Prozessorientierung kann zwar nicht das ganze Phänomen erklären, hat aber ihren Anteil daran.

Die Einflussprozessorganisation kann also nur begrenzte Erfolge aufweisen und die Tätigkeiten zur Planung und Regelung der Prozessergebnisse müssen zusätzlich zur bereits bestehenden Abteilungsplanung durchgeführt werden. Unter solchen Bedingungen ist es vorprogrammiert, dass Prozessmanagement ein Modethema bleibt und seine Wirksamkeit nicht entfalten kann.

Es liegt ebenfalls eine Einflussorganisation vor, wenn Prozessmanagement nicht als dauerhafte Organisationsform aufgefasst wird, sondern als besondere Art von Projekt, in dem ein Verbesserungsteam einen ausgewählten Prozess analysiert und anschließend optimiert. Prozessmanagement wird dann nicht durch die Organisationsform getragen, sondern ist als Kompetenzcenter organisiert und unterstützt mit seinen Experten die Linienorganisation. Eine solche Projektorganisation ist eindeutig zu bevorzugen, falls das Unternehmen nicht die Kraft oder den Willen aufbringt, die Organisation zu verändern und konsequent auf die Prozesse auszurichten. So lassen sich zumindest einige Verbesserungspotenziale ausschöpfen und Schnittstellen klären. Die Prozessexperten können in diesem Fall die Werkzeuge und Vorgehensweisen benutzen, die in diesem Buch beschrieben werden.

Da die Werkzeuge und Vorgehensweisen des Prozessmanagements nicht im gesamten Unternehmen eingeführt werden, lassen sich eine nachhaltige Ausrichtung der Prozesse auf den Kunden und die dauerhafte Unterstützung der Unternehmensstrategien auf diese Weise aber kaum erreichen.

Matrixorganisation

In der Matrixprozessorganisation stellen die Geschäftsprozesse eine zusätzliche Dimension der Aufbauorganisation dar. Die Abteilungen und damit die fachlichen Spezialisierungen bleiben erhalten und stellen ihre Leistungen den Prozessbesitzern zur Verfügung. Zwischen den Prozessen und den Abteilungen werden die zu erbringenden Leistungen abgestimmt. Die Verantwortung für die Planung und die Prozessergebnisse liegt beim Prozessbesitzer. Somit bestimmt dieser auch, welche Leistungen für den Prozess benötigt werden. Die Abteilungen agieren als Ressourcenpool und stellen die Quantität und die Verfügbarkeit der Leistungen sicher.

Die disziplinarischen Vorgesetzten der einzelnen Mitarbeiter bleiben weiterhin die Abteilungsleiter, es entsteht jedoch eine zusätzliche Berichtslinie zum Prozessvorgesetzten. Dieser ist, zumindest für den Teilbereich, der den jeweiligen Prozess betrifft, für die Vereinbarung der persönlichen Ziele zuständig. Die Abteilungsleiter sind für die fachliche Weiterentwicklung der Mitarbeiter und somit für die fachlichen Ziele und die Optimierung der entsprechenden Abteilung zuständig.

Ähnlich wie die Einflussprozessorganisation birgt auch diese Organisationsform ein erhöhtes Konfliktpotenzial, da die Mitarbeiter nun zwei Vorgesetzte haben. Dies kann leicht zu organisatorischer Ineffizienz durch erhöhten Koordinationsaufwand und Doppelarbeit führen. Bei der Einflussprozessorganisation lassen sich diese Konflikte noch relativ leicht durch hierarchische Koordination lösen. Dabei treten zwar unerwünschte Nebenwirkungen auf, wie es im letzten Abschnitt bereits beschrieben wurde, aber es geht zumindest irgendwie weiter. In einer gleichmäßig zwischen Abteilung und Prozess ausgewogenen Matrix kann es hingegen leicht zum lähmenden Patt führen.

Ein besonderes Problem der Matrixorganisation ist die Aufstellung der oberen Leitungsebene. Um den Ausgleich zwischen Prozessen und Funktionen herzustellen, muss die obere Leitungsebene gleichmäßig mit Vertretern beider Bereiche besetzt sein, was wiederum zur Vergrößerung der entsprechenden Gremien führt. Alternativ können die Vertreter auf der oberen Ebene jeweils gleichzeitig Verantwortung für einen oder mehrere Prozesse und Funktionen haben. Wie auch immer die obere Leitungsebene gestaltet wird, die Dysfunktionalitäten der Prozessmatrix lassen sich damit nicht ausräumen.

Aus diesen Gründen ist eine asymmetrische Organisation anzustreben, in der die Prozesse Vorrang haben.

Asymmetrische Matrixorganisation

HINWEIS: Die asymmetrische Matrixorganisation löst das Spannungsfeld zwischen Prozess und Abteilung durch eine Matrix, gibt aber den Prozessen den Vorrang und richtet das Unternehmen konsequent auf die Kunden aus.

Die Prozessbesitzer nehmen eine dominierende Stellung im Unternehmen ein, was jedoch nicht heißt, dass es keine Abteilungen mehr gibt.

Die Asymmetrie in der entstehenden Matrix wird durch das Prinzip der internen Dienstleistung oder das Entsendungsprinzip erzeugt, wie es in Bild 1.5 dargestellt ist.

- Das erste Prinzip besagt, dass alle Organisationseinheiten, die nicht direkt an externe Kunden liefern, als interne Dienstleister definiert werden sollen. Die internen Dienstleister werden dann als Prozesse organisiert, die ihre Ergebnisse an interne Kunden weitergeben. Dies bedeutet beispielsweise, dass das Angebot der IT-Abteilung in mehrere interne Dienstleistungsprozesse aufgeteilt wird. Für solche Dienstleistungen gibt es einen internationalen Standard: die IT Infrastructure Library, ITIL[1]. Ins Deutsche übersetzt bedeutet dies in etwa Informationstechnologie Infrastruktur Bücherei.

[1] Der ITIL-Standard wird vom internationalen IT Service Management Forum (itSMF) entwickelt, dessen deutsche Niederlassung als eingetragener Verein registriert ist. Genau genommen handelt es sich nur um einen Quasi-Standard, da ITIL zwar sehr weit verbreitet und anerkannt ist, jedoch nicht den Rang einer offiziellen Norm hat. Weitere Details lassen sich finden, wenn man dem Internetlink folgt, der in Kapitel 7 aufgelistet ist.

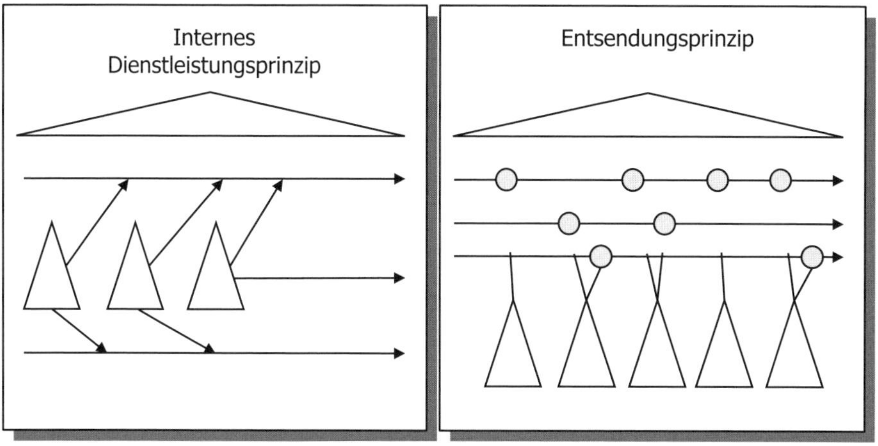

Bild 1.5 Asymmetrische Prozessorganisation

Grob zusammengefasst sind die beschriebenen Dienstleistungsprozesse Strategie- und Bedarfsmanagement, Wissens- und Transformationsmanagement, IT-Produktion und Nutzerservice sowie Berichterstattung und Verbesserungsmanagement. Den Umfang und die Art der Leistung stimmt der Prozessbesitzer des IT-Service-Prozesses mit dem internen Kundenprozess ab. Beide führen eine gemeinsame Prozessplanung durch undeinigen sich auf die Berichterstattung über den Service und entsprechende Indikatoren. Die IT-Organisation stimmt somit die Ziele mit den Kundenprozessen ab und bekommt sie nicht mehr ausschließlich von hierarchisch übergeordneter Stelle.

Eventuell können auch interne Verrechnungspreise festgelegt werden und die IT-Abteilung tritt als sogenanntes Profit Center auf, das seine Dienste prinzipiell auch am Markt anbieten kann. Andererseits können diese Dienste auch vom externen Markt bezogen werden. Ob dieses wirklich nützlich ist oder gewünscht wird, steht auf einem anderen Blatt. Auf jeden Fall müssen sich die internen Dienstleister den Vergleich mit externen Anbietern gefallen lassen.

- Das Prinzip der internen Dienstleistung lässt sich auf viele andere Bereiche übertragen. Es kommen zum Beispiel Instandhaltungs- und Ingenieursdienstleistungen für Fertigungsprozesse oder Marketing und Werbedienstleistungen für Vertriebsprozesse in Frage. Entwicklungsprozesse können interne Dienstleistungen von Prüflaboren oder Toxikologieabteilungen erhalten. Schließlich können Personalbeschaffungs- und Personalentwicklungsprozesse ihren Service für alle anderen Prozesse anbieten. Die Liste ist damit längst noch nicht abgeschlossen.

Es lässt sich hier jedoch ganz allgemein feststellen, dass dieses Prinzip immer dann anwendbar ist, wenn der Kundenprozess die Dienstleistung nicht fortlaufend benötigt und auf der anderen Seite der Lieferantenprozess über ausreichend Kapazität und Expertise verfügt, dass er seine Dienstleistungen an mehrere Kundenprozesse gleichzeitig abgeben kann. Sind diese beiden Bedingungen gegeben, so ist es ratsam, die Lieferanten als eigenständiges Kompetenzcenter bestehen zu lassen und die Tätigkeiten nicht mit in die Kundenprozesse zu integrieren.

Sind diese Bedingungen nicht gegeben, so kommt das Entsendungsprinzip zum Zug. Es besagt, dass die Mitarbeiter aus einer Fachfunktion direkt in den Verantwortungsbereich des Prozesses entsendet werden. Zum Beispiel werden Mitarbeiter der Logistikfunktion direkt in den Fertigungsprozess entsendet und übernehmen hier die Produktionsplanung und Rohmaterialdisposition.

Für ständig benötigte Auswertungen oder Abweichungsanalysen und die finanzielle Berichterstattung könnte sich auch ein Controller im Team des Fertigungsprozesses befinden. Mitarbeiter des Kundenservice, der Bestandsführung oder der Reklamationsabwicklung können direkt in den Auftragsabwicklungsprozess und Vertreter aus Ingenieurfunktionen, dem Einkauf oder dem Qualitätswesen in den Entwicklungsprozess entsendet werden.

Für eine wirksame Entsendung ist es notwendig, dass die entsprechenden Mitarbeiter ausschließlich für einen Prozess zuständig sind und ihren Arbeitsplatz direkt in der Umgebung der übrigen Mitarbeiter der jeweiligen Prozesse haben. Das kann im gleichen Bereich des Großraumbüros, in der gleichen Etage oder auf dem gleichen Flur sein. So wird gewährleistet, dass sie an den operativen Absprachen teilhaben und dass die operativen Prioritäten vom Prozessbesitzer gesetzt werden und nicht von der Funktionsleitung. Es kann nicht von Entsendung gesprochen werden, wenn der Fachmitarbeiter in der Hauptverwaltung in der siebten Etage sitzt und die fünf Prozesse, für die er oder sie zuständig ist, auf mehrere Niederlassungen verteilt sind.

Das Prinzip wird funktionsfähig, indem die entsendeten Mitarbeiter eine indirekte Berichtslinie zum Prozessvorgesetzten bekommen und über diese Linie die persönlichen Ziele zumindest teilweise vereinbart werden. Im Gegensatz zum direkten Vorgesetztenverhältnis werden solche indirekten Berichtslinien auch gerne als gestrichelte Linie oder im Englischen als dotted line bezeichnet. Der disziplinarische Vorgesetzte aus der Fachabteilung bleibt weiterhin für die fachliche und persönliche Weiterentwicklung der Mitarbeiter zuständig. Der zweite große Aufgabenbereich für die Fachabteilung umfasst die strategische Ausrichtung und die langfristige Optimierung des Fachbereichs.

Reine Prozessorganisation

Bei der reinen Prozessorganisation wird die Abteilungsstruktur weitgehend aufgegeben und durch Prozesse ersetzt. Die Aufbauorganisation folgt den Abläufen des Unternehmens und das Organisationsdiagramm bildet die Prozessstruktur ab.

Dieses ist keine gänzlich neue Idee, sondern wurde bereits 1934 von Nordsieck als Alternative zur funktionalen Organisation beschrieben, jedoch bisher in der Betriebswirtschaft und auch in der praktischen Anwendung weitestgehend außer Acht gelassen (Nordsieck 1934).

Konsequenterweise verfügen die Prozesse in der reinen Prozessorganisation über ein eigenes Budget und eigene Ressourcen, die direkt vom Prozessbesitzer disponiert werden. Die Mitarbeiter des Prozesses berichten an den Teilprozessbesitzer und diese haben wiederum den Prozessbesitzer zum Vorgesetzten. Die klare Zuordnung der Mitarbeiter und Ressourcen erlaubt eine effiziente Planung und Steuerung des gesamten Unternehmens.

Diese Organisationsform zeichnet sich durch eine starke Kundenorientierung aus. Die Aufbauorganisation richtet sich an den Prozessen aus und ist horizontal, entlang der Wertschöpfungskette orientiert. Die vertikale Suboptimierung nach unternehmensinternen Anforderungen spielt eine deutlich geringere Rolle als in den herkömmlichen Organisationsformen. Es lassen sich weitere Effizienzgewinne durch Hierarchie- und Schnittstellenabbau erwarten. Des Weiteren kann die Prozessorganisation viel schneller auf Veränderungen am Markt reagieren.

So schwer diese Vorteile auch wiegen mögen, sie sind mit entsprechenden Nachteilen verbunden. Beim Errichten dieser Organisationsform muss die gesamte Führungsstruktur verändert werden und somit kann mit entsprechenden Turbulenzen und Widerständen gerechnet werden. Einige Führungskräfte werden den Verlust von Kompetenzen hinnehmen müssen und es wird Fachabteilungen geben, die ihre liebgewonnene Spezialisierung aufgeben müssen.

Wie bei allen größeren Veränderungen ist hier der Ausgang ungewiss und es besteht die Gefahr, dass das Projekt in der Mitte stecken bleibt. In diesem Fall wäre die Prozessorganisation für immer für das Unternehmen verloren. Denn ein zweites Mal wird dieses Wagnis kaum eingegangen.

Es bleibt nun noch die Frage zu klären, ob denn die reine Prozessorganisation wirklich vorteilhaft ist, wenn das Unternehmen denn dort, ohne größeren Schaden zu nehmen, angekommen ist. Dem Gewinn an Prozessorientierung steht ein deutlicher Verlust an funktionaler Spezialisierung gegenüber.

Man darf jetzt aber nicht den Fehler machen, Spezialisierung mit kleingliedriger Arbeitsteilung zu verwechseln. Sie bedeutet eben auch Aufbau und Festigung von Expertenwissen und das Erwerben von Kompetenzen. Es nützt nichts, wenn die Organisation vollständig auf den Kunden ausgerichtet ist und man auf die Stimme des Kunden hören möchte, dann aber keine Antworten findet, wie diese Anforderungen erfüllt werden können. Diese müssen in einem Wettbewerbsumfeld auch noch besser erfüllt werden als vom Mitbewerber. Bei der reinen Prozessorganisation mag es zwar leicht fallen, die Prozesse fortwährend den Änderungen des Markts anzupassen, aber wie passt man die Kompetenz der Organisation fortwährend den Änderungen des Wissens an, wenn man gar keine Fachabteilungen mehr hat?

1.3.2 Den Wandel gestalten

Im letzten Abschnitt ging es um den Entwurf der zukünftigen Organisationsstruktur. Wie bei der Planung einer Urlaubsreise ist dies aber erst der erste Schritt. Es wurde bisher sozusagen festgelegt, ob man ans Meer oder eher in die Berge möchte oder ob es doch lieber eine Städtereise sein soll. Nun muss noch geklärt werden, auf welchem Weg man dort hingelangt. Auch hierfür gibt es in der Organisationslehre eine Antwort, schließlich ist das Organisieren von Unternehmen eine altbekannte Aufgabe.

Analyse und Synthese nach Kosiol

Da nicht alle Verantwortlichkeiten eines Unternehmens von einer Einzelperson erfüllt werden können, ist es notwendig, die anfallenden Aufgaben aufzuteilen und verschiedenen Mitarbeitern zu übertragen. Als methodisches Handwerkszeug steht die von Erich Kosiol (1976)[2] entwickelte Aufgaben- und Arbeitsanalyse zur Verfügung.

Bei der Aufgabenanalyse wird die Gesamtaufgabe stufenweise anhand von fünf verschiedenen Kriterien in sogenannte Elementaraufgaben zerlegt. Die Analyse endet dort, wo sich der Arbeitsinhalt einer einzelnen Person zuordnen und nicht sinnvoll weiter unterteilen lässt. Nun werden die so voneinander abgegrenzten Elementaraufgaben zu Einheiten zusammengefügt und sogenannte Arbeitsstellen gebildet. Einer Arbeitsstelle werden so viele ähnliche oder zusammenhängende Elementaraufgaben zugeordnet, dass der Stelleninhaber alle zugeordneten Aufgaben bewältigen kann. Die Aufgabensynthese wird nach den Kriterien Verrichtung, Objekt, Phase, Rang oder Zweckbeziehung durchgeführt.

Als Verrichtungen werden Tätigkeiten wie Einkaufen, Herstellen, Kalkulieren, Auswerten, Verkaufen usw. bezeichnet. Objekte können bestimmte Kunden, Produkte, Märkte oder Aufträge usw. sein. Als Phasen hat Kosiol den Ablauf von Planung, Realisierung und Kontrolle bezeichnet. Der Rang besagt, ob es sich bei der Tätigkeit um eine ausführende oder eine entscheidende Tätigkeit handelt. Und die Zweckbeziehung bezeichnet schließlich den logischen Zusammenhang verschiedener Aufgaben wie z. B. Vorbereitung Ausführung und Instandhaltung oder unterstützende und wertschöpfende Tätigkeit.

Die Gliederung in Gruppen, Abteilungen und Bereiche wird auch als Aufbauorganisation bezeichnet, wohingegen die räumliche und zeitliche Anordnung die Ablauforganisation ergibt. In der klassischen Organisationslehre dominiert die Aufbauorganisation jedoch die Ablauforganisation. Man ging üblicherweise davon aus, dass eine Spezialisierung und somit die Zusammenfassung gleichartiger Verrichtungen in einer Abteilung zu einer effektiven und wirksamen Organisationsform führt. Gleichzeitig wurde die Vermischung von Phase und Rang vermieden, was zwangsläufig zu einer Trennung von Planung und Ausführung führt.

Viele praxis- oder managementorientierte Vorgehensweisen stellen, insbesondere seit den 1990er-Jahren, die Ablauforganisation in den Vordergrund. Bei der Bildung der Abteilungen sollen aufeinanderfolgende Tätigkeiten entlang der Wertschöpfungskette und nicht gleichartige Verrichtungen zu einer Organisationseinheit zusammengefasst werden. Außerdem wird die Trennung von Planung und Ausführung etwas relativiert. Das Wissen der Mitarbeiter soll genutzt werden, um die Abläufe zu gestalten und ständig weiter zu verbessern. Die Mitarbeiter sollen innerhalb eines vorgegebenen Rahmens die Abläufe selber gestalten und entwickeln. An dieser Stelle setzt auch das vorliegende Programm zum Prozessmanagement an. Es erläutert die erwähnte Vorgehensweise

---

[2] Kosiol war gleichzeitig mit Fritz Nordsieck als Assistent an der Universität Köln tätig. Nordsieck ist ebenfalls maßgeblich für die deutschsprachige Organisationslehre, insbesondere, da er sich bereits in den 1930er-Jahren mit dem Thema der prozessorientierten Organisation beschäftigt hat.

genauer und entwickelt darauf aufbauend konkrete Handlungsanweisungen und beschreibt Werkzeuge, die bei der praktischen Arbeit nützlich sind.

Kosiol und seine Kollegen haben das Handwerkszeug und einen formalen Rahmen beschrieben. Bei der Anwendung wird die Organisation nach rationalen Gesichtspunkten sozusagen am Reißbrett entworfen. Soll die Organisation jedoch auch im realen Umfeld, außerhalb der Pläne, zum Leben erweckt werden, so muss zusätzlich ein entsprechendes Programm initiiert werden, in dem die Erkenntnisse in konkrete Handlungen umgesetzt werden. Dafür existieren zwei grundlegende Vorgehensweisen.

HINWEIS: Entweder wird die zukünftige Organisation von Organisationsexperten entworfen und schrittweise nach einem Projektplan eingeführt oder die Organisation wird langsam und schrittweise unter Beteiligung der betroffenen Mitarbeiter entwickelt. Die erste Vorgehensweise wird üblicherweise Reorganisation und die zweite Organisationsentwicklung genannt. In der praktischen Umsetzung muss man sich jedoch nicht ausschließlich für die eine oder andere Variante entscheiden, sondern kann Elemente aus beiden kombinieren. Denn beide haben ihre Vor- und Nachteile und schließen sich nicht in allen Belangen gegenseitig aus. ■

Reorganisation

Reorganisation ist die Veränderung eines Betriebs nach planungslogischen Gesichtspunkten. Sozialpsychologische Aspekte werden hingegen bei Reorganisationsmaßnahmen häufig nicht oder nur teilweise berücksichtigt. Das Ziel ist es, ein möglichst umfassendes Umstellungsprogramm zu erarbeiten, das eine genaue Beschreibung der neuen Aufgaben und Kompetenzen enthält und dann in überschaubarer Zeit umgesetzt werden kann. Befindet sich das Unternehmen in einer Krise oder deuten sich massive Veränderungen der Umwelt an, so ist ein radikales Vorgehen mit zügiger Umsetzung häufig die einzige verbleibende Möglichkeit, auch wenn hierdurch ein hohes Risiko entsteht. Es gibt jedoch auch Stimmen, die grundsätzlich ein radikales Vorgehen befürworten. Zur Begründung wird angeführt, dass Organisationen ab einer gewissen Größe ein erhebliches Beharrungsvermögen besitzen und ohne konsequentes und zügiges Handeln lassen sich keine Strategie durchsetzen und kein Reorganisationsprojekt erfolgreich beenden.

Bekannte Vertreter dieser Strömung sind Michael Hammer und James Champy, die Anfang der 1990er-Jahre große Aufmerksamkeit mit ihrem prozessorientierten Reorganisationsansatz erregten (Hammer/Champy 1993). Ihr Konzept wurde unter dem Namen Process Re-Engineering bekannt und deutet schon im Namen auf die ingenieurmäßige, durch Experten getriebene Vorgehensweise hin. Dieses Konzept hat trotz aller Kritik große Bedeutung für das Prozessmanagement erlangt und wird daher im Abschnitt 5.3 näher erläutert. Ein weiterer prominenter Vertreter der harten Linie ist Jack Welsch, der als Chief Executive Officer große öffentliche Zustimmung für die besonders radikale Umgestaltung des US-amerikanischen Konzerns General Electrics erhielt (Welsch 2003).

HINWEIS: Ein Reorganisationsprojekt verläuft typischerweise in mehreren Phasen. Wobei sich das Unternehmen zunächst mit der Umwelt auseinandersetzt. Es erkennt, dass das Handeln nach bisherigen Mustern und in bisherigen Strukturen zukünftig nicht mehr erfolgsversprechend ist. In der zweiten Phase werden Daten gesammelt, die zur Planung einer neuen Organisationsform nötig sind. Diese Daten stammen zum einen aus einer Analyse der Unternehmensumwelt und zum anderen aus dem Unternehmen selbst. Anschließend werden in der dritten Phase relevante Daten ausgewählt und aufbereitet, um die Schwachstellen der derzeitigen Organisation aufzuzeigen. In der vierten Phase werden schließlich verschiedene Lösungsalternativen erarbeitet und bezüglich Angemessenheit, Umsetzbarkeit und Wirtschaftlichkeit bewertet. Hiernach wird eine Entscheidung über die bevorzugte Variante gefällt und schließlich in der fünften Phase umgesetzt. ■

Aus dieser Vorgehensweise ergeben sich jedoch zwei Problembereiche. Zunächst sei das Komplexitätsproblem genannt. Mögen die Planungsexperten auch noch so gut und erfahren sein, es wird ihnen kaum möglich sein, ein vollständiges Unternehmen im Detail zu planen. Es gibt viel zu viele Erfahrungswerte und Informationen, die gesammelt und ausgewertet werden müssten. Selbst wenn ein solches Vorhaben mit unendlichem Fleiß vollbracht werden sollte, dauerte es viel zu lange und das im Unternehmen bereits vorhandene Wissen wäre außer Acht gelassen. Beim Projektabschluss hätte sich die Unternehmensumwelt wahrscheinlich schon wieder geändert und der Plan wäre nicht mehr relevant. Die Reorganisation kann direkt wieder von vorne beginnen. Damit wird auch gleich der zweite Problembereich angesprochen. Die Kundenanforderungen und Marktbedingungen oder ganz generell gesprochen das Umfeld des Unternehmens ändern sich fortwährend weiter und die Organisation muss hier Schritt halten.

Andererseits muss in einem Unternehmen erst einmal wieder Ruhe einkehren, wenn ein Reorganisationsprojekt abgeschlossen wurde. Obwohl es Stimmen gibt, die immer wieder betonen, dass das einzige Stabile der Wandel sei, ist es nicht zu empfehlen, dem Unternehmen eine ständige Reorganisation zu verpassen. Veränderungen erzeugen immer Unsicherheiten und eine erhebliche psychische wie auch physische Belastung. Dieses Dilemma zwischen planvoller und zielgerichteter Vorgehensweise einerseits und einer maßvollen Entwicklung unter Einbeziehung der Mitarbeiter andererseits wird zumeist dadurch gelöst, dass die Reorganisation in mehrere Phasen eingeteilt wird. Diese Phasen werden nacheinander durchlaufen und das Unternehmen entwickelt dabei einen immer höher steigenden Reifegrad.

Bereits die Autoren, die Ende der 1980er-Jahre und Anfang der 1990er-Jahre ihre Konzepte des Prozessmanagements vorschlugen, teilten die Entwicklung des Prozessmanagements in mehrere Abschnitte mit klar definierten Zwischenzielen ein (Harrington 1991, S. 21 ff.; Haist/Fromm 1989, S. 107 ff.; Melan 1992, S. 127 ff. Auch bei den heutigen Autoren gehört das Reifegradmodell zum Standard (Schmelzer/Sesselmann 2013, S. 357 ff.).

Für die einzelnen Phasen muss die Unternehmensleitung nicht unbedingt einen festen Zeitpunkt vorgeben. Eine klare Aussage, dass eine Entwicklung stattfinden soll, und eine fortlaufende Bewertung, auf welcher Stufe sich das Unternehmen gerade befindet, ist in den meisten Fällen angemessen für ein solch umfangreiches Vorhaben. Ein weiterer Vorteil eines Reifegradekonzepts ist außerdem, dass bestimmte Unternehmensbereiche oder Prozesse mit unterschiedlicher Geschwindigkeit vorgehen können und nicht unbedingt das gesamte Unternehmen im Gleichschritt marschieren muss.

Daher sieht das Programm, das in diesem Buch beschrieben wird, auch nicht vor, einen detaillierten Plan des reorganisierten Unternehmens mit allen Einzelheiten aufzustellen, sondern es wird ein Leitbild für den wünschenswerten zukünftigen Zustand erzeugt, das die Prinzipien beschreibt, nach denen das Unternehmen arbeiten wird, und die Strukturen erläutert, die dafür eingeführt werden sollen. Entsprechend des Leitbilds wird ein Entwicklungsplan mit den angestrebten Meilensteinen aufgestellt. Dieser Plan ist die Grundlage für die regelmäßige Positionsbestimmung durch das Management. Es wird fortlaufend bewertet, ob Fortschritte erzielt wurden und ob die Veränderungen in die richtige Richtung gehen.

In dem einen oder anderen Prozess wird es jedoch immer mal wieder zu radikalen Brüchen kommen. Dies mag daran liegen, dass sich einzelne Prozesse sehr weit von der Erfüllung der Anforderungen entfernt haben, dass neue Technologien erhältlich sind oder einfach, dass die Mitbewerber im direkten Vergleich davonziehen. Solche Effekte müssen bei der Strategieplanung berücksichtigt werden und das Unternehmen sollte über ein System verfügen, mit dem es Kandidaten für eine Restrukturierung erkennt und Prioritäten setzt. Dazu gehört ein Realitätscheck, durch den sichergestellt wird, dass die zur Verfügung stehenden Ressourcen auch für das Vorhaben ausreichen.

Die Werkzeuge, die bei der prozessorientierten Reorganisation eingesetzt werden, sind in erster Linie Strukturierungsmethoden wie zum Beispiel Prozessleitbilder, Maßnahmenpläne, Process Maps, Ablaufdiagramme, Prozessbeschreibungen oder sogenannte A3-Prozessberichte.[3] Für komplexere Planungsaufgaben lassen sich IT-gestützte Simulationen oder Methoden einsetzen, die auf der Graphentheorie beruhen, wie zum Beispiel Vorranggraphen oder Netzpläne.

Organisationsentwicklung

Organisationen bestehen letztendlich nicht aus Stellen, Process Maps und Prozessen, sondern aus Menschen, die gemeinsam eine Aufgabe erledigen. Diese Menschen verhalten sich nicht unbedingt immer rational und werden mitunter von Ängsten und Sorgen geplagt. Andererseits streben sie aber nach Einfluss und verfügen über Gestaltungswillen oder haben Machtansprüche. In der klassisch rationalen Organisationslehre, die wir im letzten Abschnitt kennengelernt haben, spielen solche Überlegungen kaum eine Rolle. Es gibt aber verschiedene andere Ansätze in der Organisationstheorie, die das Verhalten von Menschen in einer Organisation beschreiben, analysieren und daraus Richtlinien zur Organisationsgestaltung ableiten. Alle diese Ansätze sollen hier unter

[3] Siehe hierzu auch die detaillierten Beschreibungen der einzelnen Werkzeuge in den entsprechenden Abschnitten.

dem Stichwort Organisationsentwicklung zusammengefasst werden und somit den Gegenpol zur Reorganisation bilden. Im modernen US-amerikanisch geprägten Sprachgebrauch heißt das dann häufig Change Management.

HINWEIS: Die Organisationsentwicklung entstand aus der Erkenntnis, dass der Erfolg einer Veränderung im Wesentlichen von der Einstellung der Organisationsmitglieder zu der Organisation abhängt. Restrukturierungen können dann erfolgreich durchgesetzt werden, wenn sich gleichzeitig die Einstellungen der Mitarbeiter verändern. Das Feedback aus Gruppensitzungen wird genutzt, um eine Einstellungsänderung beim Einzelnen zu erzielen. Demzufolge kann Organisationsentwicklung als langfristig angelegter, umfassender Entwicklungs- und Veränderungsprozess von Organisationen einschließlich der in ihr tätigen Menschen gesehen werden. Das Vorgehen beruht auf Lernen aller Betroffenen, direktem Mitwirken und praktischer Erfahrung. Das Ziel besteht in einer gleichzeitigen Verbesserung der Leistungsfähigkeit der Organisation und der Qualität des Arbeitslebens (Stähle 1994, S. 872). Weitere Hintergrundinformationen bietet die Homepage der Gesellschaft für Organisationsentwicklung.

Einer der großen Klassiker der Organisationsentwicklung, Kurt Lewin, beschreibt aufbauend auf seiner Feldtheorie ein Modell des Wandels, welches der Organisationsentwicklung zugrunde liegt (Lewin 1963). In der Feldtheorie wird angenommen, dass sich der Betrieb in einem Gleichgewichtszustand zwischen akzelerierenden, auf Wandel drängenden Kräften und retardierenden, den Wandel behindernden Kräften befindet. Die akzelerierenden Kräfte sind: der Wandel in der Umwelt, wie zum Beispiel das Aufkommen neuer Technologien, oder der Wunsch nach Wandel in der Organisation, wie zum Beispiel das Streben nach verbesserten Arbeitsbedingungen. Retardierende Kräfte sind Widerstände durch Einzelne, zum Beispiel das Beharren auf Gewohnheiten, oder Widerstände auf der Organisationsebene, wie zum Beispiel mangelnde Ressourcen. Um eine Veränderung zu erreichen, müssen die akzelerierenden Kräfte gestärkt oder die retardierenden Kräfte geschwächt werden. Auf diese Weise würde sich nach Lewin die Organisation aus dem Gleichgewicht herausbewegen lassen. Ein erfolgreicher Wandlungsprozess umfasst dann die drei Aspekte: Auftauen, Verändern und Widereinfrieren. Das Auftauen bereitet die Organisation auf die Veränderung vor. Es werden Daten gesammelt und das Feld wird analysiert. Beim Verändern wird die Organisation durch Interventionen in ein neues Gleichgewicht gebracht. Beim Widereinfrieren wird das neue Gleichgewicht stabilisiert. Keiner dieser Aspekte darf unberücksichtigt bleiben. Veränderungsprojekte sind ohne entsprechendes Auftauen genauso zum Scheitern verurteilt wie Projekte, die das durch Veränderungen erreichte neue Gleichgewicht nicht wieder stabilisieren.

Entsprechende Erkenntnisse sind im vorliegenden Programm zum Prozessmanagement berücksichtigt. Die umfangreichen Aufgaben, die zur Erfüllung der Unternehmensziele erforderlich sind, werden von Prozessteams übernommen, die durch die Prozessbesitzer oder Teilprozessbesitzer geleitet werden. Hierdurch entstehen Strukturen, die den betroffenen Mitarbeitern die Möglichkeit geben, ihren Prozess selbst weiterzuentwickeln, ihn an den Marktanforderungen auszurichten und vorhandenes Wissen einzusetzen. Mit Weiterentwickeln ist hier nicht die Entscheidung über Blumen im Büro oder Bilder an den Wänden gemeint, sondern die Anforderungen für den Prozess sollen erkannt und die Prozessleistungen dementsprechend bewertet werden. Wo diese beiden Größen nicht im Einklang stehen, sollen Maßnahmen geplant und umgesetzt werden. Stehen beide Größen im Einklang, wird der Prozess eingefroren bzw. der erreichte Zustand wird standardisiert, sodass wieder verlässliche Bedingungen vorliegen. Das Prozessteam ruht sich nun aber nicht auf den Lorbeeren aus, sondern beobachtet weiter den Prozess in seiner Umwelt und führt kleinere Effizienzverbesserungen durch. Rückmeldungen aus der Prozessumgebung erhält das Prozessteam durch Leistungsindikatoren und regelmäßige Nahtstellenvereinbarungen mit den internen Prozesskunden oder durch Zufriedenheitsbewertungen von externen Kunden.

Das Wichtigste in Kürze

- Alle Prozesse sollten an den Kunden ausgerichtet sein.
- Ein Prozess umfasst eine Reihe von Aktivitäten, die untereinander in Verbindung stehen und aus einer Reihe von Eingaben ein Ergebnis für den Prozesskunden erzeugen. Für die Einteilung in Haupt- und Teilprozess sind Praktikabilität und eindeutige Verantwortung ausschlaggebend.
- Jedem Prozess kommen drei verschiedene Rollen zu: Der betrachtete Prozess ist Kunde von Materialien und Informationen eines vorausgehenden Prozesses, Verarbeiter der erhaltenen Leistungen (Wertschöpfung) und Lieferant des nachfolgenden Prozesses.
- Prozesse lassen sich hinsichtlich der Kriterien Objekt (Material oder Information), Häufigkeit (wiederholend oder einmalig), Dimension (Unternehmen, Bereiche oder Personen) und Auslösung (turnusmäßig oder zufällig) unterscheiden.
- Die Organisationsform kann in die Einflussprozessorganisation (mit Prozesskoordinatoren für den reibungslosen Ablauf zwischen den Abteilungen), die Matrixprozessorganisation (jeder Prozess hat einen Prozessbesitzer), in die reine Prozessorganisation (gesamte Organisation ist an Prozessen ausgerichtet) und in die asymmetrische Matrixorganisation (alle Elemente kommen vor) unterschieden werden.
- Anhand der Aufgaben- und Arbeitsanalyse von Kosiol können die anfallenden Aufgaben aufgeteilt und auf verschiedene Mitarbeiter übertragen werden.
- Reorganisation bedeutet, dass die zukünftige Organisation von Organisationsexperten entworfen und schrittweise nach einem Projektplan eingeführt wird. Organisationsentwicklung bedeutet, dass die Organisation langsam und schrittweise unter Beteiligung der betroffenen Mitarbeiter entwickelt wird. Beide Vorgehensweisen lassen sich miteinander kombinieren.

Literatur

Aquin, T. v.: Zitiert nach https://www.aphorismen.de/zitat/120546; abgerufen am 14. 3. 2014

Chandler, A. D.: Strategy and Structure: Chapters in the History of the American Industrial Enterprise. Cambridge 1962

DIN EN ISO 9000: Qualitätsmanagementsysteme – Grundlagen und Begriffe (ISO 9000:2005); Dreisprachige Fassung EN ISO 9000:2005. Ausgabedatum: 2005 – 12. Berlin 2005

Füermann, T.; Dammasch, C.: Prozessmanagement: Anleitung zur Steigerung der Wertschöpfung. München 2008

Gaitanides, M.: Prozessorganisation. Entwicklung, Ansätze und Programme des Managements von Geschäftsprozessen. München 2007

Gaitanides, M.: Prozessorganisation: Entwicklung, Ansätze und Programme prozessorientierter Organisationsgestaltung. München 1983

Haist, F.; Fromm, H.: Qualität im Unternehmen: Prinzipien – Methoden – Techniken. München 1989

Hammer, M.; Champy, J.: Re-Engineering the Corporation. New York 1993

Harrington, H. J.: Business Process Improvement. The Breakthrough Strategy for Total Quality, Productivity and Competitiveness. New York 1991

Harrington, J. H.: Streamlined Process Improvement. New York 2012

Hummel, T.; Malorny, Ch.: Total Quality Management: Tipps für die Einführung. München 2011

Kosiol, E.: Organisation der Unternehmung. Wiesbaden 1976

Kugeler, M.; Vieting, M.: Gestaltung einer prozessorientierten Aufbauorganisation. In: Becker, J.; Kugler, M.; Rosemann, M. (Hrsg.): Prozessmanagement: Ein Leitfaden zur prozessorientierten Organisationsgestaltung. Berlin 2005, S. 221 ff.

Lewin, K.: Feldtheorie in der Sozialwissenschaft. Bern 1963

Lohoff, P.; Lohoff, H.-G.: Verwaltung im Visier: Optimierung der Büro- und Dienstleistungsprozesse. In: Zeitschrift für Führung und Organisation, 62(1993)4, S. 248 – 254

Melan, E.: Process Management: Methods for Improving Products and Service. New York 1992

Mertens, P.: Die Kehrseite der Prozessorientierung. In: Controlling, 9(1997)2, S. 110 f.

Nordsieck, F.: Grundlagen der Organisationslehre. Stuttgart 1934

Osterloh, M.; Frost, J: Prozessmanagement als Kernkompetenz. Wiesbaden 2006

Rebstock, M.: Grenzen der Prozessorientierung. In: Zeitschrift für Führung und Organisation, 66(1997)5, S. 274

Schmelzer, H. J.; Sesselmann, W.: Geschäftsprozessmanagement in der Praxis. München 2013

Stähle, W. H.: Management: Eine verhaltenswissenschaftliche Perspektive. München 1994

Welsch, J.: Was zählt: Die Autobiographie des besten Managers der Welt. Berlin 2003

2 Die Infrastruktur errichten

Gegenüber der Fähigkeit, die Arbeit eines einzigen Tages sinnvoll zu ordnen, ist alles andere im Leben ein Kinderspiel.
Johann Wolfgang von Goethe

Beim Prozessmanagement handelt es sich um ein langfristiges Organisationsprinzip, das eine tief greifende Organisationsentwicklung mit entsprechenden Maßnahmen notwendig macht. Das Unternehmen durchläuft dabei verschiedene Phasen, wie sie in Bild 2.1 dargestellt werden. Dabei sind die vornehmsten Pflichten des oberen Managements, die strategische Ausrichtung festzulegen und die damit zusammenhängende Veränderung einzuleiten.

Hat das Unternehmen den Entscheidungsprozess durchlaufen, die entsprechende Entwicklung gestartet und einen Plan zur Transformation der Organisation entwickelt, so ist die Initiierungsphase abgeschlossen. In der Realisierungsphase wird nun das Prozessmanagement eingeführt. Das Unternehmen durchläuft die Planungsschritte und Aktivitäten, die in diesem Buch beschrieben werden. In dieser Phase bewegt sich die Organisation in riesigen Schritten in Richtung auf die vorab gesetzten Ziele. Das Ende dieser Phase ist erreicht, nachdem die Prozessorganisation errichtet wurde, alle Prozesse identifiziert und an den internen oder externen Kundenforderungen ausgerichtet sind. Die Mitarbeiter der Prozessorganisation kennen die Prozesswerkzeuge und wenden sie nach den Vorgaben des Programmleiters an.

In der Stabilisierungsphase geht es darum, die einmal erreichten Fortschritte und Organisationsprinzipen zu stabilisieren. Trotz der konsequenten Anwendung der Prinzipien, kann es große Schwierigkeiten bedeuten, die erreichten Verbesserungen langfristig abzusichern. Während einmal eingeführte Verbesserungen bei den Herstellprozessen recht stabil sind, geraten die Festlegungen für die übrigen Prozesse unter dem Druck des Tagesgeschäfts leicht in Vergessenheit und Effizienzverluste schleichen sich wieder ein. Wurde bei Herstellprozessen zum Beispiel das Layout verändert, wurden neue Maschinenparameter standardisiert, neue Materiallieferanten ausgewählt oder andere Werkzeuge und Aufspannvorrichtungen beschafft, so lässt sich dieses nicht ohne Weiteres zurücknehmen. Verbesserungen im Bereich der administrativen Prozesse beruhen zum großen Teil auf geänderter Kommunikation, angepasstem Informationsfluss oder neu festgelegten Vorgehensweisen. Da sich diese Änderungen leicht zurücknehmen oder schlicht ignorieren lassen, bedarf es einiger Maßnahmen, mit denen die Prozesse aktiv stabilisiert werden. Gegen Ende der Stabilisierungsphase werden erste Rückschläge schon überwunden worden sein und in den Abläufen werden bereits erhebliche Fortschritte in Effizienz und Wirksamkeit messbar sein. Die Indikatoren werden einen positiven Trend über einen vorab festgelegten Zeitraum anzeigen und bereits oberhalb des geplanten Zielniveaus liegen.

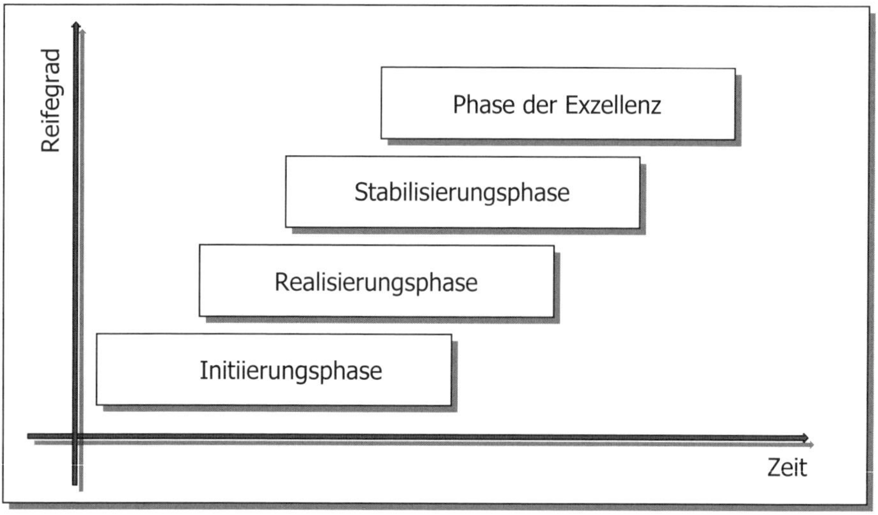

Bild 2.1 Phasen des Prozessmanagements

In der Phase der Exzellenz sind die beschriebenen Prinzipien des Prozessmanagements in die DNS des Unternehmens eingedrungen, die Werkzeuge werden konsequent von allen Mitarbeitern angewendet und die Prozessverbesserungen sind irreversibel standardisiert. Die Prozessorganisation verkörpert die Kompetenzen des Unternehmens und stellt einen Wettbewerbsvorteil gegenüber anderen Unternehmen dar. Um diesen Nachweise zu bringen und sich genau am Markt zu positionieren, nimmt das Unternehmen an Benchmarking-Studien teil oder initiiert diese.

HINWEIS: Organisationsentwicklung in vier Phasen

Initiierungsphase: Prozessmanagement initiieren

Transformationsplan der Organisation liegt vor, Entscheidungsprozess ist abgeschlossen und die Veränderung startet.

Realisierungsphase: Prozessmanagement einführen

Prozessorganisation ist errichtet, alle Prozesse sind identifiziert und an den Kundenforderungen ausgerichtet, Mitarbeiter können Prozesswerkzeuge anwenden.

Stabilisierungsphase: Prozessmanagement stabilisieren

Fortschritte und Organisationsprinzipien werden stabilisiert und langfristig abgesichert

Exzellenz: Wettbewerbsvorteil nutzen

Prinzipien des Prozessmanagements sind fest im Unternehmen etabliert, die Werkzeuge werden konsequent von allen Mitarbeitern angewendet, Prozessverbesserungen sind standardisiert.

2.1 Die Mitspieler

Bevor das Training begonnen und der Sieg errungen werden kann, muss erst einmal die Mannschaft aufgestellt werden. Dieser Grundsatz gilt auch für das Prozessmanagement. Die Mitspieler müssen benannt und die Rollen verteilt werden. So wird im folgenden Abschnitt beschrieben, welche Aufgaben dem Steuerkreis zukommen, warum zusätzlich ein Programmleiter ernannt werden sollte, der die Umsetzung sicherstellt, und was die Aufgaben der Prozessbesitzer und des Prozessteams sind.

2.1.1 Steuerkreis einberufen

In diesem Schritt wird ein Steuerkreis ins Leben gerufen, der das gesamte Vorhaben ständig beobachten, lenken und tatkräftig unterstützen soll. Der Steuerkreis wird aus den Reihen des Leitungskreises des Unternehmens gebildet. Um Anforderungen und Schwierigkeiten des Prozessmanagements richtig einschätzen zu können, ist es zu empfehlen, dass außerdem Vertreter der wichtigsten Prozesse berücksichtigt werden, sofern diese nicht bereits Mitglied der Geschäftsleitung sind.

Wie der Name schon sagt, steuert dieses Gremium alle Aktivitäten des Prozessmanagements und entscheidet bei Problemen, die nicht auf einer unteren Hierarchiestufe gelöst werden können. Insbesondere bei Streitigkeiten zwischen Prozess- und Linienmanagern ist er die Schiedsstelle. In Bild 2.2 werden die einzelnen Aufgaben aufgezählt.

Bevor ein komplexes Programm, wie die Einführung des Prozessmanagements, gestartet werden kann, müssen zunächst die Ziele und Leitlinien definiert werden. In diesem Buch wird die Bezeichnung Programm verwendet, um klarzustellen, dass es sich nicht um ein Projekt mit definiertem Ende handelt, das einmal durchgeführt wird und dann vom nächsten Projekt abgelöst wird. Im Steuerkreis soll Einigkeit über die Notwendigkeit des Vorhabens herrschen, denn wenn der Startschuss erst einmal gefallen ist, soll dieses Gremium dafür sorgen, dass das Prozessmanagement zügig eingeführt wird und die Aktivitäten nicht wieder zum Erliegen kommen.

Bild 2.2 Aufgaben des Steuerkreises

HINWEIS: Es hat sich bewährt, die Ziele und Richtlinien schriftlich zu formulieren und eine schlüssige Begründung der Notwendigkeit zur Veränderung niederzulegen. Die formale Verabschiedung einer solchen Mission erzeugt Einigkeit im Steuerkreis und vereinfacht eine entsprechende Kommunikation im Unternehmen.

Wie bei anderen Programmen solcher Größenordnung, hängt der Erfolg davon ab, in welchem Umfang sich das Management dafür einsetzt und dass es klar aufzeigen kann, dass übergeordnete Unternehmensziele wie das Gewinnen von Marktanteilen, Umsatz oder Rendite genau durch die festgelegten Maßnahmen erreicht werden sollen. Der Steuerkreis sorgt weiterhin dafür, dass alle Prozesse des Unternehmens identifiziert werden. Ist dieser Schritt erledigt, so ist es die Aufgabe des Steuerkreises, die Verantwortlichkeiten zu klären, die sogenannten Prozessbesitzer zu ernennen und benötigte Ressourcen freizugeben. Sobald die Verantwortlichkeiten für die Prozesse geklärt sind, startet die Realisierungsphase. Der Steuerkreis lässt sich über den Status aller Maßnahmen informieren, beseitigt auftauchende Hindernisse und schlichtet zwischen Prozessmanagern und Abteilungsleitern.

Da es sich in einem größeren Gremium zwar hervorragend diskutieren und abwägen lässt, es aber schwierig bleibt, konkrete Schritte und Details zu planen, bestimmen die Mitglieder einen Programmleiter aus ihren Reihen. In die Zuständigkeit dieses Programmleiters fallen die Vorbereitung und die Leitung der gemeinsamen Sitzungen und das Organisieren der operativen Maßnahmen.

2.1.2 Programmleiter bestimmen

Um die bevorstehende Organisationsänderung bewältigen zu können, bedarf es einer fortlaufenden Betreuung. Daher hat der Programmleiter die Aufgabe, alle notwendigen Aktivitäten zu planen und das Umsetzen der geplanten Aktivitäten sicherzustellen. Er berichtet dem Steuerkreis über den Status des Programms und bereitet strategische Entscheidungen vor.

In kleineren Unternehmen kann diese Position von einem Einzelkämpfer ausgefüllt werden, in mittleren oder großen Unternehmen ist jedoch ein Unterstützungsteam oder ein ganzer Stab, der an den Programmleiter berichtet, notwendig.

In der Literatur finden sich verschiedene Bezeichnungen für diese Rolle, wie zum Beispiel: Prozesschampion, Prozesszar oder Prozessmanagement-Koordinator. Wie genau diese Position bezeichnet wird, hängt vom Sprachgebrauch im jeweiligen Unternehmen ab. Wird ein eher US-amerikanisch orientiertes Managementvokabular gepflegt, so scheint Champion ein angemessener Ausdruck zu sein und Prozesskoordinator mag in einem solchen Unternehmen nach interner Verwaltungsstelle klingen. Handelt es sich um ein traditionelles, deutsches Unternehmen, so wird Anglizismen eventuell misstraut und es kann leicht die Vermutung aufkommen, dass es sich hier mal wieder um ein Modethema handelt, das schnell wieder vorübergeht. Wie auch immer sich ein Unternehmen entscheidet: Der Erfolg hängt in erster Linie von der ernsthaften Unterstützung des Managements, von der ausgewählten Person und der Ausstattung der Stelle ab und nicht davon, wie sie genannt wird. In diesem Buch wird diese Position eher neutral als Programmleiter bezeichnet. Bild 2.3 zeigt die detaillierten Aufgaben des Programmleiters.

Sobald der Programmleiter ernannt wurde, macht er sich an die Planung des Programms bezüglich des zeitlichen Verlaufs, des Ressourcenbedarfs und der benötigten Kommunikations- und Trainingsveranstaltungen. Sind die Meilensteine und wichtigsten Details festgelegt, so wird der Plan im Steuerkreis vorgestellt und genehmigt. Dafür muss der Programmleiter eine Sitzung des Steuerkreises einberufen. Auf dieser ersten Sitzung wird der Rhythmus der weiteren Treffen vereinbart und außerdem das ganze Vorhaben näher erläutert.

Ist der Plan erst diskutiert und verabschiedet, so fasst der Programmleiter regelmäßig den Status zusammen und bereitet anstehende Entscheidungen vor. Er verfolgt die Meilensteine des Programmplans und berichtet entsprechende Indikatoren, die Aufschluss über die Leistungen einzelner Prozesse geben.

Ein besonderes Augenmerk richtet der Programmleiter auf Maßnahmen zur Organisationsentwicklung, bei denen zum Beispiel Prozessbesitzer ernannt, Zuständigkeiten neu organisiert oder die Mitarbeiter entsprechend vorbereitet werden müssen. Entscheidet sich das Unternehmen dazu, externe Hilfe in Anspruch zu nehmen, so wählt der Programmleiter die richtigen Berater aus, setzt sie ein und überwacht ihre Projekte.

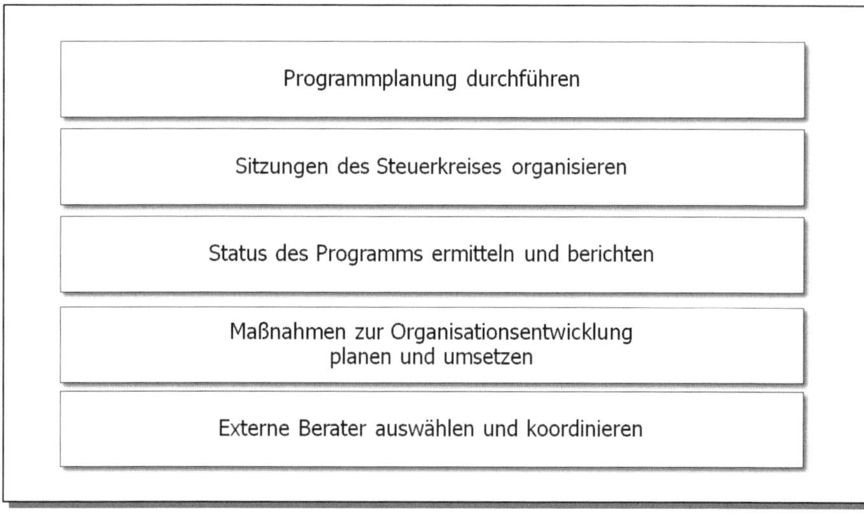

Bild 2.3 Aufgaben des Programmleiters

HINWEIS: Ein Programmleiter ist dann erfolgreich, wenn er vom Management unterstützt wird, über die notwendigen Kompetenzen (Führungskompetenz, Methodenkompetenz, Fachkompetenz) verfügt und die Stelle entsprechend ausgestattet wird. ■

2.1.3 Prozessbesitzer ernennen

Bevor mit der eigentlichen Arbeit an den Prozessen begonnen werden kann, müssen die Zuständigkeiten und Verantwortlichkeiten klar bestimmt werden. In der reinen Prozessorganisation gibt es keinen Unterschied zwischen den Abteilungs- und den Prozessverantwortlichkeiten. Die meisten Unternehmen sind jedoch nach funktionsorientierten Abteilungen organisiert. Das bedeutet, dass Experten aus der jeweils gleichen Disziplin in einer Gruppe zusammengefasst werden. Alle Vertriebsmitarbeiter arbeiten in der Vertriebsabteilung, die Kundenservicemitarbeiter sind im zentralen Kundenservice zusammengefasst, die Prozessingenieure im Ingenieurwesen usw. Hierdurch entstehen sehr starke, fachkompetente Organisationen, die einen hohen Perfektionsgrad in der Lösung von zugeordneten Aufgaben erreichen können.

Doch die meisten Prozesse folgen nicht dieser vertikalen Organisation, sondern sie sind horizontal entlang der Wertschöpfungskette hin zum externen Kunden des Unternehmens ausgerichtet. Ein Prozess spannt sich also über mehrere Abteilungen und es zeigt sich die damit verbundene Problematik. Dadurch kann es zu Effektivitätsverlusten an den Schnittstellen zwischen den Abteilungen und zu Doppelarbeit kommen. Außerdem wird die Suboptimierung einzelner Teilprozesse innerhalb einer Abteilung begünstigt, da jede Abteilung die eigenen Abteilungsziele verfolgt und die zugewiesenen Aufgaben erledigt, ohne für das Gesamtergebnis zuständig zu sein, welches den externen Kunden erreicht.

Hier gilt es nun, einen Prozessbesitzer zu bestimmen, der die Lenkung und Verbesserung eines Prozesses über verschiedene Abteilungen hinweg gewährleistet. Somit wird die Optimierung des gesamten Prozesses möglich und eine abteilungsweise Suboptimierung verhindert. Die ermittelten Kundenanforderungen können durch den Prozess weitergeleitet und erfüllt werden.

Der Prozessbesitzer hat eine Vielzahl von Aufgaben, die über die bloße Koordination des Ablaufs hinausgehen. Er ist für die wirksame und effiziente Abwicklung seines Prozesses verantwortlich und stellt sicher, dass die übergeordneten Ziele erreicht werden. Weiterhin setzt er die Prozessteams ein. Berichten die Mitarbeiter nicht ohnehin an den Prozessbesitzer, vereinbart er mit den verantwortlichen Abteilungsleitern, wer in das Team delegiert wird, und stimmt die Zielvereinbarungen und Entwicklungsmaßnahmen ab.

Ist das Prozessteam eingesetzt, übernimmt der Prozessbesitzer die Leitung und stellt sicher, dass regelmäßige Arbeitstreffen stattfinden. Er sorgt dafür, dass alle Mitarbeiter in seinem Team die benötigten Kenntnisse und Fähigkeiten entwickeln, um gemeinsam in einer Gruppe zu arbeiten, die Prozesse zu lenken und ständig weiter zu verbessern. In seine Verantwortung fällt es außerdem, die festgelegten Indikatoren zu bewerten, den Status des Prozesses zu beurteilen, die Planung von Verbesserungsmaßnahmen sicherzustellen und den Prozess an der Unternehmensstrategie und den Kundenanforderungen auszurichten. Er hält Kontakt zu den Kunden und Lieferanten des Prozesses und räumt Hindernisse aus dem Weg, die die Arbeit des Prozessteams verlangsamen. Alle Personen innerhalb und auch außerhalb des Unternehmens haben mit dem Prozessbesitzer einen einzigen Ansprechpartner für den entsprechenden Prozess. Ist der Prozess größer und kann nicht vom Prozessbesitzer allein gelenkt werden, so werden Teilprozessbesitzer eingesetzt, die wiederum an den Prozessbesitzer berichten. Die Aufgaben des Prozessbesitzers sind in Bild 2.4 aufgezählt.

Der Prozessbesitzer sollte sich durch strategische Fähigkeiten auszeichnen, um bevorstehende Veränderungen des Umfelds zu erkennen und geeignete Anpassungsmaßnahmen einleiten zu können. Er muss außerdem kommunikative Fähigkeiten besitzen, um mit dem Prozessteam, den Lieferanten und Kunden des Prozesses und eventuell mit den anderen Abteilungsleitern, die am Prozess beteiligt sind, Entscheidungen treffen zu können.

Je nach Prozess und je nachdem, ob das Delegationsprinzip oder das Dienstleistungsprinzip angewendet wird, handelt es sich um eine direkte oder indirekte Führungsposition. Beim Delegationsprinzip sind die Anforderungen an die Führungseigenschaften eher noch höher anzusetzen. Obwohl die Mitarbeiter im Prozessteam dem Prozessbesitzer nicht alle disziplinarisch zugeordnet sind, müssen Themen wie Zielplanung, Mitarbeiterbewertung, Mitarbeiterentwicklung oder Gehaltsfindung adressiert werden. Wird die Zuständigkeit des Prozessbesitzers aus diesen Bereichen ausgeklammert, so entsteht eine Prozesseinflussorganisation mit den entsprechenden Schwächen und Nachteilen (siehe Abschnitt 1.3).

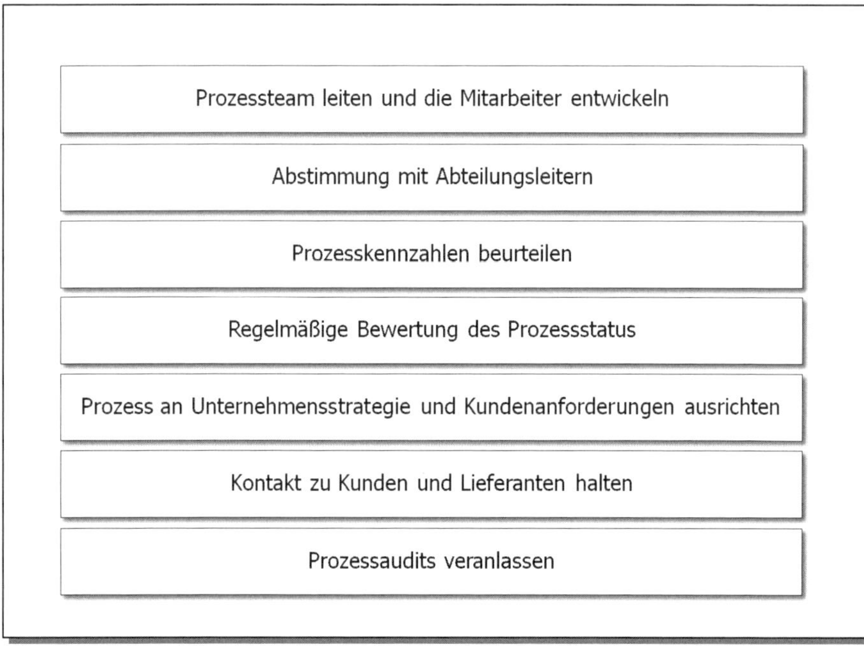

Bild 2.4 Aufgaben des Prozessbesitzers

In der Prozessmatrixorganisation ist die Auswahl der geeigneten Prozessbesitzer ein entscheidender Erfolgsfaktor für das Prozessmanagement. Es gilt, eine geeignete Person zu finden, die nach Charakter und Fähigkeit dazu geeignet ist, diese umfangreichen Aufgaben zu übernehmen.

Bei abteilungsübergreifenden Prozessen ist idealerweise eine Person als Prozessbesitzer auszuwählen, die als Leiter eines Teilprozesses bereits in großem Umfang am Gesamtprozess beteiligt ist und somit überdurchschnittlich von einem reibungslosen Ablauf profitiert. Dies ist beispielsweise gegeben, wenn der Teilprozess den größten Anteil der Mitarbeiter beschäftigt oder wenn er den größten Anteil an der Durchlaufzeit des Gesamtprozesses stellt. Ferner muss sich die auszuwählende Person durch überdurchschnittliche Sozialkompetenz auszeichnen, denn sie soll die Mitarbeiter aus unterschiedlichen Abteilungen und Hierarchieebenen zusammenführen und anleiten können. Das letzte Auswahlkriterium ist die Kenntnis über den Prozess. Der zukünftige Prozessbesitzer sollte über umfangreiche Kenntnisse des Gesamtprozesses verfügen, die in der Vergangenheit durch eine Tätigkeit in mehreren der Teilprozesse über einen möglichst langen Zeitraum erlangt werden konnten. Die Anforderungen sind in Bild 2.5 noch einmal zusammengefasst.

Die Tätigkeiten des Prozessbesitzers sollten sich auch in der Stellenbeschreibung wieder finden lassen. In Unternehmen, in denen Stellenbeschreibungen nicht üblich sind, werden die Prozessbesitzer durch das leitende Management ernannt und diese Ernennung wird formal im gesamten Unternehmen bekanntgemacht. Die Prozessbesitzer größerer Schlüsselprozesse sollten im Leitungsgremium des Unternehmens beziehungs-

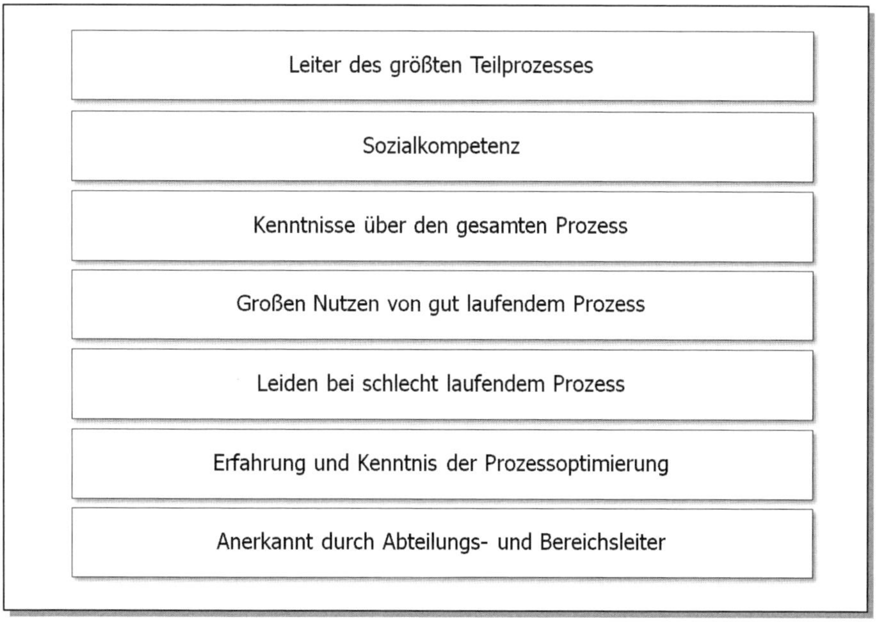

Bild 2.5 Kriterien zur Auswahl der Prozessbesitzer

weise im Steuerkreis eingebunden sein. Sind in diesen wichtigen Entscheidungsgremien zum Beispiel Abteilungsleiter oder Bereichsleiter vertreten, jedoch keine Prozessbesitzer, so wird das Prozessmanagement sehr schnell an Grenzen stoßen, wenn es um Prioritäten, Strategien oder Richtungsentscheidungen geht. Alle Methoden und Vorgehensweisen aus diesem Buch können in einer solchen Situation ihre Kraft kaum entfalten und das Prozessmanagement verkommt mehr zu einem Lippenbekenntnis als zu einem Aktionsplan oder einer Organisationsentwicklung. Mit der Besetzung der Leitungsgremien drückt die Geschäftsleitung aus, wie ernst sie es mit dem Prozessmanagement nimmt.

HINWEIS: Neben dem intensiven Training der Prozessbesitzer in den Themen des Prozessmanagements und der Prozessoptimierung ist es ratsam, die Funktion der Prozessbesitzer als wichtigen Schritt in der Karriereentwicklung zu etablieren.

Wird der Prozessbesitzer großer Schlüsselprozesse zum Beispiel auf Zeit besetzt und durch ein gezieltes Personalentwicklungsprogramm begleitet, so lässt sich leicht eine Vorbereitungsposition für den Einstieg in den oberen Führungskreis schaffen. Ähnliche Überlegungen treffen auch auf die übrigen Prozessbesitzer zu. Hier könnte ein System zur gezielten Personalförderung entstehen. So würde ein großer Anreiz geschaffen werden, die Position eines Prozessbesitzers zu bekleiden und die auserwählten Mitarbeiter würden durch ihre Tätigkeit umfangreich qualifiziert und auf die nachfolgenden Aufgaben vorbereitet.

2.1.4 Prozessteams bilden

Nachdem für jeden Prozess ein Prozessbesitzer ernannt wurde, ist es dessen Aufgabe, den Prozess neu zu organisieren und das Prozessteam einzuberufen. Dieses soll einerseits alle Mitarbeiter des Prozesses vertreten, muss aber andererseits klein genug sein, um schlagfertig zu bleiben. Dies bedeutet in der Regel, dass sich nicht alle Mitarbeiter direkt im Prozessteam beteiligen können und daher nur einzelne entsendet werden und dort eine größere Gruppe vertreten. Besteht der Prozess aus mehreren Teilprozessen, so sollten alle Teilprozesse im Team repräsentiert werden.

Wenn es verschiedene Bereiche gibt, in denen umfassende Fachkenntnis gefordert ist, so sollte mindestens ein Mitarbeiter diese Kenntnis im Team einbringen. Betrachtet man beispielsweise den Prozess zur Planung und Errichtung neuer Fertigungsanlagen, so sollt im Prozessteam jemand sitzen, der die Konstruktionsarbeiten überblickt, ein weiterer, der sich im Umgang mit Anlagenlieferanten auskennt, ein Kollege sollte den Bereich Projektmanagement und Kalkulation abdecken und so weiter.

Für Prozesse, die nach dem Entsendungsprinzip organisiert werden, bedeutet dieses häufig einen Wechsel des Arbeitsplatzes, eventuell sogar des Standorts. Das Entsendungsprinzip besagt, dass die Mitarbeiter eines Prozesses in räumlicher Nähe zueinander arbeiten sollen, auch wenn sie verschiedene funktionale Vorgesetzte haben (siehe Abschnitt 1.3.1). Die Entsendung hat zur Folge, dass der Prozess nicht nur auf dem Papier oder im IT-System existiert, sondern auch physisch entsteht. Die räumliche Nähe zu den anderen Mitarbeitern unterstützt die prozessorientierte Denkweise, erleichtert die Abstimmung von Organisationsdetails und hilft, sich an die neuen Gegebenheiten zu gewöhnen. Diese Maßnahme stabilisiert zugleich die Prozessorganisation und verhindert, dass man nach anfänglicher Euphorie für Prozessmanagement und die ständige Verbesserung einfach in den alten Trott zurückfällt.

Auch die Abteilungsleiter, die ihre Mitarbeiter in die Prozesse entsenden, müssen sich neu organisieren. Sie müssen sich überlegen, wie sie ihre Leitungsaufgabe wahrnehmen wollen, wenn sie ihre Mitarbeiter auf verschiedene Prozesse verteilt und nicht mehr in ihrer unmittelbaren Nähe haben.

In den meisten Fällen werden nicht alle Mitarbeiter in die Prozesse entsendet werden, sondern es wird zusätzlich einen Zentralbereich geben. So wird es weiterhin einen zentralen IT-Bereich geben, auch wenn einige Mitarbeiter zur Betreuung der prozessunterstützenden Software und Systeme zum Beispiel direkt in den Produktionsprozess oder Vertriebsprozess entsendet wurden. Und es wird weiterhin den Zentralbereich Einkauf geben, auch wenn die Materialdisponenten direkt mit den Fertigungsplanern in einem Prozessteam zusammengefasst wurden.

Die Leiter der Fachfunktion müssen sich außerdem darüber klar werden, wie die Rotation und der Austausch zwischen den Zentralbereichen und den entsendeten Mitarbeitern vonstattengehen und wie sie die Leistungsbeurteilung und Mitarbeiterentwicklung gestalten wollen.

Der Umzug an den neuen Arbeitsplatz muss jedoch nicht unbedingt vollzogen sein, bevor das Prozessteam seine Arbeit aufnimmt. In der Realisierungsphase des Prozessmanagements stehen so oder so die Beschreibung und die Standardisierung des Prozesses und das Festlegen von Indikatoren auf der Tagesordnung. Eventuell kann der Umzug zum Abschluss dieser Phase passieren, dann können kleinere, strukturelle Änderungen und Anpassungen bei dieser Gelegenheit gleich mit erledigt werden und die Mitarbeiter können den Umzug selbst planen.

Sollte es nicht möglich sein, alle diese Anforderungen in einem Prozessteam abzudecken und ist die Gruppe zu groß, sodass der Prozess nicht mehr effektiv gelenkt werden kann, so kann es auch sinnvoll sein, mehrere Prozessteams für verschiedene Teilprozesse zu bilden. Der Prozessbesitzer koordiniert die Maßnahmen der einzelnen Teams. Sind die Prozessteams erst einmal wirksam eingesetzt, gehen alle weiteren Aktivitäten des Prozessmanagements von hier aus.

Beim Übergang von der Realisierungsphase zur Stabilisierungsphase bekommt das Prozessteam noch einmal neue Aufgaben. Die Prozesslenkung und ständige Verbesserung stehen nun auf der Tagesordnung. Lenkung bedeutet, den Prozess ständig auf Kurs zu halten und sobald Kursabweichungen erkennbar werden, wird gegengesteuert. Für die Prozessverbesserung müssen Kundenanforderungen und Vorgaben aus der strategischen Planung in konkrete Maßnahmen umgesetzt werden. Um diese Aufgabe zu erfüllen, werden aussagekräftige Indikatoren festgelegt und ständig beobachtet. Die positive Entwicklung dieser Indikatoren zeigt die Wirksamkeit des Prozessmanagements an. Bleiben die Indikatoren hinter den Zielen zurück oder weisen sie sogar einen negativen Trend auf, so ist es angebracht, in den Prozess einzugreifen. Somit wird das Prozessteam zur zentralen Schaltstelle, in der ständig aktuelle Probleme besprochen und gelöst werden. Bild 2.6 zeigt noch einmal die Aufgaben des Prozessteams im Einzelnen.

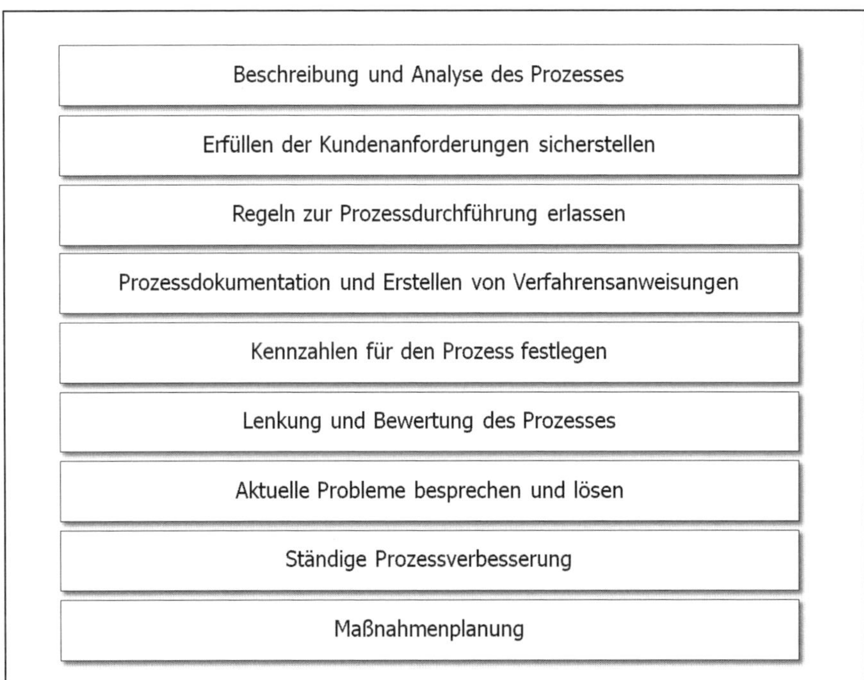

Bild 2.6 Aufgaben des Prozessteams

Durch den Umfang der Aufgaben wird deutlich, dass die Auswahl der Mitarbeiter im Prozessteam einen entscheidenden Einfluss auf den Erfolg des Prozessmanagements hat. Am besten geeignet sind diejenigen Mitarbeiter, die sich durch umfassende Prozesskenntnis und große Nähe zum internen oder externen Kunden auszeichnen. Analytisches und konzeptionelles Denken sowie Problemlösungskompetenz sind Eigenschaften, die von einem Mitarbeiter im Prozessteam außerdem erwartet werden.

Wie der Name schon sagt, findet die meiste Prozessarbeit im Team statt. Die Arbeit im Prozessteam ist zusätzlich zum üblichen Job zu erledigen. Daher muss eine gewisse Eigenmotivation vorausgesetzt werden und als Grundregel soll gelten, dass die Teilnahme freiwillig ist. Die Möglichkeit, die eigenen Prozesse zu gestalten, wirkt sich bei vielen Mitarbeitern positiv auf die Motivation und somit auf Qualität und Produktivität aus. Sind andere Mitarbeiter jedoch mit dem bisherigen Arbeitsumfang zufrieden, so sollten sie nicht zur Gruppenarbeit genötigt werden. Es hat sich noch nie gelohnt, die Hunde zur Jagd zu tragen. Werden die richtigen Anreize zur Teilnahme gesetzt, so ist es nicht weiter schwierig, geeignete Kandidaten zu finden.

Die Mitarbeiter registrieren genau, welche Aufmerksamkeit das Management dem Prozessmanagement schenkt. Durch Präsentationen, die die Prozessteams im Steuerkreis halten, durch das Setzen von Unternehmenszielen oder die Teilnahme der Unternehmensleitung an Teamsitzungen kann die Wertschätzung zum Ausdruck gebracht werden. Solche Maßnahmen steigern das Prestige der Prozessteams und es wird attraktiver, in ihnen mitzuarbeiten.

Die Arbeit im Prozessteam soll zum Bestandteil des Unternehmensalltags und nicht als vorübergehende Sonderbelastung empfunden werden. Daher sollten die Stellenbeschreibungen und Gehaltsgruppen entsprechend angepasst werden. Außerdem bietet es sich an, das Mitwirken in den Prozessteams als Fördermaßnahme zu etablieren und ähnlich wie beim Prozessbesitzer bei der Beförderung entsprechend zu berücksichtigen. Die Teilnahme an der Gruppenarbeit, die Übernahme zusätzlicher Verantwortung, das Umsetzen von Verbesserungsmaßnahmen und der erweiterte Überblick durch die Arbeit an den Unternehmensprozessen führen unweigerlich zu einer Kompetenzerweiterung, die nicht nur dem Mitarbeiter, sondern dem gesamten Unternehmen zu Gute kommt.

HINWEIS: Bevor die Teams mit der Arbeit beginnen, sollte sichergestellt werden, dass alle Beteiligten für das Arbeiten in Gruppen vorbereitet sind. Dazu müssen einige Moderationstechniken und Verfahren zur Problemanalyse bekannt sein. Die entsprechenden Verfahren sollte der Programmleiter auswählen und im Trainingsplan verankern. Zu Beginn ist es zu empfehlen, die Gruppe durch einen ausgebildeten Moderator zu begleiten. Später können die Gruppenmitglieder die Moderation im Wechsel selbst übernehmen. ■

Eine einfache und komprimierte Einführung in diese Thematik bieten die Bände der Pocket Power-Reihe (insbesondere Langner/Malorny 2007; Schwarz/Backerra/Malorny 2007).

Sind die Teilnehmer festgelegt, so werden die ersten Treffen genutzt, damit sich die Gruppe finden kann und um Regeln für die weitere Zusammenarbeit aufzustellen. Am besten werden regelmäßige Treffen, zum Beispiel wöchentlich zu einem festgelegten Termin, vereinbart. Dadurch wird ein kontinuierliches Vorankommen gewährleistet. Maßnahmen, die auf einem Treffen geplant werden, können dann innerhalb der folgenden Woche weiter ausgearbeitet oder bereits umgesetzt werden. Auf den folgenden Treffen werden Schwierigkeiten bei der Umsetzung diskutiert. Die Reihenfolge der Themen, die auf den einzelnen Treffen behandelt werden, stimmt der Prozessbesitzer mit dem Prozessteam ab.

2.2 Die Programmplanung

Die Programmplanung umfasst die Festlegung des Leitbilds, die zeitliche Planung einschließlich der Bestimmung wichtiger Meilensteine, die Festlegung der benötigten Ressource und die Planung einer Kommunikationsstrategie. Im Unterschied zu einem Projektplan gibt es bei diesem Managementprogramm kein definiertes Ende. Daher kann sich die exakte Programmplanung nur auf die Anfangsphase beziehen, in der das Prozessmanagement initiiert und realisiert wird. Es sollte jedoch klar festgelegt werden, wann welcher Reifegrad erreicht werden soll. Eine wichtige Rolle spielt das visionäre Zukunftsbild des Unternehmens, das in der Organisation kommuniziert wird. Die strategische Ausrichtung soll klar sein und die langfristigen Ziele für das Prozessmanagement müssen feststehen und zwar in einer Art und Weise, die es erlaubt zu bewerten, ob eine Annäherung an die Ziele stattfindet oder nicht.

2.2.1 Leitbild festlegen

Der Weg zum Prozessmanagement beginnt mit der Beantwortung einer schlichten Frage. Warum machen wir das Ganze? Wenn es auf diese Frage keine Antwort gibt, ist das Unternehmen noch nicht reif, den Weg zu gehen.

> **HINWEIS:** Alle Mitglieder des Steuerkreises sollten fähig sein, den eingeschlagenen Weg zu erläutern sowie die Ziele und Hintergründe schlüssig darzulegen.

Am besten gelingt dieses, wenn sich der Steuerkreis auf ein schriftlich fixiertes Leitbild einigt. Ohne eine schlüssige Darstellung und eine entsprechende, widerspruchsfreie Kommunikation zwischen Steuerkreis und Mitarbeitern wird das ganze Vorhaben eher als eine Aneinanderreihung verschiedener Projekte und Aktivitäten erscheinen als ein Programm, das die Zukunft des Unternehmens sichert. Eine missglückte Kommunikation führt mit hoher Wahrscheinlichkeit zu einer ablehnenden Haltung und nicht zu

Begeisterung und positiver Unterstützung. Es besteht immer die Gefahr, dass sich die Mitarbeiter ducken und einfach abwarten, dass auch diese Welle über sie hinwegrauscht, ohne wirklich etwas zu verändern.

John P. Kotter, der international anerkannte Experte für Transformationsmanagement und emeritierte Professor der Harvard Business School wies darauf hin, dass man bei missglückten Veränderungsbemühungen oft auf viele Pläne, Direktiven und Programme stoße, ein Leitbild sei hier aber zumeist nicht zu finden (Kotter 1995).

Das Leitbild beschreibt die wesentlichen Existenzgründe eines Unternehmens und gibt einen Kommentar bezüglich der derzeitigen Position im Markt. Es begründet die Notwendigkeit zur Veränderung und erläutert die dabei eingeschlagene Strategie. Außerdem wird beschrieben, welche Rolle das Prozessmanagement dabei spielt und welche Meilensteine angestrebt werden. Idealerweise ist es lebendig und mitreißend formuliert, auf jeden Fall sollte es aber authentisch für den Führungskreis sein und in Einklang mit den Handlungen stehen. Das könnte sich beispielsweise wie folgt anhören:

> *„Wir möchten unseren bevorzugten Kunden als innovatives und kundenorientiertes Unternehmen bekannt sein. Dies bedeutet, dass wir unsere Organisation in den nächsten zwölf Monaten noch mehr auf unsere Schlüsselkunden ausrichten werden. Wir werden die kundenorientierten Prozesse identifizieren und Prozessbesitzer für diese benennen. Die Aufgabe dieser Prozessbesitzer wird es sein, die Anforderungen der Kunden zu ermitteln und die Prozesse systematisch daran auszurichten. Hierbei konzentrieren wir uns insbesondere auf den Produktentwicklungsprozess und den Produkteinführungsprozess. Die Zeit zum Markt soll halbiert und unsere Produktvitalität verdoppelt werden. Den Erfolg wollen wir anhand des Umsatzes messen, der mit Produkten gemacht wird, die in den letzten drei Jahren auf den Markt gebracht wurden. Außerdem haben wir eine Agentur beauftragt, die in den nächsten sechs Monaten die Kundenzufriedenheit ermitteln wird, damit wir die daraus gewonnenen Erkenntnisse nutzen können, um unsere Prozesse zu verbessern. Prozesse, die ihre Produkte und Dienstleistungen nicht an externe Kunden liefern, werden interne Leistungsvereinbarungen treffen.“*

Ein anderes Unternehmen mag beispielsweise Marktanteile verloren haben, da sich neue Mitbewerber um die gleichen Kunden bemühen. Eine Marktstudie könnte ergeben haben, dass die eigene Reaktionsgeschwindigkeit zu wünschen übrig lässt und dass das generelle Auskunftsverhalten und die Reklamationsbearbeitung keinen Anlass zur Freude bieten. Auch hier können Gegenmaßnahmen eingeleitet werden und die Organisation bedarf einer neuen Ausrichtung. Eventuell stehen Lieferprozesse, der Kundenservice und die Reklamationsbearbeitung im Fokus. Eine solche Situation könnte folgendermaßen in ein Leitbild gegossen werden:

> *„Unsere Kunden nehmen uns zumeist als Technologieführer wahr, sind aber bereit, die Produkte von unseren Wettbewerbern zu beziehen, da diese als flexibel, reaktionsschnell und auskunftsfreudig bekannt sind. Daher hat die Unternehmensleitung beschlossen, ein Programm zur Prozessoptimierung aufzusetzen. Die Verantwortlichen für die strategierelevanten Prozesse werden innerhalb der nächsten sechs Monate schlagkräftige Verbesserungsteams aufbauen, die insbesondere die Durchlaufzeiten minimieren, die Reaktionsgeschwindigkeit erhöhen und den Kundenservice verbessern werden. Weitere Details sind in einem Programmplan zusammengefasst und werden kurzfristig kommuniziert.“*

Ein drittes Unternehmen hat jahrelang die Position des Kostenführers innegehabt und mit bester Qualität zu fairen Preisen geworben. Neuerdings gehen allerdings Marktanteile an asiatische Mitbewerber verloren, die zu besonders niedrigen Preisen über das Internet vertreiben. In einem solchen Unternehmen könnte es folgende Aussagen im Leitbild geben:

„Wir werden die Wertschöpfung unserer Prozesse erhöhen. Alles, was unsere Kunden nicht als wichtig erachten und wofür sie nicht bereit sind, zu zahlen, kommt auf den Prüfstand. Um unsere Pläne umzusetzen, haben wir ein Beratungsunternehmen beauftragt, das unsere Bemühungen unterstützt. Es wird ein breit angelegtes Trainingsprogramm durchführen und uns insbesondere die Wertstromanalyse nahebringen. Das Beratungsunternehmen wird außerdem spezialisierte Moderatoren einsetzen, um die Meetings unserer Verbesserungsteams effektiver zu gestalten."

2.2.2 Zeitplan aufstellen

Vergegenwärtigt man sich die vier Phasen des Prozessmanagements, so wird schnell klar, dass ein detaillierter Zeitplan nur für die Realisierungsphase sinnvoll ist. Es liegt auf der Hand, dass die Initiierungsphase noch keinem Zeitplan folgen kann, denn es handelt sich um den Entscheidungsprozess, der vor der formalen Planung liegt. Im Verlauf dieser Phase wird der Steuerkreis erst einberufen und der Programmleiter ernannt. Die Freigabe des Programmplans schließt dann diese Phase ab und erst jetzt startet die formale Planung. Es folgt die Realisierungsphase und in ihr die Transformation zur Prozessorganisation. Genau diese Phase lässt sich genauer bestimmen und sollte auch durch den Programmplan abgedeckt sein, wie er in Bild 2.7 gezeigt wird.

Daran schließt sich die Stabilisierungsphase an, bevor schließlich die Phase der Exzellenz beginnt. Wann dieses geschieht, lässt sich nur grob erahnen und hängt auch vom Markt und von den Wettbewerbern ab. Auch wenn die Details noch nicht vorab bestimmt werden können, empfiehlt es sich, die wesentlichen Meilensteine festzulegen und messbar zu gestalten.

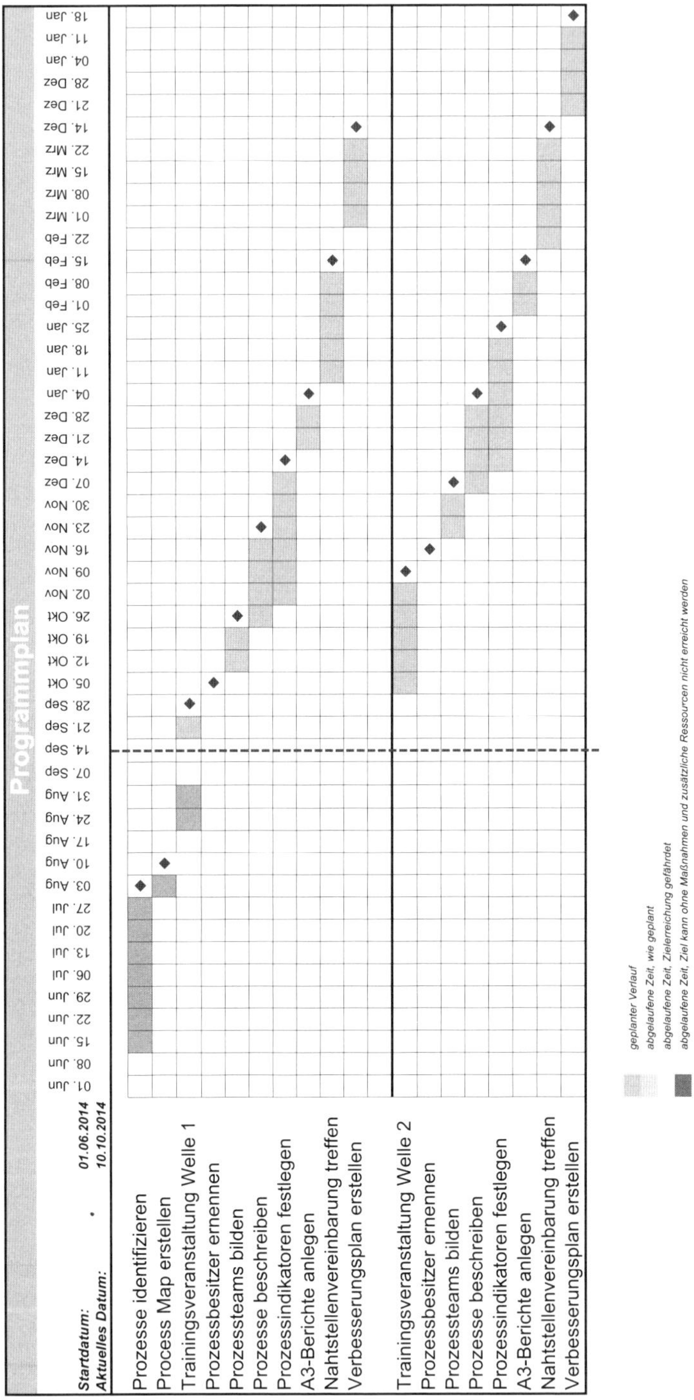

Bild 2.7 Programmplan für das Prozessmanagement

Werkzeug 1: Programmplan

1. Setzen Sie sich zunächst mit der **Positionierung Ihres Unternehmens** am Markt auseinander und bringen Sie die folgenden Punkte in Erfahrung. Wo liegen Stärken und Schwächen des Unternehmens, welche Mitbewerber gibt es, wo ergeben sich besondere Chancen und was sind die Risiken? Welche Strategien werden verfolgt und was sind die Schwerpunkte für die nächsten Jahre? Doch Achtung, wer sich mit der Einführung des Prozessmanagements beschäftigt, ist nicht automatisch kompetenter Ansprechpartner für die Strategieplanung. Prozessmanagement bietet einen **Werkzeugkasten,** der hilft, Strategien umzusetzen und Prozesse dementsprechend zu lenken. Prozessmanager können daher bei der Planung mitwirken, die Festlegung der Strategien ist aber nicht ihre vorrangige Aufgabe.
2. Legen Sie nun fest, welche **Ziele** Sie mit dem Prozessmanagement erreichen wollen und was verbessert werden soll. Ziele können z. B. das Erreichen der Kostenführerschaft, die Erhöhung der Kundenzufriedenheit, Verbesserung von Qualität und Service, Erhöhung der Reaktionsgeschwindigkeit, Reduzierung der Durchlaufzeit oder auch die Steigerung des Marktanteils in einer bestimmten Region oder für eine Produktgruppe sein. Die Ziele sollten klar formuliert und messbar sein und/oder eine genaue Beschreibung des zu erreichenden Zustands enthalten.
3. Geben Sie an, wo sich das Unternehmen gerade befindet und wo es sich hin bewegen soll. Sagen Sie beispielsweise nicht, unsere Ausschussquote soll verringert werden, sondern die Ausschussquote soll im Durchschnitt über alle Produktgruppen von 3558 ppm auf unter 500 ppm gesenkt werden. Sagen Sie nicht, wir wollen die Kundenzufriedenheit erhöhen, sondern wir wollen uns in der jährlich durchgeführten Kundenbefragung von 67 % Gesamtergebnis auf 84 % Gesamtergebnis verbessern. Legen Sie im nächsten Schritt fest, **bis wann** die Ziele erreicht werden sollen, und legen Sie entsprechende Meilensteine fest. Alle bisher gemachten Überlegungen werden im erwähnten Leitbild für die bevorstehenden Veränderungen zusammengefasst. Das Leitbild enthält außerdem eine kurze Beschreibung der zukünftigen Organisation.
4. Jetzt wird es anstrengend und die **Details** müssen geplant werden. Wählen Sie zunächst das geeignete Planungswerkzeug für Ihren Projektplan aus. Es gibt verschiedene Standard-Softwareprogramme, die dieses unterstützen. Wenn Sie damit jedoch keine Erfahrung haben, so verwenden Sie einfach das **Ganttchart**. Es kommt nicht so sehr auf eine ausgefeilte Projektdarstellung, auf technische Wechselwirkungen oder Abhängigkeiten an, sondern auf die Einschätzung des Zeitbedarfs, das Festlegen von Verantwortlichkeiten und eine **kompakte Darstellung,** die die Kommunikation unterstützt.

5. Listen Sie nun alle notwendigen **Tätigkeiten** auf, die benötigt werden, um das Prozessmanagement einzuführen und damit die festgelegten Ziele zu erreichen. Orientieren Sie sich dabei an den Abschnitten dieses Buchs und tragen Sie die Tätigkeiten, die zugeordneten Verantwortlichen, den geschätzten Zeitbedarf und die **Meilensteine** in Ihren Plan ein. Die Meilensteine werden separat definiert und in der Beispieldatei auf der zweiten Seite beschrieben. Gliedern Sie die Tätigkeiten aber nicht zu fein, denn es geht um einen übergeordneten Programmplan und nicht um die detaillierte Planung einzelner Prozesse oder Verbesserungsprojekte.
6. Es ist eventuell möglich, die neuen Organisationsprinzipien erst einmal **für ausgewählte Prozesse** oder in einem abgegrenzten Unternehmensbereich einzuführen. Das bietet die Möglichkeit zu üben und hat den Vorteil der Risikominimierung. Wenn die Prozesse oder der Bereich geschickt gewählt werden, fällt es leicht, **schnelle Erfolge** aufzuzeigen und die Prozesse können als Fallbeispiel für die breite Anwendung genutzt werden. Prozesse, die gleichzeitig einen großen Einfluss auf die Ziele haben und einen hohen Verbesserungsbedarf aufweisen, bieten sich als **Pilotanwendung** an. Zusätzlich sollte sich das Verbesserungspotenzial leicht heben lassen und die betroffenen Mitarbeiter sollten eine positive Einstellung gegenüber dem Prozessmanagement zeigen. Haben Sie mit den ersten Prozessen erst einmal einen Pflock in den Boden gerammt, so lässt sich von hier aus das Areal viel leichter abstecken.
7. Um das Programm leichter handhabbar zu machen, können Sie die verschiedenen Prozesse auch in **mehrere Wellen** einteilen. Diese Wellen, die jeweils aus mehreren Prozessen bestehen, durchlaufen nacheinander die einzelnen Stufen, wie sie in Bild 2.7 dargestellt sind. Ein solches Vorgehen bietet den großen Vorteil, dass die Organisationentwicklung in verschiedenen Geschwindigkeiten stattfinden kann. Wenn es irgendwelche Hinderungsgründe gibt oder etwas dafür spricht, den einen oder den anderen Prozess noch nicht zu berücksichtigen, dann wird er eben nicht Welle eins oder zwei zugeordnet, sondern er kommt später mit dran. Läuft bei einem Prozess unterwegs etwas schief, so ist es auch möglich, dass die Mitarbeiter eine kurze Auszeit nehmen und bei der nächsten Welle wieder einsteigen.

Eine Vorlage für einen Programmplan steht Ihnen elektronisch zur Verfügung (Werkzeug_1_Programmplan). ■

2.2.3 Planung der Ressourcen

Die Ressourcenplanung beginnt mit der Benennung der Mitarbeiter, die ganz oder teilweise freigestellt werden, um im geplanten Programm eine besondere Rolle zu übernehmen. Zusätzlich muss über interne oder externe Berater und andere Experten nachgedacht werden. Denn abhängig von der Größe des Unternehmens und vorhandener Expertise sollte überlegt werden, externe Fachleute vorübergehend im geplanten Programm mitwirken zu lassen. Das kann bei fast allen Maßnahmen des Prozessmanagements sinnvoll sein, insbesondere, wenn das Unternehmen über keine vergleichbaren internen Positionen verfügt. Solche Berater können entweder zusätzliche Erfahrungen für das gesamte Prozessmanagement mit in das Programm einbringen bzw. Experten für das Thema Organisationsentwicklung oder das Coaching der Mitarbeiter sein. Es ist auch denkbar, dass zusätzliche Expertise für bestimmte Prozesse oder einzelne Verbesserungsmethoden eingesetzt wird.

HINWEIS: Die Ressourcenplanung umfasst die benötigten Mitarbeiter, eventuell externe Unterstützung, das benötigte Arbeitsmaterial sowie die Ermittlung des Investitionsbedarfs.

Ist die Mannschaft erst einmal geplant, die gemeinsam mit dem Programmleiter das ganze Programm voranbringen soll, ist das Arbeitsmaterial als nächstes an der Reihe. Zusätzlich zur üblichen Arbeitsplatzausstattung handelt es sich hier insbesondere um Software zur Prozessanalyse und die Darstellung von Prozessen. Neben rein kommerziellen Angeboten lassen sich im Internet Marktübersichten oder kostenfrei Varianten finden,[1] Das soll nicht heißen, dass unbedingt neue Software für diese Aufgaben benötigt wird. Prozessmanagement lässt sich mit Standardsoftware und den einfach gehaltenen Planungsmethoden aus diesem Buch organisieren. Spezialsoftware zur Analyse und Prozesssimulation bringt zwar einige Vorteile im Detail, erweckt aber leicht übersteigerte Erwartungen. Reorganisationen oder Verbesserungsprogramme scheitern in der Regel nicht an zu ungenauer Darstellung oder mangelhafter Analyse, sondern aufgrund von ungenügender Vorbereitung und Managementfehlern.

Sind die zentralen Ressourcen geplant, geht es um die Ermittlung des Investitionsbedarfs. Dies ist jedoch die Aufgabe des jeweiligen Prozessbesitzers und hängt davon ab, wie der Prozess zukünftig strukturiert und in die restliche Organisation eingebunden sein wird.

---

[1] Der Forschungsverbund forFlex hat eine Marktstudie verschiedener Software zur Prozessimulastion im Internet veröffentlicht. Außerdem wird in der Ariscommunity.com eine Kostenlose Variante der bekannten Aris Softawre zur Simulation von Prozessen angeboten. Siehe in der Liste der empfohlenen Internetseiten unter dem Stchwort forFlex oder Aris community (Kapitel 7).

2.2.4 Kommunikations- und Trainingsplanung

Ohne eine entsprechende Kommunikation ist nicht zu erwarten, dass sich die Mitarbeiter begeistert einbringen und hinter die Ziele stellen. Die Geschäftsleitung hat es in der Hand, das gesamte Unternehmen vorzubereiten und Widerstände gar nicht erst entstehen zu lassen. Jede Reorganisation bringt es mit sich, dass Ängste entstehen und dass Macht, Einfluss oder Komfort verloren gehen. Die Mitarbeiter haben ein feines Gespür für anstehende Veränderungen und wenn die Gerüchte erst durch die Werkshallen oder über die Flure wabern, kann sich jeder das Schlimmste ausmahlen und bekommt leicht ein ungutes Gefühl.

HINWEIS: Das wirksamste Mittel gegen einen Fehlstart ist die umfassende Kommunikation und die sichtbare Unterstützung des Managements. ■

Sollten Mitarbeiter wegen der Umstrukturierung ihren Arbeitsplatz verlieren, sollte ihnen an anderer Stelle im Unternehmen eine Perspektive gegeben werden.

Die Geschäftsleitung unterrichtet persönlich die oberen Führungsebenen und diese informieren wiederum alle Mitarbeiter ihres Bereichs. Je nach Größe und Gepflogenheit im Unternehmen sind Mitarbeiterversammlungen ein geeignetes Mittel für Ankündigungen der Geschäftsleitung direkt an die Mitarbeiter. Wenn das Unternehmen auf mehrere Standorte verteilt ist, so stellt eine solche Versammlung eine hervorragende Gelegenheit dar, sich mal wieder an den Standorten sehen zu lassen. Die Botschaft, die bei solchen Veranstaltungen vermittelt werden soll, wurde bereits im Leitbild zum Prozessmanagement festgelegt.

Um einen einheitlichen Informationsstand zu gewährleisten und den Effekt der Stillen Post zu vermeiden, empfiehlt es sich, eine Präsentation vorzubereiten, die das Leitbild, den Zeitplan und die Prinzipien des Prozessmanagements erläutert.

Entsprechendes Fachwissen kann auf diese Weise jedoch nicht vermittelt werden. Hier bietet es sich an, einen Trainingsplan (Bild 2.8) aufzustellen, den alle Beteiligten durchlaufen, bevor sie eine Rolle im Prozessmanagement übernehmen. In den entsprechenden Seminaren kann der Programmplan detailliert erläutert und die Methodenkompetenz für das Prozessmanagement aufgebaut werden. Als Trainingsunterlage und um später nachschlagen zu können, bietet es sich an, dass jeder Teilnehmer ein Exemplar dieses Buchs erhält. Obwohl der Autor hierüber erfreut wäre, ist dieser Vorschlag nicht ernst gemeint. Es empfiehlt sich aber trotzdem, entsprechende Unterlagen vorzubereiten. Die Unterlagen sollten die unternehmensspezifisch festgelegten Werkzeuge, Formulare und Berichte enthalten, die die Mitarbeiter benutzen sollen. Mit der Einführung des Prozessmanagements bekommt auch das Arbeiten in Gruppen einen höheren Stellenwert. Ist das Unternehmen bisher nicht mit dieser Arbeitsform vertraut, so bietet es sich an, auch Seminare zu Themen wie Moderation, Kommunikation, Präsentation oder Konfliktbewältigung zu organisieren.

Trainingsplan
Datum:

Name	Rolle	Grundlagen des Prozessmanagements	Aufgaen des Prozessteams	Prozessbeschreibungen und Flussdiagramme	Schnittstellen-vereinbarungen	Prozesssteuerung mit Prozessindikatoren	Prozessaudits	Die A3 Methode zur Prozesslenkung	Problemlösungsplan	Hoshin Kanri	Grundlagen der Prozessverbesserung	Wertstromanalyse	Six - Sigma Übersicht	Six - Sigma Green Belt Training	Process Re-Engineering	Moderationstechnik	Kommunikationstechnik	Präsentatiostechnik	...
A	Steuerkreis	●	●			●				●	●		●						
B	Prozessbesitzer		●	●	●	●		●	●	●		●		●	●				
C	Prozessbesitzer		●	●	●	●		●	●	●		●			●	●	●	●	
D	Team		●	●	●	●		●	●			●		●			●		
E	Team		●	●	●	●		●	●			●		●		●	●	●	
F	Team		●	●	●	●	●	●	●			●		●					
G	Interner Prozessberater		●	●	●	●	●	●	●	●		●		●	●				
H	Interner Prozessberater		●	●	●	●	●	●	●		●				●	●	●	●	
I	Alle Mitarbeiter	●	●								●								

Bild 2.8 Trainingsplan

Werkzeug 2: Trainingsplan

1. Listen Sie zunächst alle **Kompetenzbereiche** auf, die Sie durch den Trainingsplan abdecken wollen, und tragen Sie sie in horizontaler Richtung in die Vorlage ein. Die Themen, die hier berücksichtigt werden sollten, sind Gruppenarbeit, Kommunikationstechnik, Präsentation und Moderation, die Grundzüge des Prozessmanagements, wie sie in diesem Buch beschrieben werden, Problemlösungstechniken, der A3-Prozessbericht, Hoshin Kanri, Prinzipien der ständigen Verbesserung, Wertstromanalyse, Durchführung von Prozessbegehungen und Prozessdurchsprachen, Six-Sigma-Methoden und divergentes Denken. Planen Sie jeweils ein kurzes Überblickstraining und ein vertieftes Training für Anwender.
2. Legen Sie nun die **Rollen** fest, die am Prozessmanagement beteiligt sind, und tragen Sie diese in der Vertikalen ein. Das sind insbesondere der Programmleiter und sein Stab, alle Prozessbesitzer, die Prozessteams und der Steuerkreis. Vergessen Sie nicht die übrigen Mitarbeiter, die keine besonderen Rollen einnehmen. Für diese Mitarbeiter sollten Sie zumindest eine Informationsveranstaltung vorsehen, die die wesentlichen Prinzipien des Prozessmanagements behandelt.
3. Als Nächstes wird festgelegt, wie die einzelnen **Trainingsbausteine** zu gestalten sind, mit denen die verschiedenen **Kompetenzbereiche** abgedeckt werden sollen. Planen Sie, ob die Bausteine intern abgedeckt werden können oder ob Sie hierfür spezialisierte Trainingsinstitute oder Berater beauftragen möchten.
4. Es ist ratsam, die einzelnen Bausteine mehrfach **in regelmäßigen Rhythmen** anzubieten, so fällt die Terminkoordination leichter und jeder kann sich nach Bedarf anmelden. Dies ist insbesondere dann sinnvoll, wenn Sie nicht alle Prozesse gleichzeitig entwickeln und in **mehrere Wellen** eingeteilt haben.
5. Die Prozessbesitzer sind für **die individuelle Trainingsplanung** der Mitglieder in ihren Prozessteams zuständig. Die Trainingsmatrix kann dazu in leicht abgewandelter Form verwendet werden. Anstelle der Rollen werden die Namen in horizontaler Richtung eingetragen und es kann zusätzlich die erreichte Kompetenz notiert werden. So kann der Status zum Beispiel in die **drei Stufen** eingeteilt werden: Training geplant, Training erhalten und Effektivität nachgewiesen und besondere Kenntnisse und Fähigkeiten sind vorhanden, der Mitarbeiter kann als Trainer für andere eingesetzt werden. Der Prozessbesitzer kann auf diese Weise auch im Auge behalten, welche Kompetenzen in seinem Team erforderlich sind, welche Bausteine geplant wurden und wie weit die einzelnen Mitarbeiter sind.

Eine Vorlage für einen Trainingsplan steht Ihnen elektronisch zur Verfügung (Werkzeug_2_Trainingsplan).

2.3 Prozesse identifizieren

Ist der Programmplan aufgestellt und verabschiedet, so werden als Nächstes die Prozesse des Unternehmens identifiziert. Dafür gibt es grundsätzlich zwei Vorgehensweisen. Entweder die Soll-Prozesse werden aus der Unternehmensstrategie abgeleitet oder die Ist-Prozesse des Unternehmens werden identifiziert.

Soll-Prozesse aus der Unternehmensstrategie ableiten

Bei der strategieorientierten Vorgehensweise werden zunächst die relevanten Geschäftsfelder und Kundengruppen mit den entsprechenden Kundenanforderungen festgelegt und darauf aufbauend werden die Wettbewerbsstrategien und die benötigten Kernkompetenzen geplant. Hieraus wiederum lassen sich die benötigten Soll-Prozesse ermitteln. Dieser Ansatz setzt allerdings voraus, dass sehr genaue Markt- und Kundenkenntnisse vorhanden sind und dass sich alle Details aller Prozesse in einem zentralen Plan zusammentragen lassen. Des Weiteren bedarf ein solcher Ansatz einer gewissen Stabilität, denn die Umsetzung eines zentralen Plans dauert eine gewisse Zeit. Zumindest während der Umsetzungsphase sollten sich die Anforderungen nicht ändern, sonst hat das ganze Optimierungsprogramm sein Ziel verfehlt.

Der strategieorientierte Ansatz zur Prozessidentifizierung klingt in der Theorie zwar einleuchtend, führt aber nicht unbedingt zur schnellen Etablierung eines wirksamen Prozessmanagements. Es sei unbestritten, dass ein Unternehmen dann erfolgreich ist, wenn die Prozesse des Unternehmens die Strategie unterstützen. Wer jedoch glaubt, so etwas ließe sich nach einem zentralen Plan in kurzer Zeit einführen, der unterliegt einer Planungs- und Machbarkeitsillusion. Es gibt Situationen, in denen ein solches Vorgehen für ausgesuchte Prozesse angemessen ist, zum Beispiel wenn in der strategischen Planung deutlich wird, dass ein einzelner Prozess die Anforderungen nicht mehr erfüllt, so wird er durch Experten optimiert und anschließend wieder den verantwortlichen Mitarbeitern übergeben. In Extremfällen, zum Beispiel bei einer Sanierung, können auch größere Unternehmensteile betroffen sein.

Zu einem nachhaltigen Prozessmanagement führt dies aber nicht. Die Prozesse sollen dabei nämlich in einen beherrschten und fähigen Zustand gebracht werden, in dem die Mitarbeiter selbstständig die Lenkung und ständige Verbesserung übernehmen. Die Verantwortlichen und Mitarbeiter in den Prozessen sollen selbst die Kundenanforderungen kennen und die Prozesse dementsprechend führen.

Ist-Prozesse des Unternehmens identifizieren

HINWEIS: Sollen die Ist-Prozesse identifiziert werden, so geht man von den bestehenden Ergebnissen aus, also den gelieferten Produkten und sonstigen Leistungen, sowie von den bestehenden Tätigkeiten. Zunächst werden diejenigen Tätigkeiten untersucht, die zur Erzeugung der Ergebnisse notwendig sind, und anschließend werden diese zu Teilprozessen und diese zu Prozessen gebündelt.

Möchte sich der Programmleiter oder ein Arbeitsteam erst einmal einen Überblick über alle Prozesse des Unternehmens verschaffen, so sehen sie sich der Herausforderung gegenüber gestellt, die bestehenden Prozesse des Unternehmens zu identifizieren. In einer solchen Situation ist es hilfreich, zunächst die Ergebnisse aufzulisten, die das Unternehmen an externe Kunden verlassen. Hinter jedem Ergebnis steht ein Prozess, der dieses erzeugt.

Weitere Hinweise bekommt das Team durch das Sichten verschiedener Dokumente, wie zum Beispiel Verfahrensanweisungen, Checklisten oder Führungsanweisungen. Hinter solchen Unterlagen steckt ebenfalls ein Prozess. Bild 1.1 aus dem ersten Kapitel zeigt Beispiele für Hauptprozesse, wie sie in den meisten Unternehmen zu finden sind. Diese Liste hilft, herauszufinden, ob der richtige Weg eingeschlagen wurde und wo sich eventuell weitere Prozesse verstecken. Ist die Analysearbeit vollbracht, ergibt sich daraus ein sogenanntes SIPOC-Diagramm, das alle Prozesse mit ihren Eingaben und Ergebnissen auflistet, wie es in Bild 2.9 dargestellt ist. SIPOC ist die Abkürzung für Supplier, Input, Process, Output und Customer, was auf Deutsch Lieferant, Eingabe, Prozess, Ergebnis und Kunde bedeutet.

Wurde die Analyse bei den Ergebnissen für externe Kunden begonnen und dann rückwärts über die Prozesse bis hin zu den externen Lieferanten fortgesetzt, so wurden alle Prozesse entlang der Wertschöpfungskette und alle unterstützenden Prozesse identifiziert. Um das Bild zu vervollständigen, müssen jedoch noch die Managementprozesse ergänzt werden. Managementprozesse sind diejenigen Prozesse, die Berichte, Statistiken und Auswertungen von den wertschöpfenden und unterstützenden Prozessen bekommen und Ziele vorgeben oder Richtlinien erlassen.

Ist eine erste, schnelle und grobe Einschätzung erledigt, verlässt das Analyseteam den Konferenzraum, begibt sich an den Ort des Geschehens und überprüft das gewonnene Ergebnis durch Begehungen, Interviews und das Sichten von Dokumenten und Unterlagen.

Werkzeug 3: SIPOC-Diagramm

1. Betrachten Sie zunächst **das ganze Unternehmen** als einen großen Prozess, der Rohstoffe, Kapital und Wissen in Ergebnisse für den Kunden umwandelt. Erstellen Sie eine Liste mit allen Ergebnissen, die die Unternehmensgrenzen in Richtung externer Kunden verlassen.
2. Starten Sie nun mit dem ersten **Ergebnis** Ihrer Liste und tragen Sie dieses in das SIPOC-Diagramm in die entsprechende Spalte ein. In die Spalte Kunde tragen Sie den **externen Kunden** ein. Benennen Sie den dazugehörigen **Prozess** und tragen Sie ihn in die Prozessspalte ein. Bei der Identifikation und Benennung hilft die Prozessaufzählung aus Bild 1.1. Dabei spielt es keine Rolle, ob der entsprechende Prozess eine oder mehrere Abteilungen durchläuft.

SIPOC-Diagramm
Datum: 10.02.2014, Ausgabe: 4

Supplier (Lieferant)	Input (Eingaben)	Prozess	Output (Ergebnisse)	Customer (Kunde)
Hoshin-Kanri-Prozess	Geschäftsplan		freigegebene Produktkonstruktion	Vertriebsprozess
externer Kunde	Kundenanforderungen		technisches Datenblatt	externer Kunde
Entwicklung von Produktionsanlagen	freigegebene Produktionsprozesse	**Produktentwicklungsprozess**	Produktspezifikation	Entwicklung von Produktionsanlagen
Lieferantenmanagement	freigegebene Lieferanten		Anfrage neuer Lieferant	Lieferantenmanagement
externer Kunde	Daten aus dem Feldtest		freigegebene Materialien	Beschaffungsprozess
Produktentwicklungsprozess	Produktspezifikation			
Hoshin-Kanri-Prozess	Geschäftsplan		freigegebene Produktionsprozesse	Produkt-entwicklungsprozess
Markt	gesetzliche Anforderungen	**Entwicklung von Produktionsanlagen**	freigegebene Produktionsprozesse	Produktionsprozess
Vertriebsplanungsprozess	Kapazitätsanforderungen		Instandhaltungsplan	Instandhaltungsprozess
Produktentwicklungsprozess	freigegebene Produktkonstruktion			
externer Kunde	Kundenanforderungen		Musterlieferung	externer Kunde
externer Kunde	Kundenanfrage	**Vertriebsprozess**	Angebot	externer Kunde
Hoshin Kanri	Vertriebsprioritäten		neue Katalognummer	Auftragsabwicklungsprozess
			Lagerbestellung	Lagerungsprozess
Vertriebsprozess	neue Katalognummer	**Auftragsabwicklungsprozess**	Produktionsplan	Produktionsprozess
externer Kunde	Kundenbestellung		Materialbedarf	Beschaffungsprozess
Auftragsabwicklungsprozess	Produktionsplan			
Beschaffungsprozess	Rohmaterialien	**Produktionsprozess**	Beanstandung	Lieferantenmanagement
Entwicklung von Produktionsanlagen	freigegebene Produktionsprozesse		Endprodukte	Versandprozess
Produktentwicklungsprozess	freigegebene Materialien			
Auftragsabwicklungsprozess	Materialbedarf	**Beschaffungsprozess**	Rohmaterialien	Produktionsprozess
Produktentwicklungsprozess	Anfrage neuer Lieferant		freigegebene Lieferanten	Produkt-entwicklungsprozess
Produktionsprozess	Beanstandung	**Lieferantenmanagement**	Lieferantenreklamation	Lieferanten
Lieferanten	Lieferantenentwicklung		Entwicklungsplan	Lieferanten
			Lieferantenbewertung	Lieferanten

Bild 2.9 SIPOC-Diagramm

3. Im nächsten Schritt bestimmen Sie die **Eingaben** in den aufgelisteten Prozessen. Es kann sich entweder um eine Eingabe aus einem anderen Prozess oder um eine Eingabe von extern handeln. Kommt die Eingabe von einem anderen Prozess, so benennen Sie diesen und tragen Sie ihn in die **Lieferantenspalte** ein. Ansonsten schreiben Sie „externer Lieferant". Doch Vorsicht, der externe Kunde kann auch Lieferant von Eingaben sein. Wenn Ihr Kunde beispielsweise nach einem Angebot fragt, so liefert er die Eingabe „Anfrage" in den Prozess Angebotserstellung. Das Ergebnis ist dann das „Angebot", das an den Kunden zurückgeht. Viele Prozesse beginnen also beim externen Kunden und enden auch wieder dort.
4. Überlegen Sie nun, ob der Prozess eventuell noch **weitere Ergebnisse** erzeugt, die an interne oder externe Kunden geliefert werden. Bei internen Kunden handelt es sich um weitere Prozesse, die die gelieferten Ergebnisse weiter verarbeiten. Tragen Sie diese Ergebnisse und die Kundenprozesse in die entsprechenden Spalten ein.
5. Ist der erste Prozess in das SIPOC-Diagramm eingetragen, so kopieren Sie die internen Kunden und Lieferanten in die Prozessspalte. Die Lieferantenprozesse werden oberhalb des derzeitigen Prozesses eingetragen und Kundenprozesse unterhalb, so dass sich ein **logischer Ablauf** ergibt, der den Eingaben und Ausgaben folgt.
6. Verfahren Sie mit diesen Prozessen genauso wie mit dem ersten. Tragen Sie die Ergebnisse ein und ergänzen Sie auch bei diesen Prozessen die Eingaben. **Wiederholen Sie diesen Vorgang** so lange, bis alle internen Prozesse vervollständigt und die Liste mit Ergebnissen für externe Kunden abgearbeitet wurde.
7. Sie haben nun alle Prozesse entlang der **Wertschöpfungskette** und alle unterstützenden Prozesse identifiziert. Wenn Sie noch die Managementprozesse ergänzen, haben Sie ein erstes prozessorientiertes Bild Ihres Unternehmens geschaffen. Die **Managementprozesse** sind diejenigen Prozesse, die Berichte von den wertschöpfenden und unterstützenden Prozessen bekommen oder die Ziele vorgeben und Richtlinien erlassen.
8. Überprüfen Sie Ihre erste Einschätzung, indem Sie Prozessbegehungen und **Interviews** durchführen. Folgende Fragen helfen dabei: „Beschreiben Sie bitte kurz Ihre Aufgaben!"; „Welche Ergebnisse erzeugen Sie dabei?"; „Wer erhält diese Ergebnisse?"; „Woher bekommen Sie die benötigten Eingaben?" Achten Sie auch auf Statistiken, Berichte Vorgaben und Ziele. Diese Dokumente und Unterlagen weisen auf die Managementprozesse hin.

Eine Vorlage für ein SIPOC-Diagramm steht Ihnen elektronisch zur Verfügung (Werkzeug_3_SIPOC_Diagramm).

2.4 Die Process Map erstellen

Nachdem die Prozesse im Unternehmen identifiziert und benannt wurden, werden sie nun in einer Übersicht zusammengestellt. Solche Übersichten werden im Englischen auch als Process Map bezeichnet. Bild 2.10 zeigt eine solche Process Map. Sie ermöglicht die Kommunikation über Prozesse und hilft dem Unternehmen bei der Identifikation mit der neu gefundenen Struktur. So wie das Organisationsdiagramm die Aufbauorganisation des Unternehmens darstellt, zeigt die Process Map nun zusätzlich die Ablaufstruktur. Die bereits identifizierten Prozesse werden in Managementprozesse, kundenorientierte Prozesse und Unterstützungsprozesse eingeteilt und in die Process Map eingetragen.

Die kundenorientierten Prozesse setzen die Kundenanforderungen um und verwandeln die Eingaben in das Unternehmen in Ergebnisse für den Kunden. Diese Prozesse sind entlang der Wertschöpfungskette organisiert und bestimmen den Grad der Kundenzufriedenheit. Die kundenorientierten Prozesse werden in einigen Unternehmen auch Kernprozesse, Realisierungsprozesse oder wertschöpfende Prozesse genannt. Nicht alle kundenorientierten Prozesse müssen ihre Ergebnisse direkt an den externen Kunden liefern. Es kann auch sein, dass die Ergebnisse in einem anderen Prozess weiterverarbeitet werden und erst dann an den Kunden gehen. So liegt die Produktentwicklung zwar auf der Wertschöpfungskette eines Stückgüter produzierenden Unternehmens, liefert seine Ergebnisse aber zunächst an die Arbeitsvorbereitung und den Produktions-

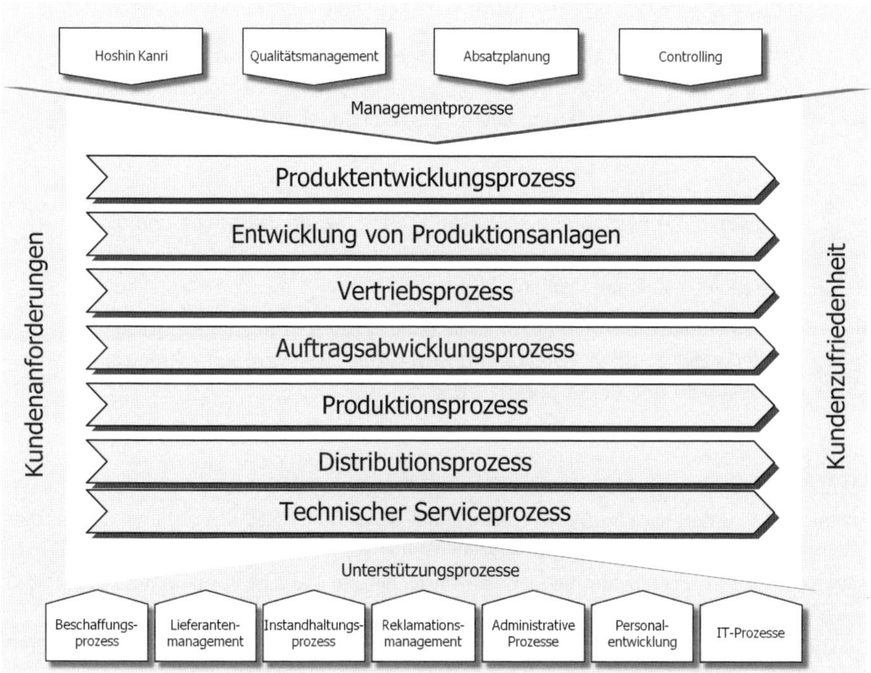

Bild 2.10 Process Map

prozess. Diese Prozesse erzeugen aus der Zeichnung, der Stückliste, den Produktionsstandards und anderen Eingaben ein Produkt für den Kunden. Die Ergebnisse des Entwicklungsprozesses gelangen also indirekt an den Kunden.

Als Zweites sind die Managementprozesse zu nennen. Sie sind nicht wertschöpfend und liefern keine Ergebnisse an externe Kunden. Sie setzen aber den strategischen Rahmen für andere Prozesse und stellen die Planung und ständige Verbesserung sicher. Die Prozessergebnisse, die von den Managementprozessen an die übrigen Prozesse gegeben werden, sind nicht materieller Natur, sondern stellen Vorgaben dar und die Eingaben, die von den übrigen Prozessen kommen, sind Berichte und Auswertungen.

Die Unterstützungsprozesse dienen ebenfalls nicht der direkten Wertschöpfung, sondern machen die kundenorientierten Prozesse effektiver oder stellen Ressourcen bereit. Diese Prozesse erhalten Vorgaben von den kundenorientierten Prozessen und liefern neben internen Dienstleistungen Berichte und Statistiken an die kundenorientierten Prozesse. So stellt beispielsweise der Trainingsprozess zwar nicht direkt eine Wertschöpfung für den Kunden dar, macht aber die anderen Prozesse effektiver. Auch die Ergebnisse der Reklamationsbearbeitung stellen keine direkte Wertschöpfung dar und der Kunde möchte viel lieber darauf verzichten. Kommt es aber zu Leistungsstörungen, so bewerkstelligt dieser Prozess, dass die Erwartungen doch noch erfüllt werden können.

Das Wichtigste in Kürze

- Die Entwicklung einer Organisation lässt sich in vier Phasen einteilen, und zwar in die Initiierungsphase, Realisierungsphase, Stabilisierungsphase und in die Phase der Exzellenz.
- Bei der Einführung von Prozessmanagement sollen zuerst die Rollenbesetzung und die Aufgabenverteilung geklärt werden. Es empfiehlt sich einen Steuerkreis zu etablieren, einen Programmleiter zu ernennen, Prozessbesitzer zu definieren und Prozessteams zu bilden.
- Bei der Programmplanung sollten das Leitbild festgelegt, der Zeitplan aufgestellt, die Ressourcen sowie die Kommunikationsstrategie und die notwendigen Trainings geplant werden (siehe Werkzeug 1: Programmplan und Werkzeug 2: Trainingsplan).
- Als nächste Schritte empfehlen sich die Identifizierung der Prozesse (siehe Werkzeug 3: SIPOC-Diagramm) sowie das Erstellen einer Process Map (Übersicht der identifizierten Prozesse).

Literatur

Goethe, J. W. v.: Zitiert nach http://www.zitate-online.de/literaturzitate/allgemein/667/gegenueber-der-faehigkeit-die-arbeit-eines.html; abgerufen am 14.3.2014

Kotter, J. P.: Acht Kardinalfehler bei der Transformation. In Harvard Business Manager (1995)3, S. 21-28

Langner, M. A.; Malorny C.: Moderationstechniken: Werkzeuge für die Teamarbeit. München 2007

Schwarz, W; Backerra, H.; Malorny, C.: Kreativitätswerkzeuge: Kreative Prozesse anstoßen, Innovationen fördern. München 2007

3 Prozesse beschreiben

Wege entstehen dadurch, dass man sie geht.
Franz Kafka

Bevor sich die eingesetzten Teams mit der Prozessverbesserung beschäftigen, sollten sie erst einmal den bestehenden Prozess verstehen. In den meisten Fällen haben die verschiedenen Teammitglieder bereits ein paar Vorstellungen von möglichen Verbesserungen und wollen diese möglichst sofort umsetzen. Nun muss der Prozessbesitzer das Kunststück vollbringen, einerseits das Team etwas zurückzuhalten und andererseits die Motivation nicht zu gefährden.

> **HINWEIS:** Erst wenn die Auswirkungen der einzelnen Veränderungsvorschläge beurteilt werden können, wenn bekannt ist, welche Prozessergebnisse in welcher Form vom Prozesskunden benötigt werden und wenn die verschiedenen Potenziale zur Effizienzsteigerung bewertet wurden, kann der Prozess systematisch verbessert und blinder Aktionismus verhindert werden. ■

Zunächst geht es darum, ein gemeinsames Verständnis zu entwickeln, die Prozessdetails, den Ablauf und die Anforderungen der Prozesskunden kennenzulernen und schließlich eine geeignete Dokumentation zu erzeugen. Es wird dringend empfohlen, einen Ideenspeicher für Verbesserungsvorschläge anzulegen. In diesem Speicher werden die Ideen abgestellt, wie auf einem Parkplatz, bis sie zu einem späteren Zeitpunkt bewertet und nach Priorität umgesetzt werden. Dieser Parkplatz kann eine Tabelle in Dateiform sein oder es lässt sich ein Flipchart oder ein Plakat verwenden, welches im Gruppenraum an der Wand hängt. An etwas späterer Stelle in diesem Buch findet eine intensive Auseinandersetzung mit der ständigen Prozessverbesserung statt und es wird ein entsprechendes Werkzeug zum Sammeln und Bewerten von Verbesserungsvorschlägen vorgestellt.

An die Diskussion um die Frage, ob die Verbesserungen sofort oder später umgesetzt werden sollen, schließt sich eine zweite wichtige Frage an, die zu Anfang der Prozessbeschreibung geklärt werden muss. Wird der Idealzustand beschrieben oder soll der Prozess so dargestellt werden, wie er gerade läuft? Diese Frage scheint zwar recht trivial, blockiert jedoch häufig die produktive Arbeit im Team, wenn sie nicht geklärt ist. Gerade in Unternehmen, die noch nicht so viel Erfahrung mit der systematischen Prozessverbesserung haben, verheddern sich die Teams immer wieder zwischen Standardisieren und Verbessern. Zum gegenwärtigen Zeitpunkt geht es um die Darstellung und die Standardisierung des Ist-Prozesses. Es soll eindeutig gezeigt werden, nach welchen Regeln der Ist-Prozess abläuft. Diese Regeln geben den Standard vor und sollen eingehalten werden. Es ist die Aufgabe des Prozessteams, den Prozess zu verbessern, und deswegen besteht auch häufig der Wunsch, gleich einen Idealprozess aufzuschreiben. Dieser scheinbare Idealprozess basiert dann aber mehr auf dem Empfinden einiger dominanter Vertreter im Prozessteam und nicht auf der Auswertung und Analyse von Indikatoren, Prozessvorgaben und Kundenanforderungen.

HINWEIS: Bevor man eine echte Prozessverbesserung durchführen kann, müssen erst die Anforderungen klar und die Abweichungsursachen bekannt sein. Im ersten Schritt sollte der Ist-Prozess beschrieben und bereits aufkommende Verbesserungsideen im Ideenspeicher zwischengelagert werden.

Im Ideenspeicher können Ideen, die zu einem späteren Zeitpunkt bewertet und nach Priorität umgesetzt werden sollen, „geparkt" werden.

Sollte das Prozessteam für die geplante Verbesserung weitere Unterstützung benötigen oder muss eine Investition getätigt werden, so sind noch weitere Erklärungen und Präsentationen notwendig. Der Prozessbesitzer oder der Leiter eines Verbesserungsteams muss dann klar beschreiben können, welchem Standard der Prozess heute folgt, wo die Probleme liegen bzw. welche Potenziale sich ergeben, wie der angestrebte Zustand aussieht und was dafür notwendig ist, um dort hinzugelangen. Kurz zusammengefasst bedeutet dies, dass sich das Prozessteam am Ist-Prozess orientieren soll und Verbesserungsvorschläge im Ideenspeicher zwischenlagert.

Hierbei muss das richtige Maß gefunden werden. Wenn sich das Prozessteam auf eine Verbesserungsmaßnahme einigt, die direkt im Team umsetzbar ist und keine weiteren Mittel benötigt, soll sie sofort angegangen werden und es ist kontraproduktiv, hieraus einen Verbesserungsbürokratismus zu erzeugen. Wenn sich beispielsweise das Team auf eine einheitliche Dateistruktur auf einem Netzlaufwerk einigt oder wenn eine Checkliste erstellt werden soll, um einen Arbeitsvorgang zu überprüfen, besteht kein Grund, dieses lange auf dem Parkplatz zu parken bzw. im Ideenspeicher abzulegen. Dieser sollte kein Dauerparkplatz sein, sondern eher den Charakter einer Ladezone haben, die für schnelles Ein- und Ausladen bestimmt ist.

3.1 Prozessdetails festlegen

Im SIPOC-Diagramm und in der Process Map wurden bereits die Prozesse des Unternehmens grafisch dargestellt und die Kunden und Lieferanten sowie die Prozesseingaben und -ergebnisse wurden identifiziert. Diese Diagrammtypen sind jedoch an zentraler Stelle entstanden und wurden vom Programmleiter oder seinem Stab erstellt. Nun übernimmt das Prozessteam das Ruder und verschafft sich einen eigenen Überblick.

Zunächst werden die vorhandenen Angaben aus dem SIPOC-Diagramm überprüft, durch fehlende Details ergänzt und schließlich wird ein Turtle-Diagramm erstellt, wie es in Bild 3.1 zu sehen ist. Dieser Diagrammtyp wird Turtle genannt, weil er Ähnlichkeiten mit einer Schildkröte haben soll, und Turtle ist die englische Bezeichnung für Schildkröte.

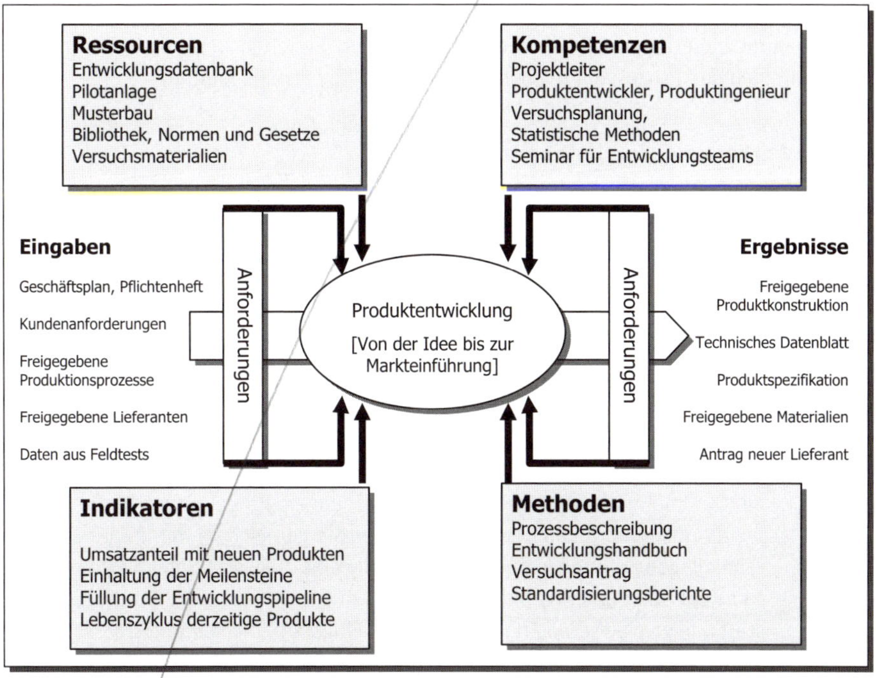

Bild 3.1 Turtle-Diagramm

> **HINWEIS:** Das Turtle-Diagramm hilft, ein gemeinsames Verständnis des Prozesses zu entwickeln, und legt die Basis für alle weiteren Aktivitäten im Prozessmanagement. Die Mitglieder im Team lernen ihren Prozess vollständig kennen und entwickeln Schritt für Schritt Verantwortungsbewusstsein für das Ganze und nicht nur für die begrenzte Tätigkeit, die sie selber ausführen.

Am Anfang steht die Definition des Geltungsbereichs. Das Team beantwortet zunächst die Frage, was der Sinn und Zweck des Prozesses ist und wo die Grenzen liegen. Nehmen wir als Beispiel den Vertriebsprozess. Ist die Tätigkeit „Ein Angebot schreiben“ ein Teil des Vertriebsprozesses oder gehört sie irgendwo anders mit dazu? Beinhaltet der Teilprozess die Überprüfung der technischen Machbarkeit und die Kalkulation der Herstellkosten oder werden Angebote allein aufgrund von Marktpreisen oder Richtpreistabellen erstellt? Beinhaltet der Produktentwicklungsprozess die Qualifikation und Freigabe der Lieferanten und das Erstellen eines Marketingplans oder konzentriert er sich auf das Produkt an sich? Die Beispiele weisen auf Tätigkeiten hin, die im Grenzbereich zwischen verschiedenen Prozessen liegen. Sie können entweder im beschriebenen Prozess mit erledigt werden oder im Bereich eines internen Unterstützungsprozesses liegen. Häufig sind die Verantwortlichkeiten in diesen Bereichen nicht ganz klar geregelt. Beide Seiten wirken irgendwie bei der Erfüllung dieser Aufgaben mit. Da Klarheit der zweite Vorname des Prozessmanagers ist, ist es nun an der Zeit, hier etwas aufzuräumen und das Prozessteam sollte diese Gelegenheit nutzen, um erste Gespräche mit den Kunden- und Lieferantenprozessen zu führen. Beim Erstellen des Turtle-Diagramms verschafft sich das Prozessteam Übersicht und lernt die Details kennen.

Werkzeug 4: Turtle-Diagramm

1. Legen Sie zunächst den Anwendungsbereich des Prozesses fest und klären Sie die Prozessgrenzen mit den Kunden und Lieferantenprozessen. Halten Sie schriftlich fest, was das Ziel des Prozesses ist und was dazu gehört und was nicht. Die kurze Zusammenfassung dieser Fragen platzieren Sie zentral in der Mitte des Diagramms direkt unter der Prozessbezeichnung. Das könnte zum Beispiel so aussehen. Entwicklungsprozess: von der Idee bis zur Markteinführung oder Auftragsabwicklungsprozess: von der Bestellung bis zur Lieferung usw.
2. Arbeiten Sie sich nun vom Kunden zum Lieferanten vor. Nutzen Sie für die Durchführung der Prozessanalyse im Team ein großes Stück Packpapier oder eine andere Unterlage, an der Sie gemeinsam mit mehreren Kollegen arbeiten können. Zeichnen Sie eine stilisierte Schildkröte. Der Kopf stellt das Ergebnis dar, unter dem Panzer findet der Prozess statt und vom anderen Ende kommen die Eingaben. Die vier Beine stellen die Kompetenzen, Ressourcen, Indikatoren und Methoden dar.
3. Überprüfen Sie nun die Angaben aus dem SIPOC-Diagramm noch einmal kritisch und übertragen Sie sie in die Ergebnis- und Eingabefelder. Jetzt ist der richtige Zeitpunkt, um Missverständnisse und Ungereimtheiten auszuräumen.
4. Als Nächstes vervollständigen Sie die Beine und fügen die benötigten Informationen in die entsprechenden Felder ein. Beginnen Sie bei den Kompetenzen. Wie viele Mitarbeiter benötigt der Prozess, welche Erfahrungen und Kompetenzen sind notwendig, um die Prozessziele zu erfüllen? Nachdem diese Fragen geklärt wurden, kann der Prozessbe-

sitzer gleich den Realitätscheck durchführen und den Bedarf mit der tatsächlichen Situation vergleichen. Der Trainingsplan kann nun eingesetzt werden, um die Lücken zu schließen.

5. Das zweite Bein beschreibt die benötigten Ressourcen. Das können Anlagen und Werkzeuge, aber auch Prüfmittel, Datenbanken, IT-Systeme, Büroausstattungen, Internetportale usw. sein.
6. Der dritte Bereich beschreibt die Indikatoren, die angewendet werden, um die Effizienz und Wirksamkeit des Prozesses zu ermitteln. Das Prozessteam trägt in dieses Feld die Indikatoren ein, die zurzeit eingesetzt werden. Weitere Ausführungen bezüglich der Verwendung und Auswahl solcher Kenngrößen werden im vierten Kapitel beschrieben.
7. Als Letztes tragen Sie die Methoden ein, die zur Lenkung des Prozesses notwendig sind. Hierbei handelt es sich um die anwendbaren Verfahrens- oder Organisationsanweisungen und ähnliche Vorgabedokumente und Regelungen.

Eine Vorlage für ein Turtle-Diagramm steht Ihnen elektronisch zur Verfügung (Werkzeug_4_Turtle-Diagramm).

3.2 Ablaufdiagramm erstellen

Die Aufgabe des Prozessteams ist es, sich ein realistisches Bild vom Prozess zu verschaffen. Im Turtle-Diagramm wurde der Prozess als Ganzes behandelt und der Schwerpunkt lag auf den Wechselwirkungen zu anderen Prozessen, auf den benötigten Kompetenzen, den Methoden, Ressourcen und Indikatoren. Als Nächstes schaut das Prozessteam in den Prozess hinein, analysiert die einzelnen Tätigkeiten und entwickelt ein gemeinsames Verständnis vom Ablauf. Die beste Art, dieses zu tun, ist das Erstellen eines Ablaufdiagramms für den Prozess.

Teilweise gibt es bereits solche Ablaufdiagramme im Unternehmen. Ob diese den tatsächlichen Abläufen und Festlegungen entsprechen, ist damit jedoch noch nicht gesagt. In einigen Fällen mag es sich um eine theoretische Organisationsanweisung handeln, die noch nie umsetzbar war, oder in anderen Fällen hat der Ablaufplan vielleicht einmal recht genau gepasst, da sich aber niemand um das Papier gekümmert hat, läuft der Prozess heute ganz anders.

Wie sich die Situation auch immer darstellen mag, jetzt werden erst einmal alle vorhandenen Versionen gesichtet und das Team einigt sich auf die am besten passende und aktualisiert diese. Gibt es keinen vorhandenen Ablaufplan, so wird ein neuer erarbeitet.

HINWEIS: Anhand des Ablaufplans kann der Prozess auf Anhieb erfasst werden. Zusammenhänge können so nachvollzogen und verstanden werden.

Die übersichtliche Darstellung ermöglicht es dem Prozessteam, seinen Prozess auf einen Blick zu erfassen, und einige Mitglieder sehen häufig zum ersten Mal den gesamten Prozess in voller Länge. Die Zusammenhänge zwischen den einzelnen Tätigkeiten lassen sich nun einfach nachvollziehen und verstehen. Auch neue Mitarbeiter können schnell in den Ablauf und die Grundlagen des Prozesses eingearbeitet werden. Außerdem leistet das Diagramm gute Dienste im weiteren Verlauf des Prozessmanagements und insbesondere bei der ständigen Verbesserung.

In der Regel werden mehrere Sitzungen im Prozessteam benötigt, bis das Diagramm vervollständigt ist und von allen akzeptiert wird. In den Sitzungen wird es zu intensiven Diskussionen kommen. Diese sind gewollt, da sich die Mitarbeiter intensiv in den Prozess hineindenken müssen und die Sichtweisen der anderen kennenlernen. Ähnlich wie beim Turtle-Diagramm werden auch beim Erstellen des Ablaufdiagramms Verbesserungsmöglichkeiten sichtbar. Auch diese Vorschläge sollten nicht unter den Tisch fallen gelassen, sondern im Ideenspeicher gesammelt werden.

Es gibt eine unüberschaubare Anzahl von Möglichkeiten, ein Ablaufdiagramm darzustellen. Für bestimmte Fachanwendungen wie beispielsweise die Planung von chemischen oder verfahrenstechnischen Produktionsanlagen oder die Entwicklung von Software existieren umfangreiche und spezialisierte Methoden. Für den allgemeinen Anwendungsfall im Prozessmanagement sind eher simple Vorgehensweisen zu bevorzugen. Im Folgenden werden drei der am weitesten verbreiteten Typen vorgestellt:

- Das Prozessablaufdiagramm listet die verschiedenen Organisationseinheiten auf, die an einem Prozess beteiligt sind, und gibt Hinweise, welche Tätigkeiten unter wessen Verantwortung durchgeführt werden. Dieses Diagramm kommt immer dann zum Einsatz, wenn der gesamte Prozess dargestellt werden soll und über mehrere Arbeitsgruppen läuft.
- Das Blockdiagramm verwendet standardisierte Symbole, um verschiedene Arten von Tätigkeiten darzustellen, und zeigt durch Pfeile den logischen Ablauf an. Dieser Diagrammtyp wird eingesetzt, um Abläufe innerhalb einer Gruppe oder eines Teilprozesses sehr detailliert darzustellen. Es kann auch als Verfeinerung eines Prozessablaufdiagramms angefertigt werden.
- Schließlich verwendet das Tabellenablaufdiagramm eine Tabelle, um den Ablauf darzustellen. Durch zusätzliche Symbole wird ein Hinweis darauf gegeben, um welche Arten von Tätigkeiten es sich handelt. Dieser Diagrammtyp eignet sich besonders für Fertigungs- oder Logistikprozesse.

Eindeutige und für das gesamte Unternehmen festgelegte Darstellungsregeln garantieren die Verständlichkeit. Die Kreativität sollten die Prozessteams lieber bei den Verbesserungsvorschlägen einsetzen und nicht beim Erfinden möglichst individueller Prozessdarstellungen verbrauchen. Die effektivsten Methoden verwenden nur eine geringe Anzahl von Standardsymbolen. Je besser der Leser mit den Symbolen vertraut ist, desto einfacher ist es, den Ablauf nachzuvollziehen.

3.2.1 Prozessablaufdiagramm

Das Prozessablaufdiagramm bietet sich zur Visualisierung größerer Prozesse an, die sich über mehrere organisatorische Einheiten erstrecken. Diese Einheiten können Teilprozesse, Abteilungen oder Gruppen innerhalb eines Teilprozesses oder einer Abteilung sein. Das Erstellen eines solchen Prozessablaufdiagramms, wie es in Bild 3.2 dargestellt ist, führt sozusagen nebenbei zu einer grundsätzlichen Klärung der Zuständigkeiten.

Sollen bestimmte Bereiche genauer dargestellt werden, so kann das Diagramm leicht weiter detailliert werden. Die einzelnen Vorgänge, die im Diagramm abgebildet werden, lassen sich zum Beispiel durch ein weiteres Blockdiagramm genauer beschreiben.

Da das Diagramm in mehrere Ablauflinien unterteilt ist, wird es auch als Schwimmbahnendiagramm bezeichnet. Die Schwimmbahnen fassen jeweils die Tätigkeiten zusammen, die von einer Arbeitsgruppe erledigt werden. Das in Bild 3.2 dargestellte Beispiel zeigt einen einfachen Bestell- und Liefervorgang, an dem der Kunde, der Vertrieb und die Produktion beteiligt sind.

Werkzeug 5: Prozessablaufdiagramm

Die wichtigen Rahmendaten für das Prozessablaufdiagramm liefert das **Turtle-Diagramm.** Tragen Sie zunächst die **Prozessbezeichnung** in die Kopfzeile ein und übertragen Sie Prozesslieferanten und -kunden in die erste und letzte Schwimmbahn ein. Sollte es mehrere verschiedenartige Lieferanten oder Kunden geben, so werden mehrere Bahnen genutzt.

1. Überlegen Sie nun, welche anderen **Arbeitsgruppen** am Prozess beteiligt sind, und tragen Sie sie in die Schwimmbahnen zwischen Prozesslieferanten und -kunden ein.
2. Das Prozessteam beginnt nun mit dem **ersten Ergebnis,** das der Prozesskunde erhält, und überlegt, wie der Prozess für dieses erste Ergebnis **gestartet** wird. Häufig gibt der externe Kunde einen Auftrag, stellt eine Anfrage oder lässt dem Prozessteam bestimmte Daten zukommen. Diese Aktivität fügen Sie in die erste Schwimmbahn an der ersten Stelle ein.
3. Tragen Sie nun alle **Tätigkeiten** in die entsprechenden Schwimmbahnen ein, die notwendig sind, um das Prozessergebnis zu erstellen. Verfahren Sie mit den übrigen Ergebnissen aus dem Turtle-Diagramm genauso. Achten Sie dabei auch darauf, dass alle Eingaben in den Prozess verarbeitet werden. Sollte eine Eingabe übrig bleiben, so deutet dies darauf hin, dass ein Aspekt des Prozesses noch nicht berücksichtigt wurde. Die Bezeichnung der einzelnen Tätigkeiten soll den Ablauf mit einem **Subjekt und einem Prädikat** beschreiben. Schreiben Sie zum Beispiel „Antrag stellen“ und nicht „Genehmigung“ oder „Auftrag einplanen“ und nicht „Auftragsplanung“.

4. In der Realisierungsphase des Prozessmanagements reicht eine einfache Darstellung des Prozesses zumeist aus, um einen **Überblick** zu erhalten und die **Verantwortungen** eindeutig zuzuordnen. Entsteht zu einem späteren Zeitpunkt der Bedarf nach genaueren Informationen, lässt sich das Ablaufdiagramm jederzeit in mehreren Stufen immer weiter verfeinern oder es können zusätzliche Informationen wie Durchlaufzeiten, Bestände oder Ressourcenverbrauch eingefügt werden. Vermeiden Sie es, den Ablaufplan zu genau darzustellen. Dies behindert ein zügiges Vorankommen und führt zu einer unübersichtlichen Darstellung des Prozesses. Die Mitarbeiter haben zwar den Eindruck, Fortschritte zu machen, doch die genaue Darstellung ist noch keine Verbesserung.
5. Sollte das Ablaufdiagramm an einigen Stellen nicht selbst erklärend sein, wurden bestimmte Regeln abgesprochen oder Standards festgelegt oder gibt es irgendetwas Besonderes zu beachten, so kann auch ein **erläuternder Text** hinzugefügt werden. Dies sollte jedoch nur geschehen, wenn es nicht möglich ist, den Sachverhalt auf einfache Weise im Ablauf mit abzubilden.

Eine Vorlage für ein Prozessablaufdiagramm steht Ihnen elektronisch zur Verfügung (Werkzeug_5_Prozessablaufdiagramm).

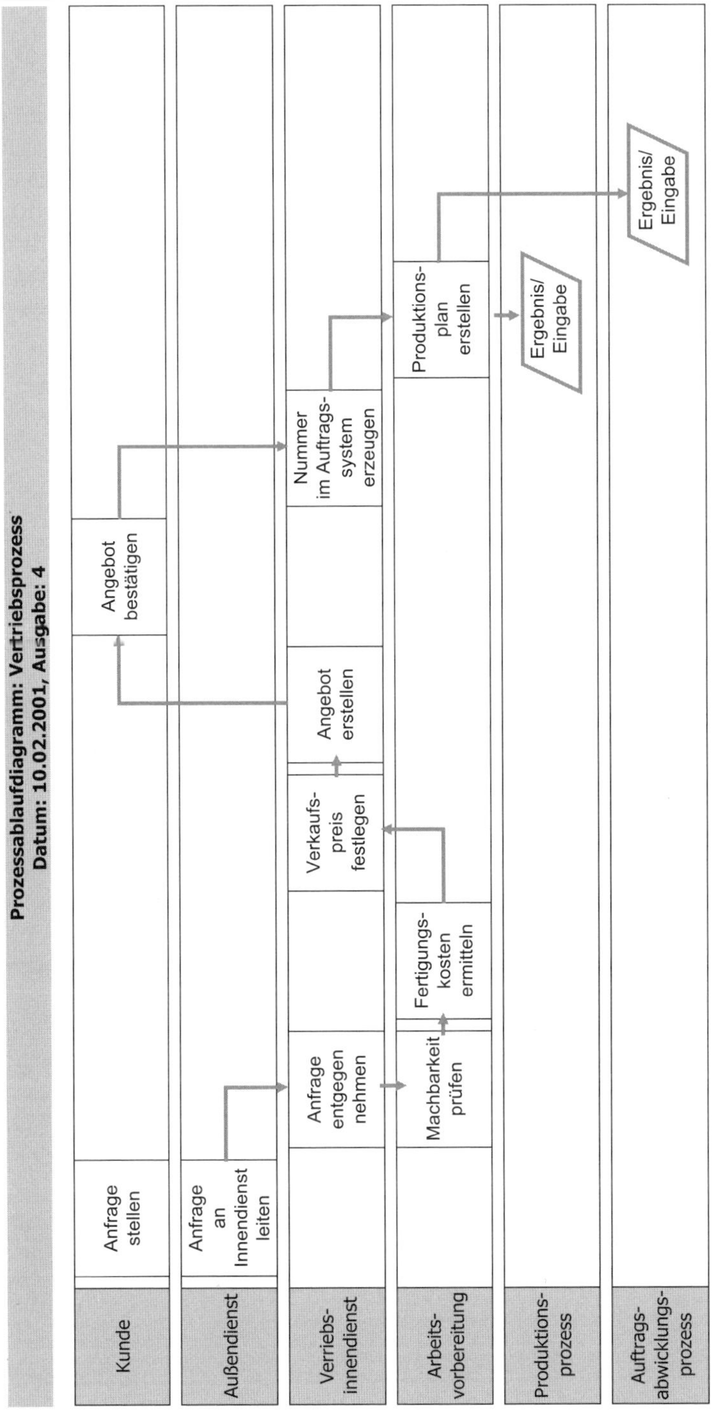

Bild 3.2 Prozessablaufdiagramm

3.2.2 Blockdiagramm

Eine weitere, sehr gebräuchliche und leicht verständliche Darstellung ist das Blockdiagramm. Dabei stellen Symbole bestimmte Sachverhalte oder Tätigkeiten bildhaft dar. Es hat sich in der Praxis bewährt, zur Erstellung eines einheitlichen und übersichtlichen Flussdiagramms die Symbole der DIN 66001 „Sinnbilder für Datenfluss- und Programmablaufpläne“[1] zu verwenden. Die meisten Praktiker kennen diese Symbole, der Herkunft der Symbole sind sie sich allerdings nicht unbedingt bewusst. Das sollte aber auch nicht weiter stören, denn viel wichtiger sind die allgemeine Verständlichkeit und die einheitliche Verwendung innerhalb einer Arbeitsgruppe oder gleich des ganzen Unternehmens. Die bekanntesten Symbole aus der Norm werden in Bild 3.3 dargestellt.

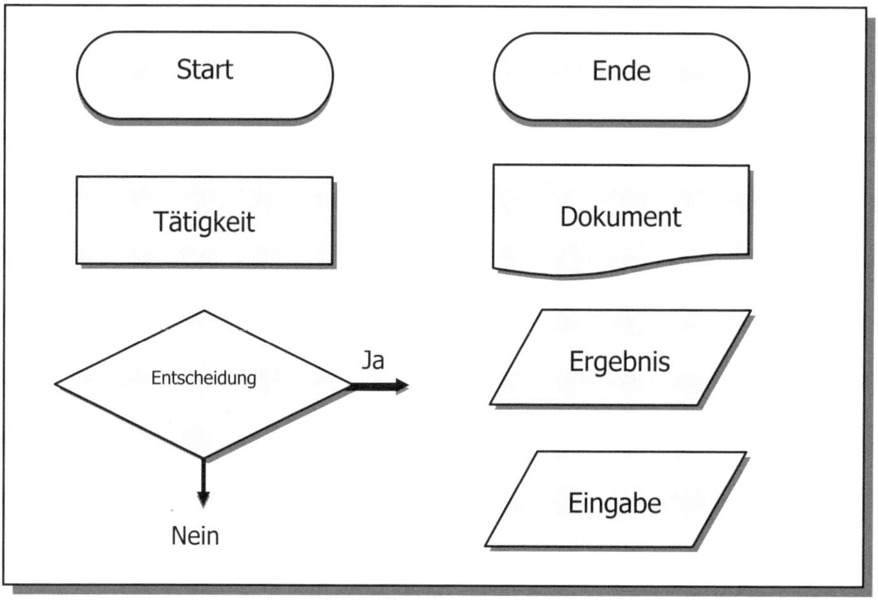

Bild 3.3 Die wichtigsten Blockdiagrammsymbole nach DIN 66001

Durch ein Oval werden die Grenzen gezogen. Jeder Prozess hat einen definierten Start und ein Ende, die mit diesem Symbol definiert werden. Die einzelnen Tätigkeiten wie zum Beispiel ein Produkt bearbeiten, eine Datei laden, eine Rechnung erstellen usw. werden mit einem Rechteck beschrieben. Die Beschriftung sollte ein Prädikat und ein Verb enthalten. Ein Dokument, welches im entsprechenden Prozess Verwendung findet, wird mit einem einseitig abgeflachten Rechteck dargestellt. Das Symbol wird mit dem Namen des Dokuments beschriftet. An einigen Punkten im Prozess muss eine Entscheidung getroffen werden. Hierfür wird das Rautensymbol verwendet. An einem Entschei-

[1] Die Symbole der DIN 66001 wurden ursprünglich entwickelt, um einen Programmablaufplan für ein Computerprogramm zu beschreiben und darauf aufbauend den Programmcode zu erzeugen. Inzwischen erfreut sich diese Art der grafischen Darstellung von Abläufen allgemeiner Beliebtheit und die Symbole werden auch außerhalb der Softwareentwicklung vielfach verwendet.

dungspunkt verzweigt der Prozess. Ist die Bedingung erfüllt, so läuft der Prozess in die eine Richtung weiter. Ist sie nicht erfüllt, geht der Prozess im anderen Zweig weiter. Die Entscheidungsbedingung wird in der Raute oder in einem Kommentartext beschrieben. Durch die Kennzeichnung mit Ja/Nein wird angezeigt, in welche Richtung der Prozess weiterläuft. Eingaben und Ergebnisse werden durch ein Parallelogramm wiedergegeben. Schließlich werden Pfeile verwendet, um den logischen Ablauf anzuzeigen. Bild 3.4 zeigt ein Beispiel für ein Blockdiagramm.

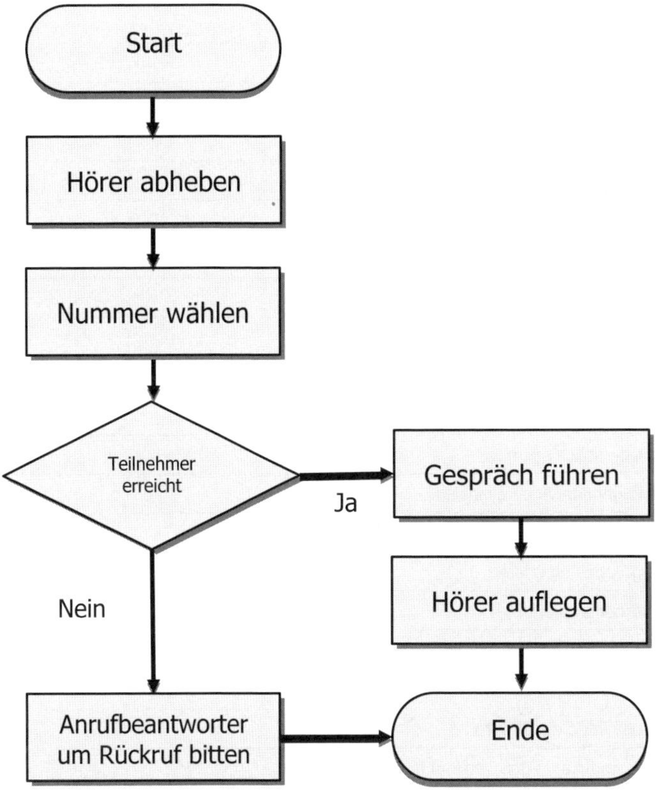

Bild 3.4 Blockdiagramm für ein Telefongespräch

3.2.3 Tabellenablaufdiagramm

Der Tabellenablaufplan ist die dritte grundlegende Möglichkeit, einen Prozess darzustellen. Die einzelnen Tätigkeiten werden in einer Tabelle dargestellt, wie sie in Bild 5 gezeigt wird. Der Vorteil dieser Methode besteht darin, dass sich die Tabelle leicht mit weiteren Informationen anreichern lässt. So können zum Beispiel Bearbeitungszeiten, Kostensätze, Zuständigkeiten usw. ergänzt werden.

Tabellenablaufdiagramm						
Prozess: Auftragsabwicklung Erstellt / Datum: 01.01.2001, Ausgabe 3						
Schritt	□ Bearbeiten	⇨ Bewegen	△ Aufbewahren	◇ Prüfen	Beschreibung der Aufgabe	Kommentar
1	x				Auftrag entgenen nehmen	
2	x				Lagerbestand ermitteln	
3	x				Differenzbestände bestellen	
4	x				Produktionsplan erstellen	
5				x	Produktionsplan freigeben	
6	x				Liefertermin an Kundenservice melden	
7	x				Wareneingang abwickeln	
8			x		Zukaufteile einlagern	
9	x				Produktionsauftrag auslösen	
10		x			Materialien bereitstellen	
11	x				Teile produzieren	
12			x		Teile zwischenlagern	
13		x			Montagematerial bereitstellen	
14	x				Komponenten montieren	
15	x				Baugruppen montieren	
16				x	Baugruppen prüfen	
17			x		Baugruppen Zwischenlagern	
18	x				Produkte endmontieren	
19				x	Endabnahme durchführen	
20		x			Fertigprodukte in den Versand bringen	
21	x				Fertigprodukte verpacken	
22			x		Fertigprodukte einlagern	
23					Fertigprodukte komissionieren	
24				x	Komissionspapiere prüfen	
25	x				Fertigprodukte an Kunden senden	
26	x				Komissionspapiere an Controlling senden	

Bild 3.5 Tabellenablaufdiagramm

Diese Art des Diagramms lässt sich schnell erstellen, da auf eine grafische Darstellung weitestgehend verzichtet wird. Entsprechende Symbole sind im Tabellenformular bereits enthalten und müssen nur gekennzeichnet werden. Dieser Vorteil kann jedoch auch als Nachteil gesehen werden. Die fehlende grafische Darstellung macht es schwierig, den Ablauf auf einen Blick zu erfassen. Für die Interpretation muss zunächst der Text systematisch durchgegangen werden und es fällt schwer, markante Stellen wieder zu finden.

Sollte später ein bildhafter Ablauf gewünscht werden, so können die verwendeten Symbole leicht in ein grafisches Ablaufdiagramm überführt werden. Im Vergleich zum Blockdiagramm stellen die Symbole jedoch nur verschiedene Tätigkeiten, nämlich Bearbeiten, Bewegen, Aufbewahren und Prüfen, dar. Verzweigungen, Eingaben und Ausgaben oder Dokumente lassen sich auf diese Weise nicht darstellen. Daher ist diese Methode eher für lineare Abläufe, wie bei Fertigungsprozessen, geeignet und nicht so sehr für verzweigte Abläufe über mehrere Abteilungen.

Werkzeug 6: Tabellenablaufdiagramm

1. Tragen Sie zunächst alle **Tätigkeiten** des Prozesses der Reihe nach in die Spalte Beschreibung der Tätigkeit ein. Bei Fertigungsprozessen entsprechen die Tätigkeiten den einzelnen Bearbeitungsschritten. Vergessen Sie nicht den Wareneingang, die Rüstvorgänge und die zusätzlichen Prüfschritte.
2. Bestimmen Sie nun die **Art der jeweiligen Tätigkeit** und kennzeichnen Sie das entsprechende Symbol.
3. Bestimmen Sie, welche **weiteren Informationen** erhoben werden sollen, und tragen Sie in die Spalte Bemerkung ein. Das können zum Beispiel Prüf-, Freigabe- und Lenkungstätigkeiten sein, die parallel zur Bearbeitung ausgeführt werden, also immer dann, wenn keine separaten Schritte hierfür vorgesehen sind. Das ist insbesondere dann sinnvoll, wenn im nächsten Schritt ein Prüfablaufplan erstellt werden soll.
4. Analysieren Sie nun die Symbole pro Spalte, denn dieses gibt bereits Aufschlüsse über **mögliche Optimierungsrichtungen.** Sehen Sie zum Beispiel relativ wenige Bearbeitungsschritte, aber viele Bewegungen, so kann das Layout des Prozesses verbessert werden. Gibt es viele separate Prüf- oder Genehmigungsschritte und wenig Prüftätigkeiten, die parallel zur Bearbeitung stattfinden, dann sollten Sie eventuell über das Intensivieren der Werker-Selbstprüfung, oder eine Selbstgenehmigung nachdenken. Die Schlussfolgerungen aus der Analyse fügen Sie dem **Ideenspeicher** zu.

Eine Vorlage für ein Tabellenablaufdiagramm steht Ihnen elektronisch zur Verfügung (Werkzeug_6_Tabellenablaufdiagramm).

3.3 Prozesse standardisieren

Zum Abschluss der Beschreibungsphase wird der Prozess in geeigneter Weise in die Unternehmensdokumentation eingeführt. Dies kann zum Beispiel im Rahmen des Qualitätsmanagementsystems als Verfahrensanweisung oder Prozessbeschreibung geschehen. Sollte das Unternehmen ein Intranet betreiben, so ist auch dies eine geeignete Plattform, die Prozesse eindeutig darzustellen. Bei der Einführung einer Unternehmenssoftware werden die beschriebenen Prozesse zur Grundlage der Abläufe in der Software. Zugegeben, im ersten Augenblick wirkt das etwas formell und schriftliche Verfahrensanweisungen sind vielleicht nicht unbedingt bei jedermann beliebt, jedoch sind fast alle wichtigen Festlegungen schriftlich fixiert. Wenn sich eine soziale Gruppe auf verbindliche Regeln geeinigt hat, so dienen Schriftstücke als Referenz und können in Zweifelsfällen herangezogen werden. Man denke hier nur an Gesetzestexte in der Rechtsprechung oder die umfangreichen Regelbücher, die es für fast alle Sportarten gibt. So wie der Richter in seinem Urteil das Recht nicht selbst festsetzt, sondern aus den Dokumenten interpretiert, so sollen die Mitarbeiter nicht bei jedem Einzelfall ihre persönlichen Regeln bestimmen, sondern den gemeinsam festgelegten folgen.

HINWEIS: Die Schriftform erzeugt eine Verbindlichkeit und drückt aus, dass die Arbeit am Prozess ernst genommen wird und nicht nur während der Treffen der Prozessteams Gültigkeit hat.

Die Einarbeitung neuer Mitarbeiter in die mitunter recht komplizierten Abläufe wird entschieden vereinfacht. Das Ablaufdiagramm liefert bereits den Kern der Prozessbeschreibung. Sowohl die Eingaben und Ausgaben als auch Kunden und Lieferanten wurden bereits identifiziert. Es bedarf nur noch einer kurzen Beschreibung der einzelnen Tätigkeit, soweit der Ablauf nicht schon eindeutig aus der Darstellung ersichtlich ist. Sollten bestimmte Verfahren oder Regeln eingehalten werden, so hat das Prozessteam die Autorität, diese festzulegen, und die Prozessbeschreibung ist der geeignete Ort, um diese zu verankern.

Zu Beginn der Analysephase wurden bereits bestehende Regelungen, Anweisungen, Aushänge, Handbücher usw. gesichtet. Um Klarheit zu schaffen, sollten diese Sonderregelungen möglichst entfallen und in der Prozessbeschreibung aufgehen. Sollte dieses nicht möglich sein, zum Beispiel in internationalen Konzernen oder aufgrund gesetzlicher Vorschriften, so gehört ein eindeutiger Verweis auf die mitgeltenden Regelungen in die Prozessbeschreibung.

Werden jetzt noch die verwendeten Dokumente und Formulare aufgelistet, so findet die Arbeit einen Abschluss. Zu den Dokumenten sollte noch festgelegt werden, wer sie freigibt und wo und wie lange sie aufbewahrt werden. Dies gilt auch für Daten, die über das IT-System des Unternehmens abgewickelt werden. Damit die Beschreibungen von allen Prozessen einheitlich aussehen, gibt der Programmleiter eine entsprechende Vorlage heraus. Dahinter stecken nicht nur ästhetische Argumente, sondern eine einheitliche

Vorschrift erhöht die allgemeine Verständlichkeit, da sich alle Mitarbeiter an das Format gewöhnen werden. Darüber hinaus lässt sich die Vollständigkeit leichter feststellen.

Das Wichtigste in Kürze

- Bevor eine Prozessverbesserung durchgeführt werden kann, müssen erst die Anforderungen klar und die Abweichungsursachen bekannt sein. Daher sollte der Ist-Prozess möglichst detailliert und eindeutig beschrieben werden. Ebenso sollten die Auswirkungen der einzelnen Veränderungsvorschläge beurteilt werden können und bekannt sein, welche Prozessergebnisse in welcher Form vom Prozesskunden benötigt werden.
- Es empfiehlt sich die Einrichtung eines Ideenspeichers. Im Ideenspeicher können Ideen, die zu einem späteren Zeitpunkt bewertet und nach Priorität umgesetzt werden sollen, „geparkt" werden.
- Anhand des Turtle-Diagramms erfolgt durch das Prozessteam eine weitere Klärung und Spezifizierung der identifizierten Prozesse (siehe Werkzeug 4: Turtle-Diagramm). Die Prozesse werden dabei ganzheitlich betrachtet und die Schwerpunkte liegen auf den Wechselwirkungen zu anderen Prozessen, auf den benötigten Kompetenzen, den Methoden, Ressourcen und Indikatoren.
- Anhand eines Ablaufdiagramms werden die einzelnen Tätigkeiten analysiert, die Prozesse können auf Anhieb erfasst und Zusammenhänge nachvollzogen werden. Das Prozessteam entwickelt ein gemeinsames Verständnis vom Ablauf (siehe Werkzeug 5: Prozessablaufdiagramm und Werkzeug 6: Tabellenablaufdiagramm).

Literatur

DIN 66001:1983-12: Informationsverarbeitung; Sinnbilder und ihre Anwendung. Berlin 1983

Kafka, F.: Zitiert nach http://www.zitate-online.de/sprueche/kuenstler-literaten/16962/wege-entstehen-dadurch-dass-man-sie-geht.html; abgerufen am 14. 3. 2014

4 Prozesse lenken

Das Problem zu kennen ist wichtiger, als die Lösung zu finden, denn die genaue Darstellung des Problems führt automatisch zur richtigen Lösung.
Albert Einstein

Obwohl der Prozess beschrieben, die Zuständigkeiten geklärt und das Prozessteam eingesetzt wurde, läuft nicht alles von allein. Ähnlich wie Schiffe brauchen auch Prozesse einen Kapitän, der die Navigationsgeräte benutzt, den Kurs hält und die Mannschaft führt. Wenn sich der Kapitän auf seine Mannschaft verlassen kann und jeder weiß, was zu tun ist, erreicht das Schiff auch sein Ziel. Wenn der Prozess die geplante Route verlassen hat und der Prozessbesitzer dieses erkennt, kann die Mannschaft ihn wieder auf Kurs bringen. Als Navigationsinstrument leisten Prozessindikatoren hervorragende Dienste.

HINWEIS: Bei den Prozessindikatoren handelt es sich um Kennzahlen, die die Wirksamkeit und Effizienz der Prozesse anzeigen. Werden diese regelmäßig ermittelt, so ist erkennbar, wann in den Prozess eingegriffen werden muss und ob sich die festgelegten Verbesserungsmaßnahmen auf die Ergebnisse auswirken.

Was genau verbessert werden soll und welche Prozesse sich in welche Richtung bewegen sollen, wird zwischen dem Steuerkreis und den Prozessbesitzern während der jährlichen Zielplanung geklärt. In einem prozessorientierten Unternehmen hat die Zielplanung die Aufgabe, die Leistungen der Prozesse mit der Unternehmensstrategie in Einklang zu bringen. Die Prozessziele sollen aber nicht nur den internen Unternehmenszielen entsprechen, sondern müssen auch die Kundenerwartungen erfüllen. Somit sind die Maßnahmenpläne in vertikaler und in horizontaler Richtung abzustimmen. Mit vertikaler Richtung ist die Weitergabe der Unternehmensziele über die einzelnen Hierarchieebenen gemeint. In horizontaler Richtung werden die Anforderungen der Kunden abgestimmt und intern von Kundenprozess zu Lieferantenprozess weitergegeben. An den Übergängen zwischen den einzelnen Prozessen werden Nahtstellenvereinbarungen getroffen.

Schließlich können durch Prozessaudits systematische Abweichungen von den internen Vorgaben und den Kundenanforderungen ermittelt werden. Hat das Prozessteam Abweichungen erkannt, so ermittelt es die Ursachen und führt Korrekturmaßnahmen durch. Dieses gilt nicht nur für Abweichungen aus den Audits, sondern genauso, wenn die Prozessindikatoren dieses anzeigen, wenn die Maßnahmen zur Zielerreichung nicht wirksam sind oder die Kundenanforderungen nicht erfüllt werden.

4.1 Indikatoren festlegen

Nach § 57 der Straßenverkehrsordnung muss ein Kraftfahrzeug mit einem Geschwindigkeitsmessgerät und einem Wegstreckenzähler ausgerüstet sein. Damit der Fahrer die Kontrolle über seinen Wagen behalten kann, müssen diese Instrumente sogar „im unmittelbaren Sichtfeld des Fahrzeugführers" liegen. Außerdem bekommt der Fahrer noch Informationen von der Tankanzeige und zumeist von der Uhr und dem Drehzahlmesser. Alle diese Messinstrumente geben wichtige Informationen, damit das Fahrzeug sicher durch den Verkehr gesteuert werden kann. Genauso braucht das Prozessteam Messinstrumente, die den Status des Prozesses anzeigen und es ermöglichen, zum richtigen Zeitpunkt das Richtige zu tun. Beim Prozessmanagement liefern die Indikatoren solche Informationen.

HINWEIS: Was nicht gemessen werden kann, kann auch nicht gesteuert oder verbessert werden.

Diese recht allgemeine Aussage haben wohl alle Leser schon einmal irgendwo gehört. Vielleicht wurde sie auf einem Seminar lautstark verkündet oder es gab dafür ein spezielles Kapitel in einem Fachbuch. Auf jeden Fall kann hier festgestellt werden, dass es keinen ernst zu nehmenden Fachmann gibt, der gegenteilige Behauptungen aufstellt. Auch die Wissenschaft ist kaum ohne Messung vorstellbar. Bei der Bildung von Theorien werden einzelne Hypothesen gebildet die anschließend quantifiziert werden. Quantifizieren ist der Fachbegriff für messbar machen. Somit können die Hypothesen durch das Auswerten von Daten oder das Durchführen von Experimenten verworfen oder vorläufig bestätigt werden. Dies entspricht auch der Alltagserfahrung. Wer vermutet, dass seine Heizung nicht richtig eingestellt ist, der sieht sich die Messung des Jahresverbrauchs an, wer ein weich gekochtes Ei haben möchte, ist gut beraten, die Zeit zu messen, die es bereits im kochenden Wasser gelegen hat, und schließlich sind Messungen im Sport, zum Beispiel bei der Leichtathletik oder im Schwimmen, nicht wegzudenken. Auch ein Fußballspiel schaut sich niemand an, weil die Mannschaften so schön laufen können und tolle Tricks vorführen. Obwohl das die Würze zum Spiel gibt, entscheidet am Schluss die Anzahl der erzielten Tore.

Also bietet es sich an, den derzeitigen Zustand der Prozesse durch geeignete Indikatoren abzubilden. Somit wird es offensichtlich, wenn die Leistungskraft des Prozesses nachlässt, dass die Kundenwünsche manchmal nicht getroffen werden oder dass Verbesserungsmaßnahmen wirksam sind. Das ist jedoch leichter ins Buch geschrieben oder gesagt als getan.

Zunächst muss herausgefunden werden, was geeignete Indikatoren sind und wie sich diese berechnen lassen. Das ist aber noch längst nicht alles, es muss nämlich noch festgelegt werden, wer für die Ermittlung zuständig sein soll, wer Berichte davon bekommt und was passiert, wenn die Ergebnisse nicht so sind, wie sie sein sollen. Bei aller Euphorie ist allerdings ein wenig Vorsicht geboten. Solche Aussagen gelten nur für Prozessleistungen und nicht unbedingt für die weichen Faktoren, die ebenfalls erfolgsentscheidend sein können. Alles zu messen, heißt nicht unbedingt alles zu managen. Aspekte, die man mit Indikatoren nicht oder nur unvollständig messen kann, sind zum Beispiel Motivation, Innovationskraft, Ernsthaftigkeit der Absichten des Managements oder Problemlösungskompetenz.

HINWEIS: Nicht alles lässt sich gleich gut messen. Es gibt auch erfolgsentscheidende Aspekte, die sich nur unvollständig erfassen lassen.

4.1.1 Geeignete Indikatoren auswählen

Jeder Prozess soll die festgelegten Anforderungen erfüllen und dies möglichst ohne unnötig viele Ressourcen zu verbrauchen. In anderen Worten ausgedrückt heißt das, ein Prozess soll wirksam und effizient sein. Genau diese beiden Eigenschaften sollen sich auch in den geeigneten Indikatoren niederschlagen und sie sollten Veränderungen in die positive und in die negative Richtung anzeigen. Dabei ist auf eine angemessene Rückmeldungszeit zu achten. Es nützt wenig, wenn die Indikatoren anzeigen, dass im Sommer letzten Jahres vermehrt Fehler auftraten und die Kunden unzufrieden waren. Nun ist es zu spät, um zu reagieren. Die Indikatoren sollten auch über eine gewisse Sensitivität verfügen und eingetretene Änderungen bereits ab einer geringen Änderung anzeigen.

HINWEIS: Indikatoren sollten die Wirksamkeit und Effizienz eines Prozesses erfassen können.

Die Hunderte von Indikatoren, die theoretisch gebildet werden können, lassen sich, wie Bild 4.1 zeigt, in die zwei Kategorien Wirksamkeit und Effizienz einteilen. Und diese können weiter in die sechs Gruppen Ergebnisqualität, Kundenzufriedenheit, Termintreue, Ressourcenverbrauch, Ausbeute und Durchlaufzeit gegliedert werden.

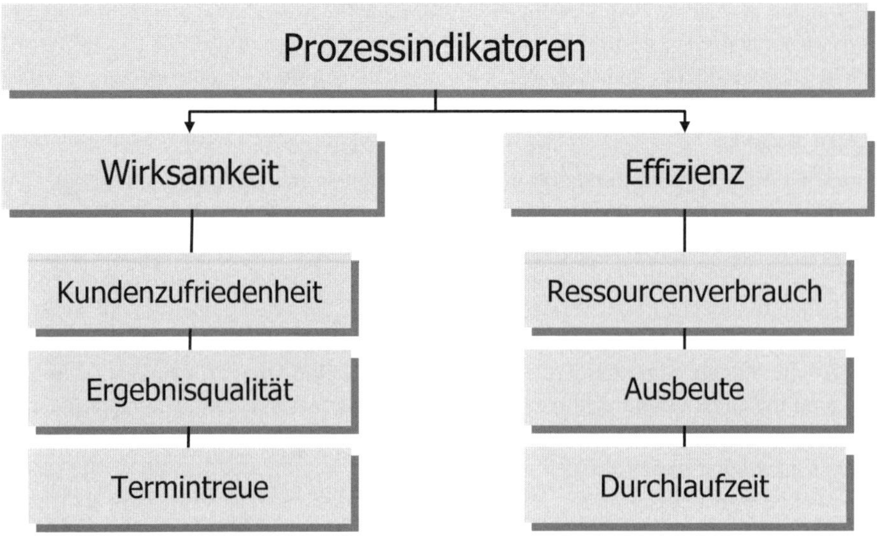

Bild 4.1 Arten von Indikatoren

Ob ein Prozess wirksam ist, entscheidet letztendlich der externe Kunde, denn er gibt die Anforderungen an das Unternehmen und somit an alle Prozesse vor. Im Industriebereich geschieht dies in der Regel durch Spezifikationen oder andere technische Dokumente. Die Ergebnisqualität für wichtige Produktmerkmale lässt sich also direkt gemäß Spezifikation messen. Neben den spezifizierten Produktanforderungen gibt es jedoch noch weitere Erwartungen der Kunden, die sich in der Kundenzufriedenheit niederschlagen und durch Indikatoren wie telefonische Erreichbarkeit, Reklamationsrate oder Reaktionszeit auf Anfragen usw. ermitteln lassen.

Außerhalb des Industriebereichs trifft man jedoch selten auf vereinbarte Spezifikationen, was aber nicht heißt, dass es keine klaren Erwartungen für die Prozessergebnisse gibt. Bietet das Unternehmen seine Produkte dem anonymen Markt an, so werden Methoden der Marktforschung zur Hilfe genommen. Dies geschieht in vielen Unternehmen ohnehin zur Bestimmung der Wettbewerbsposition und Festlegung der Strategie. Von den Ergebnissen solcher Studien muss lediglich auf die dahinter stehenden Prozesse geschlossen werden. Die kundenorientierten Prozesse setzen die externen Vorgaben in Anforderungen an die internen Unterstützungsprozesse um. Somit wird die Kundenzufriedenheit zum Thema für alle Prozesse, egal, ob sie ihre Ergebnisse an interne oder externe Kunden liefern. Hat man interne Kunden, so ergibt sich daraus sogar noch ein Vorteil. Die Kunden sind bekannt und man kann mit ihnen über die Art und Ausprägung der Anforderungen sprechen.

Eine andere Komponente der Prozesswirksamkeit ist die Termintreue. Für den internen oder externen Prozesskunden ist es nicht nur wichtig, dass er seine Leistung in akzeptabler Qualität bekommt, sondern es sollte bitte auch die vereinbarte Menge zum vereinbarten Zeitpunkt sein. Die Daten für die Messungen lassen sich aus dem IT-System des Unternehmens ableiten. Der gewünschte und der tatsächliche Liefertermin sind üblicherweise hinterlegt. Das Gleiche gilt für die entsprechende Menge. Zeitpunkt und

Menge hängen sehr eng zusammen, so kann zum Beispiel ein Teil der bestellten Menge pünktlich geliefert werden und ein anderer kommt zu spät. Es ist üblich, den Anteil vollständiger und gleichzeitig pünktlicher Lieferpositionen als Indikator zu ermitteln. Wird nicht nach Auftrag, sondern auf Lager produziert, so ist die Verfügbarkeit ein angemessener Indikator. Alle diese Indikatoren in den verschiedenen Varianten können in der Gruppe Termintreue zusammengefasst werden.

Die meisten Unternehmen bieten ihre Produkte und Dienstleistungen nicht aus reiner Kundenfreundlichkeit auf dem Markt an, sondern es steht fast immer auch die Absicht dahinter, einen Gewinn zu erzielen. Dies bringt uns direkt zur zweiten Kategorie von Indikatoren, nämlich den Indikatoren für die Effizienz. Jeder Prozess soll seine vorgegebenen Anforderungen auf möglichst ressourcenschonende Weise erfüllen.

Daher kommen zu den Ergebnisindikatoren zusätzliche Größen wie Ressourceneinsatz, Ausbeute und Durchlaufzeit. Warum der Ressourceneinsatz im Fertigungsumfeld gemessen werden sollte, ist offensichtlich. Je mehr Rohmaterialien, Energie und Betriebsmittel ein Prozess verbraucht, desto mehr Kosten werden verursacht. Solche Überlegungen bezüglich der Ressourcen lassen sich aber auch außerhalb der Fertigung anstellen. Es könnte beispielsweise von Interesse sein, wie viele Mitarbeiter man für bestimmte Geschäftsvorfälle benötigt. Dieses Kalkül lässt sich z.B. auch im Entwicklungsprozess oder bei der Inbetriebnahme neuer Anlagen anwenden. Im Vertriebsprozess ist es zusätzlich eventuell interessant, den Umsatz pro Mitarbeiter zu verfolgen oder die Anzahl der erstellten Angebote, die für einen Abschluss notwendig sind.

Eine weitere Gruppe von Indikatoren ist die Ausbeute. Im eigentlichen Wortsinn handelt es sich hier um die Menge an Prozessergebnissen pro Durchlauf eines Prozesses, also zum Beispiel die Menge an Stanzteilen pro Tonne Stahl oder die Menge Wirkstoff in Kilogramm pro angesetzter Charge. Im Umfeld der mechanischen Fertigung würde man eher vom Anteil guter Teile sprechen oder anders herum ausgedrückt von der Ausschussrate. Wendet man diese Überlegungen nicht auf die Produkte selbst, sondern auf Produktions-, Förder-, Verpackungs- oder IT-Anlagen an, so nennt man dieses Verfügbarkeit.

Gerade an den Nahtstellen zwischen unterstützenden Prozessen und kundenorientierten Prozessen kann es sehr sinnvoll sein, Leistungsvereinbarungen zu treffen und diese mit entsprechenden Indikatoren zu überwachen.

Die Durchlaufzeit beschreibt schließlich, wie lange ein Auftrag benötigt, um durch die Fertigung zu laufen, bis er an den Kunden oder das vorgesehene Vertriebslager gesendet wird. Während dieser Zeit sind Anlagen, Materialien und Mitarbeiter gebunden und können nicht anderweitig zur Wertschöpfung eingesetzt werden. Daraus ergibt sich, dass ein Unternehmen, welches den gleichen Auftrag in einer kürzeren Zeit erledigt, eine höhere Rendite erzielt. Wenn es auch nicht ganz so leicht nachvollziehbar ist, treffen diese Überlegungen nicht nur auf Fertigungsprozesse, sondern genauso auf alle anderen Prozesse eines Unternehmens zu.

HINWEIS: Je mehr Schleifen ein Geschäftsvorfall durch das Unternehmen zieht, je öfter er korrigiert wird und je mehr Mitarbeiter einbezogen werden, desto mehr Ressourcen bindet er, und diese Ressourcen können an anderer Stelle nicht zur Wertschöpfung eingesetzt werden. ■

Das Ermitteln der Durchlaufzeit nimmt im Prozessmanagement eine besondere Stellung ein, da sie vergleichsweise leicht zu bestimmen ist, andere Indikatoren ersetzen kann und gleichzeitig eine hohe Sensitivität aufweist. Lassen sich andere Effizienzindikatoren nur ungenau oder unter großem Aufwand ermitteln, so stellt die Durchlaufzeit einen guten Ersatzindikator dar, da sich Ressourceneinsatz und Ausbeute in der Regel im Gleichschritt entwickeln. Sollte sich beim Ressourceneinsatz oder bei der Ausbeute etwas ändern, so schlägt sich dies zumeist auch in der Durchlaufzeit nieder und zwar häufig schneller als in den originären Indikatoren. Obwohl die Durchlaufzeit nicht die Wirksamkeit oder Kundenzufriedenheit messen kann, zeigt sie doch an, wenn im Prozess etwas nicht stimmt oder sich verändert hat. Sie gibt sozusagen ein starkes Signal, dass weitere Untersuchungen und Korrekturen notwendig sind. Faktoren wie Krankheit, Unterbesetzung, Trainingsdefizite, unzuverlässige Anlagen usw. haben einen signifikanten Einfluss. Häufig kann der Prozess korrigiert werden, bevor die Ergebnisqualität in Mitleidenschaft gezogen wird. Positive Veränderungen schlagen sich zumeist ebenfalls in der Durchlaufzeit nieder. Daher kann sie auch die vielen durchgeführten Prozessverbesserungen anzeigen.

HINWEIS: Ein Prozess benötigt mindestens einen Wirksamkeitsindikator und einen Ergebnisindikator, um die Prozesslenkung sicherzustellen. Sollte es aus praktischen oder wirtschaftlichen Gründen nicht möglich sein, Indikatoren in beiden Kategorien festzulegen, so sollte zumindest die Prozessdurchlaufzeit beobachtet werden. ■

Tabelle 4.1 zeigt eine umfangreiche Auflistung von Beispielen für verschiedene Prozesse. Die Beispiele können hierbei nur als Anregung dienen. Je nachdem, wie die Grenze zwischen den Lieferanten- und Kundenprozessen gezogen wurde, kann der Indikator mal dem einen und mal dem anderen Prozess zugeordnet werden. Die Anlagenstillstandzeiten können entweder dem Fertigungsprozess oder dem Instandhaltungsprozess zugeordnet werden. Und die Lieferpünktlichkeit kann als Indikator für den Fertigungsprozess, den Produktionsplanungsprozess oder den Auftragsabwicklungsprozess herangezogen werden. Sehr allgemeine Indikatoren wie Durchlaufzeit, Verbrauch oder Reaktionszeit kommen im Prinzip für alle Prozesse in Frage. In den Beispielen wurde jedoch darauf verzichtet, sie zu oft zu wiederholen.

Tabelle 4.1 Beispiele für Indikatoren

Prozess	Wirksamkeitsindikator	Effizienzindikator
Geschäftsplanungsprozess	▪ Kundenzufriedenheit ▪ Neukundenanteil ▪ Marktanteil	▪ Pünktlichkeit der Berichte ▪ Einhaltung der Meilensteine
Personalentwicklungsprozess	▪ Anteil offener Stellen ▪ Wirksamkeit von Entwicklungsmaßnahmen	▪ Fluktuation ▪ Widerbesetzungszeit ▪ Krankenstand
Produktentwicklungs- und Konstruktionsprozess	▪ Anzahl Änderungen nach Designfreigabe ▪ Umsatz mit neu entwickelten Produkten	▪ Einhaltung der Zielkosten Meilensteine treffen ▪ Entwicklungsrentabilität ▪ Wert der Produktpipeline ▪ Zeit zur Markteinführung
Produktionsplanungsprozess	▪ Anteil pünktlicher und vollständiger Lieferungen ▪ Lieferrückstand ▪ Verfügbarkeit	▪ Auftragsdurchlaufzeit ▪ Materialbestände ▪ Lagerreichweite ▪ Umschlaghäufigkeit
Wartungs- und Instandhaltungsprozess	▪ Zeit zwischen zwei Ausfällen ▪ Anlagenverfügbarkeit	▪ Reaktionszeit ▪ Verfügbarkeit von Ersatzteilen
Produktionsprozess	▪ Durchsatz ▪ Ausbeute ohne Nacharbeit ▪ Ausschussrate	▪ Qualitätsbedingte Kosten ▪ Faktorverbrauch ▪ Ausbeute ▪ Anlagenverfügbarkeit ▪ Durchlaufzeit ▪ Betriebskosten
Beschaffungsprozess	▪ Materialverfügbarkeit	▪ Bestände
Auftragsabwicklungsprozess	▪ Telefonische Erreichbarkeit ▪ Reaktionszeit ▪ Termintreue	▪ Bestände ▪ Auftragsdurchlaufzeit
Lieferantenmanagement	▪ Lieferantenbewertung ▪ Lieferantenreklamationen ▪ Lieferpünktlichkeit	▪ Materialkosten ▪ Risikobewertung
Vertriebsprozess	▪ Wandlungsrate von Angeboten ▪ Vertragsstrafen ▪ Umsatzwachstum	▪ Mitarbeiter pro Vertriebsbezirk ▪ Umsatz pro Mitarbeiter ▪ Auftragseingänge

Tabelle 4.1 Beispiele für Indikatoren *(Fortsetzung)*

Prozess	Wirksamkeitsindikator	Effizienzindikator
IT-Managementprozess	▪ Verfügbarkeit	▪ Support Reaktionszeit ▪ Servicekosten
Qualitätsmanagement-prozess	▪ Ergebnisprozentsatz im Audit, Reifegrad ▪ Einhaltung des Auditplans ▪ Wiederholfehlerquote ▪ Reklamationen	▪ Anzahl offener Korrekturmaßnahmen ▪ Verbesserungsvorschläge pro Mitarbeiter ▪ Geplante/abgeschlossene Verbesserungsprojekte ▪ Liegezeit im Sperrlager

4.1.2 Trendkarten führen

Bevor die Indikatoren endgültig festgelegt werden, sollte man sich das Ziel der Übung noch einmal vor Augen halten. Es geht nicht darum, den Prozess möglichst genau mit Zahlen zu bewerten, oder um die Analyse eines ausgewählten Sachverhalts, sondern es geht darum, den Prozess zu lenken. Mit anderen Worten, es soll herausgefunden werden, ob der Prozess seine Anforderungen fortlaufend erfüllt, und wenn es Abweichungen gibt, soll dies angezeigt und eine Korrektur eingeleitet werden.

HINWEIS: Zentrale Frage: Erfüllt ein Prozess seine Anforderungen?

Je früher also ein Abweichungssignal erkannt wird, desto besser. Es ist für alle Beteiligten besser, wenn die Indikatoren auf eine Abweichung hinweisen und nicht der Kunde. Aufwändig zu ermittelnde Indikatoren, die erst lange Zeit nach dem eigentlichen Vorfall berichtet werden, fallen also bei der Auswahl raus. Das Prozessteam sollte sich Gedanken über eine möglichst kurze Rückmeldezeit machen. Je früher im Prozessablauf gemessen wird, desto schneller kommt logischerweise die Rückmeldung.

Die Wirksamkeit muss nicht am Ende des Prozesses ermittelt werden, sondern es sollten die Teilprozesse mit in das Kalkül einbezogen werden. Sind diese klar voneinander abgegrenzt, wie beispielsweise der Auftragseingang von der Produktion des Auftrags, so sollten beide Teilprozesse separat gemessen werden. Die Messung von Teilprozessen bietet sich insbesondere für Prozesse mit langer Durchlaufzeit an, wie beispielsweise der Entwicklungsprozess oder größere Aufträge bei der Baustellenfertigung.

Es muss auch nicht unbedingt das Ergebnis oder Teilergebnis des Prozesses gemessen werden, sondern Abweichungen lassen sich teilweise bereits an den Eingaben erkennen. Entsprechen diese nicht den Vorgaben, ist es mitunter besser, den Prozess erst gar nicht ablaufen zu lassen. Sind die Angaben für eine Bestellung z. B. unvollständig, ist es zumeist sinnvoller, nicht einfach irgendetwas zu liefern oder zu produzieren, sondern der Auftragsabwicklungsprozess wird gestoppt und die fehlenden Daten werden geklärt.

Ist das Prozessmanagement schon einige Zeit im Unternehmen eingeführt und hat es schon einige Reife, dann stellt die Messung der Eingaben kein Problem dar. Denn die Eingaben sind ja die Ergebnisse des Lieferantenprozesses und diese werden so oder so gemessen. Das Prozessteam verfolgt also nicht nur seine eigenen Indikatoren, sondern auch die Wirksamkeitsindikatoren des Lieferantenprozesses. Hier wird noch einmal die Bedeutung des internen Kunden- und Lieferantenverhältnis deutlich. Beide Seiten sprechen regelmäßig miteinander und legen die Anforderungen fest. Zwischen diesen Gesprächen beobachtet der Kundenprozess Pünktlichkeit, Vollständigkeit, Beschaffenheit und Flexibilität des Lieferantenprozesses, in etwa so, wie die Einkaufsabteilung mit den externen Lieferanten.

Beim Festlegen von Indikatoren geht es außerdem nicht darum, möglichst viele Informationen zu sammeln und sogenannte Zahlenfriedhöfe anzulegen, sondern es geht darum, die Prozesse zu lenken und der ständigen Verbesserung Leben einzuhauchen. Die aufbereiteten Informationen sollen sinnvoll genutzt werden und dem engagierten Prozessmanager wird an dieser Stelle klar, dass mit der Festlegung der geeigneten Indikatoren der ganze Spaß erst richtig beginnt.

Zusätzlich zum Indikator selbst muss noch bestimmt werden, wer die Indikatoren wie oft ermittelt und in welchem Format sie an wen berichtet werden. Aber auch hiernach hört die anstrengende Arbeit noch lange nicht auf. Die Ergebnisse müssen bewertet, sinnvolle Schlussfolgerungen müssen gezogen und, was am wichtigsten ist, geeignete Maßnahmen müssen umgesetzt werden.

In der Woche vom 6. bis 10. Oktober 2008 brach der Dax-Index an der Frankfurter Börse um 22 % ein. Solche Kursverluste gab es nicht nur in Deutschland, sondern sie waren an allen Börsen der Welt zu spüren. Insgesamt handelte es sich um den dramatischsten Kursverlust aller Zeiten, einschließlich des schwarzen Donnerstags 1929[1], der im Anschluss eine Weltwirtschaftskrise auslöste. Der Kurswert stieg nur langsam wieder an und erreichte erst Monate später die Marke von 2008. Viele haben genau diesen Verlauf vor Augen, da der Dax der Topindikator der deutschen Börse ist und daher in einer Trendkarte geführt wird.

Trendkarten haben gegenüber Kennzahlenberichten, die einfach nur die Ergebnisse auflisten, etliche Vorteile. Der Verlauf lässt sich visuell erfassen und man kann auf einen Blick Höchst- und Tiefststände bewerten. Längere Zeiträume können gleichzeitig ausgewertet werden und Trends sind leicht zu erkennen. Genauso leicht lassen sich eine Abweichung und eine Wiederannäherung an das Ziel erkennen. Um den Zustand eines Prozesses zu verfolgen, werden die erhobenen Daten für die einzelnen Indikatoren in Trendkarten eingetragen, wie sie in Bild 4.2 zu sehen sind.

[1] Der schwarze Börsenfreitag 1929 war in Wirklichkeit ein Donnerstag. Dem Freitag wird ganz allgemein Unglück zugeschrieben, wie es bereits aus dem alten Rom überliefert wird. Über die Jahrhunderte hat sich daraus, speziell in der Finanzwelt, die Sitte ergeben, einen Unglückstag als schwarzen Freitag zu bezeichnen – unabhängig vom wirklichen Wochentag.

Trendkarte: Vertriebsprozess 2014

	Ziel	Standard	Jan	Feb	Mar	Apr	May	Jun	Jul	Aug	Sep	Oct	Nov	Dec	Kummuliert
Angebote															
Einhalten der Vorgabezeit für Angebote [%]	**90**	80	83	67	100	67	72	70	82	90	92				80
Anzahl Angebote		---	14	34	28	21	45	44	37	42	35				300
Einhalten der Absatzplanung [%]	**85**	71	60	100	100	68	100	78	100	100	95				89
Reklamationsbearbeitung															
Abgeschlossen nach Kundenvorgabe [%]	**85**	76	14	80	86	83	88	89	89	90	75				77
Reklamationsrate [% Auftragspositionen]	**≤ 3,5**	3,5	2,6	3,2	2,2	2,6	2,8	2,1	2,9	2,1	2				2,5
Lieferpünktlichkeit															
Vollständige und pünktliche Lieferung [% Auftragspositi	**95**	94	93	94	92	95	90	96	93	94	95				94

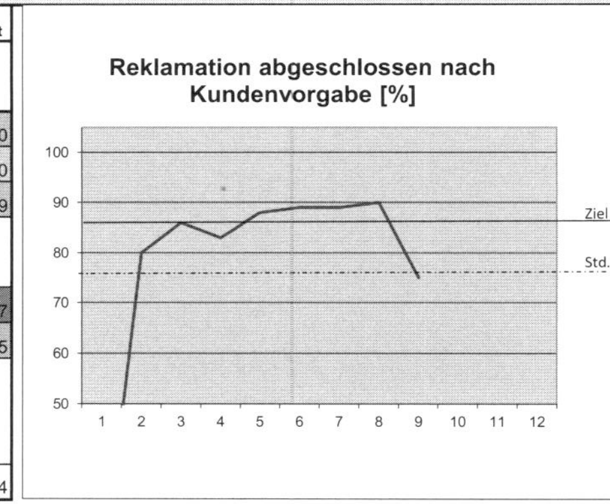

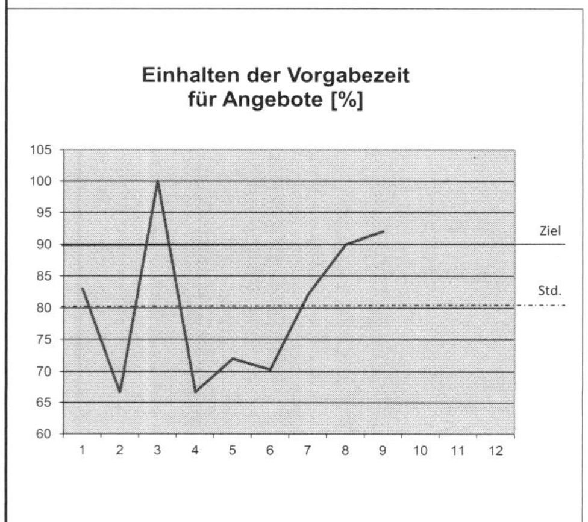

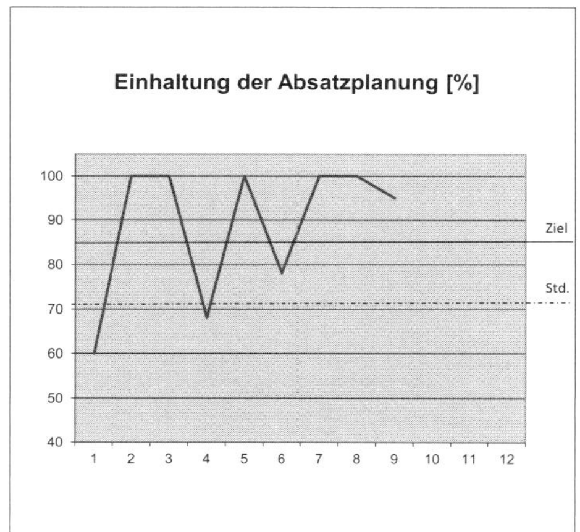

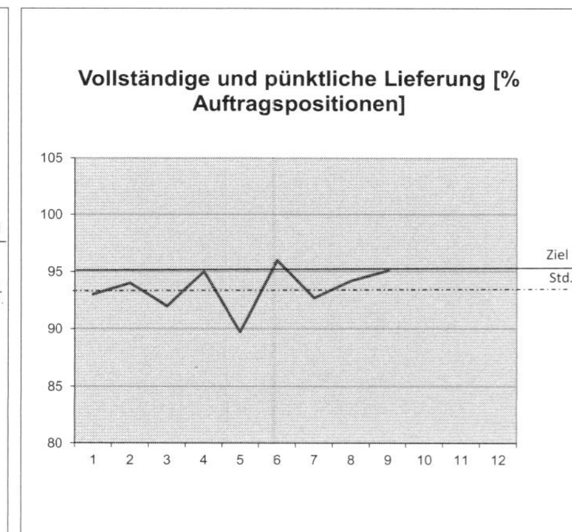

Bild 4.2 Trendkarte

HINWEIS: Mithilfe von Trendkarten werden auf Anhieb Trends und Abweichungen erkennbar, Höchst- und Tiefststände können bewertet sowie größere Zeiträume gleichzeitig übersehen werden.

Ist der geeignete Indikator ausgewählt und die Trendkarte vorbereitet, muss als Nächstes entschieden werden, wie oft die Indikatorwerte ermittelt werden sollen. Als Faustregel lässt sich zunächst sagen, dass die Reaktion schneller erfolgen kann, je öfter die Indikatoren bestimmt werden. Das Ideal ist hier der tägliche Bericht. Die Häufigkeit der Messung wird jedoch von der Durchlaufzeit und der Frequenz der zu messenden Prozessgrößen begrenzt. Geht es um die fristgerechte Fertigstellung von Entwicklungsprojekten, ist eine tägliche Messung kaum angebracht, wenn im Unternehmen drei bis sieben Projekte gleichzeitig laufen, die eine Durchlaufzeit von mehr als zwei Jahren haben. Gibt es in einem anderen Unternehmen beispielsweise 25 Projekte gleichzeitig und die Projekte dauern ein bis zwei Jahre, so könnte eine monatliche Messung angebracht sein. Dies ergibt sogar noch mehr Sinn, wenn die Projekte vielleicht in Meilensteine eingeteilt sind und das pünktliche Erreichen der Meilensteine gemessen wird und nicht nur die Fertigstellung ganz am Ende. Geht es hingegen um die pünktliche Auslieferung von Aufträgen, so kann unter Umständen eine tägliche Messung sinnvoll sein.

Eine weitere Beschränkung bei der Frequenz der Ermittlung ist die Wirtschaftlichkeit. Der Zweck eines Unternehmens ist es schließlich, Produkte und Dienstleistungen herzustellen und eine Rendite für die Eigentümer abzuwerfen, und nicht, Indikatoren zu ermitteln und Berichte zu verfassen. Daher sollen alle Auswertungen mit einem vertretbaren Aufwand erfolgen.

Am elegantesten ist es, wenn die Indikatoren direkt aus den IT-Systemen ermittelt werden, in denen auch die Prozesse abgebildet sind. Die Standardunternehmenssoftware bietet in der Regel spezielle Module zur Auswertung und Ermittlung von Indikatoren[2] an, die das Auswerten und Berichten der Daten erheblich vereinfachen. Sollte das verwendete Softwaresystem diese Möglichkeit nicht bieten, so können die anfallenden Daten auch über die üblichen Schnittstellen in eine Datenbank exportiert werden, die speziell zur Speicherung und Auswertung von Unternehmensdaten betrieben wird. Diese sogenannten Data-Warehouse-Systeme, zu Deutsch Datenlager oder Datenmagazin, verfügen wiederum über Betriebs- und Auswertungssoftware, die das Berichtswesen organisieren. Solche Datenbankkonzepte ermöglichen nicht nur das Erstellen von Indikatorberichten, sondern leisten durch die Möglichkeit der gezielten Datenbankabfrage über mehrere Anwendungen hinweg, auch von unterschiedlichen Anbietern, sehr wertvolle Hilfe beim Aufspüren von Abweichungsursachen und Festlegen von Verbesserungsmaßnahmen.

[2] Der Begriff Unternehmenssoftware wird nicht ganz einheitlich benutzt. Teilweise bezeichnet er alle Software, die in Unternehmen, also nicht im privaten Bereich, eingesetzt wird. Hier wird der Begriff etwas enger gefasst und es ist die Art von Software gemeint, die zur Abwicklung von Prozessen eingesetzt wird – also Software zur Auftragsbearbeitung, Produktions- oder Ressourcenplanung und Steuerung, Controlling, Finanzbuchhaltung, Lagerverwaltung und so weiter. Siehe auch das Stichwort Softguide in der Auflistung empfehlenswerter Internetseiten in Kapitel 7.

Verfügt das Unternehmen über solche Systeme, kann der aktuelle Zustand sozusagen online abgerufen werden und in bestimmten Situationen ist es somit möglich, sehr kurze Lenkungszyklen einzuführen. So kann sich beispielsweise das Prozessteam täglich zu einem bestimmten Zeitpunkt treffen und die Situation besprechen.

In der Fertigung könnten die Indikatoren für Maschinenverfügbarkeit, Ausschussrate oder Pünktlichkeit der Auftragsfertigstellung täglich bewertet werden. In einem Callcenter sind eventuell die telefonische Erreichbarkeit, die durchschnittliche Auftragsbearbeitungszeit oder die Quote erfolgreicher Problemlösungen interessant und die Verantwortlichen für Lager- und Versandprozesse legen eventuell ihr Augenmerk auf Kommissionierfehler, Bestände oder Lagerbewegungen.

Treffen sich in einem anderen Beispiel die Entscheider für den Vertriebsprozess einmal im Monat und bewerten, neben anderen wichtigen Punkten, die Erfolgsquote der Angebote, so ist es nicht unbedingt notwendig, diesen Indikator täglich oder wöchentlich vorzuhalten. Das soll jedoch nicht heißen, dass die Indikatoren nur für die anliegenden Besprechungen ausgewertet werden, denn das Ziel ist es nicht nur, Entscheidungen zu untermauern, sondern auch Trends zu bewerten.

Wenn die Indikatoren nicht mindestens einmal im Monat bewertet werden, so sind sie ungeeignet zur Prozesslenkung. Dieser Monatszyklus ist nicht unbedingt wissenschaftlich hergeleitet, sondern entspricht dem üblichen Geschäftsrhythmus. Auch wenn die wichtigen Besprechungen nur in größeren Abständen stattfinden, muss es jemanden geben, der die Trends beobachtet und bei gewichtigen Abweichungen Alarm schlägt.

Werkzeug 7: Trendkarten

1. Legen Sie zunächst geeignete **Indikatoren** für den Prozess fest. Die Tabelle 4.1 gibt einige Beispiele, die Ihnen als Anregung dienen können. Welche Indikatoren wirklich geeignet sind, hängt aber stark von der Abgrenzung der Prozesse untereinander ab.
2. Manche Indikatoren werden im **Verhältnis zu einer Bezugsgröße** berichtet, z. B. % abgelehnte Angebote, % Fehlerrate, % Garantiekosten. Zum **Vergleich** der Indikatoren über die Zeit sind diese Werte gut geeignet, aber für die abschließende Beurteilung der Situation sind teilweise die **absoluten Werte** notwendig. Es macht einen Unterschied, ob ein Angebot von zweien abgelehnt wurde oder ob es 50 von 100 waren. Entscheiden Sie also, ob die Bezugsgröße mit berichtet werden soll. Oftmals wird im Unternehmen bereits umfangreiches Datenmaterial erzeugt, auf welches nach einer geeigneten Aufbereitung zurückgegriffen werden kann.
3. Legen Sie nun die genaue **Definition des Indikators** fest und bestimmen Sie den **Normalwert** und den **Zielwert.** Außerdem sollten Sie noch ein Mitglied aus dem Prozessteam bestimmen, das den Indikator berichtet, und festlegen, wie oft er ermittelt werden soll.

4. Tragen Sie nun den Namen des Prozesses in die Kopfzeile ein und listen Sie die Bezeichnung der Indikatoren darunter auf. Falls es Teilprozesse gibt, die durch einen speziellen Indikator gemessen werden, so tragen Sie die entsprechende **Bezeichnung** ebenfalls ein.
5. Fügen Sie nun die ermittelten Indikatorwerte in den vereinbarten Zeitabständen ein. Zur leichteren Beurteilung werden Werte, die über dem Zielwert liegen, **grün** markiert. Liegen die Werte unter dem Zielwert, aber über dem Normalwert, so werden sie **gelb** und Werte unterhalb des Normalwerts werden **rot** markiert.
6. Die Bewertung der Prozessleistungen sollte auch immer eine **Bewertung der Indikatoren** einschließen. Nach einer gewissen Zeit ist es oft ratsam, die Indikatoren zu wechseln, da sich der Prozess verändert hat oder weil andere Dinge wichtig geworden sind. Springen Sie jedoch nicht zu häufig zwischen den Indikatoren hin und her, da sonst keine **Trendbewertung** mehr möglich ist. Es ist mitunter ratsam, die Langfristtrends der Prozessleistungen über mehrere Jahre zu beurteilen.
7. Nach der Aktualisierung und der Bewertung der Prozessleistung wird die Trendkarte **gut sichtbar** für das Prozessteam ausgehängt. Somit wird die Prozessentwicklung für alle jederzeit nachvollziehbar und jeder wird daran erinnert, welche Ziele geplant waren und wie weit das Team schon gekommen ist.

Die Vorlage für eine Trendkarte steht Ihnen elektronisch zur Verfügung (Werkzeug_7_Trendkarte).

4.1.3 Eingriffsgrenzen bestimmen

Die Kunst beim Management von Prozessen ist es einzugreifen, bevor es zu ernsthaften Störungen kommt. Im Produktionsbereich werden bei der statistischen Prozesslenkung die Produkteigenschaften regelmäßig gemessen und aus der Streuung und der Lage der Mittelwerte lässt sich dann mit Hilfe der Statistik ermitteln, ob der Prozess noch so läuft wie ursprünglich eingerichtet. Diese Methode setzt voraus, dass die Prozessergebnisse normal verteilt sind oder zumindest mit bekannten Verteilungen beschreibbar sind, dass der Prozess stabil ist und es Stellglieder gibt, mit denen er wieder auf das Ziel eingestellt werden kann. Insgesamt wird davon ausgegangen, dass der Prozess beherrscht wird, also frei von speziellen Einflussgrößen ist, die den Prozessmittelwert oder die Streubreite beeinflussen.

HINWEIS: Trotz der speziellen Voraussetzungen und den erforderlichen statistischen Kenntnissen besticht die statistische Prozesslenkung dadurch, dass der Prozess wieder auf das Ziel gebracht werden kann, ohne erst fehlerhafte Produkte entstehen zu lassen.

Wenn auch die entsprechenden Voraussetzungen bei den meisten Prozessen außerhalb der Produktion fehlen, so lässt sich der entsprechende Gedankengang doch übertragen. Es sollen also für alle Prozesse möglichst kurze Regelkreise eingerichtet werden. Dies bedeutet das möglichst häufige Ermitteln der aktuellen Werte für die Indikatoren. Das ganze Konzept der Prozesslenkung mit Indikatoren basiert darauf, dass Trends und Abweichungen sichtbar gemacht werden. Trends lassen sich, wie der Name es andeutet, in den Trendkarten erkennen. Bei den Abweichungen ist es aber schwieriger. Die Frage ist nämlich: Wovon liegen denn Abweichungen vor?

Es muss zunächst einmal die Normalleistung definiert werden, bevor man eine Abweichung erkennen kann und sich eine Entscheidung bezüglich Korrekturmaßnahmen sinnvoll treffen lässt. Um diesen Normalzustand zu finden, lässt man am besten die Prozesse sprechen. Das bedeutet, dass zunächst eine gewisse Zeit gemessen und der Prozess beobachtet wird, ohne bereits Maßnahmen einzuleiten. Nach einer Weile fängt der Prozess dann an zu sprechen. Das mag anfangs teilweise merkwürdig klingen und es ist schon vorgekommen, dass sich die Prozessleistung spontan verbessert hat, nur weil gemessen ansonsten jedoch nichts verändert wurde. Dieser Effekt ist sogar wissenschaftlich belegt und unter dem Namen Hawthorne-Effekt in die Fachliteratur eingegangen.

In den 1920er-Jahren führten Fritz Roethlisberger und William J. Dickson bei der Western Electric Company im Werk Hawthorne in Chicago verschiedene Studien durch. Untersucht wurde, wie sich die Variation von Arbeitsbedingungen, wie zum Beispiel die Beleuchtung, auf die Arbeitsleistung von Maschinenarbeitern auswirkt. Sie teilten dazu Arbeiter in zwei Gruppen ein, die jeweils gleichartige Maschinen bedienten, und beobachteten die Arbeitsleistung. Bei der einen Gruppe verbesserten sie die Arbeitsbedingungen und erwartungsgemäß stieg die Arbeitsleistung an. Die Vermutung lag nun nahe, dass sie wieder sinkt, wenn die Arbeitsbedingungen erneut verschlechtert werden – wenn zum Beispiel die Beleuchtungsstärke wieder zurückgestellt wird. Dies war jedoch nicht der Fall, sondern die Arbeitsleistung stieg erneut. Die Erklärung für diesen Effekt war nicht etwa die Beleuchtungsstärke, sondern die Tatsache, dass gemessen wurde und den Arbeitern besondere Aufmerksamkeit zuteilwurde (Roethlisberger/Dickson 1939). Die Hawthorne-Studien wurden später kritisiert: Die Ergebnisse seien teilweise vorsätzlich herbeigeführt worden, ein Teil der Arbeiter soll höheren Lohn bekommen haben und andere wurden ausgetauscht. Trotzdem werden die Erkenntnisse heute allgemein anerkannt. Die Kernaussage für das Prozessmanagement, dass die Messung selbst das Ergebnis beeinflusst, ist durch die Kritik nicht außer Kraft gesetzt.

Ähnliche Effekte können auch auftreten, wenn neue Messsysteme für Prozesse eingeführt werden. Die Normalleistung wird erst sichtbar, wenn der Prozess eingeschwungen ist und somit keine sichtbaren Trends vorliegen und keine Faktoren mehr bekannt sind, die die Leistung in besonderer Weise beeinflussen. Solche Faktoren können neben der Einführung neuer Leistungsindikatoren beispielsweise auch neue Mitarbeiter, eine neu eingeführte Software, Urlaub oder Krankheit von Mitarbeitern oder eine veränderte Organisation sein. Zur Bestimmung der Normalleistung sollten also nur die Perioden herangezogen werden, die beide genannten Bedingungen einhalten.

Entgegen dieser Einsicht wird vielfach der Durchschnitt des letzten Jahres genommen und als Normalleistung definiert, ohne das Vorliegen von Sondersituationen zu bewerten. Von dieser Normalleistung ausgehend werden Verbesserungsziele gesetzt und die Erreichung dieser Verbesserungsziele wird zur Bewertung der Mitarbeiter herangezogen. In gewisser Weise entspricht das auch dem Gedanken der ständigen Verbesserung und mag tatsächlich zu einer eingeschränkten Leistungssteigerung führen. Bei genauerer Betrachtung hat dieses aber nicht viel mit systematischer Prozessverbesserung zu tun, denn es wurden keine Potenziale bestimmt, keine Maßnahmen vereinbart oder Ressourcen bereitgestellt. Die Verbesserungsmöglichkeiten sind stark begrenzt und rühren lediglich daher, dass sich die Mitarbeiter noch mehr anstrengen müssen. Des Weiteren wurden diese Ziele gesetzt, ohne die Basis zu kennen. Eine noch größere Schieflage ergibt sich, wenn sich das Leistungspotenzial des Prozesses gerade in der letzten Zeit verringert hat, zum Beispiel durch den Abbau von Ressourcen oder durch Verlust von Fachkenntnis, und trotzdem der Durchschnitt des letzten Jahres als Normalleistung genommen wird.

Verbesserungsziele werden häufig nicht berechnet oder aus einer Strategie abgeleitet, sondern mit der berühmten Gießkanne verteilt und es lässt sich nicht schlüssig beantworten, warum das Ziel nicht doppelt so hoch gesetzt werden soll oder warum die Hälfte nicht auch ausreichend ist. Diese fragwürdigen Verbesserungsmechanismen setzen auf die Motivation durch Ziele. Prinzipiell funktioniert das Ganze wie die Mohrrübe, die man an eine Stange bindet und dem Pferd vorhält. Das Pferd läuft zunächst los und freut sich auf das Futter, wird nach einer Weile die Situation aber erkennen und schnell wieder stehen bleiben, um am Wegesrand zu grasen. Da es durch die Mohrrübe hungrig geworden ist, muss nun nämlich auch etwas zu fressen her. Die Konsequenz aus den beschriebenen Zusammenhängen lässt sich folgendermaßen ziehen:

HINWEIS: In einer Trendkarte sollen immer der Normalwert und der Zielwert verfolgt werden. Bei einer Abweichung vom Normalwert werden Korrekturmaßnahmen eingeleitet, um den ursprünglichen Zustand wiederherzustellen. Um von der Normalleistung auf die Zielleistung zu gelangen, müssen Prozessverbesserungen durchgeführt werden, denn es ist nicht möglich, den Prozess durch Korrekturmaßnahmen in das Ziel zu lenken.

Eine Fußballmannschaft, die in ihren Spielen keine Tore schießt, wird nicht erfolgreicher, wenn sie für das nächste Spiel eine klare Vorgabe bekommt und eine Siegprämie ausgesetzt wird. Eine Korrektur der Mannschaftsaufstellung kann in manchen Fällen etwas bewirken. Aber allgemein gesprochen muss das Spiel verbessert werden, im Fußball nennt man das auch Training. Vielleicht muss auch etwas Grundsätzliches geändert und der Trainer ausgetauscht werden.

Nun sind die richtigen Indikatoren ausgewählt und sowohl der Normalwert als auch das angepeilte Ziel wurden in die Trendkarte eingetragen. Als Nächstes wird geklärt, wann in die Prozesse eingegriffen werden soll. Der erfahrene Prozessmanager wird nicht gleich in Panik verfallen, nur weil das Prozessergebnis unter dem Normalwert liegt, denn er weiß, dass eine gewisse Streubreite ganz natürlich ist. Erst wenn eine festgelegte Grenze überschritten wurde, muss reagiert werden. Wo diese Grenze liegt, legt das Prozessteam aufgrund von Fachkenntnis und Geschäftsverständnis fest.

Es sollte sich hierbei von selbst verstehen, dass auch der Prozesskunde mit in die Entscheidung einbezogen wird. So mag im Produktionsplanungsprozess beispielsweise die Meinung vorherrschen, dass ein Auftrag im Mittel vier Tage nach dem zugesagten Termin versendet werden darf. Fragt man nun Vertreter des Vertriebsprozesses, wird wohl eher zu hören sein, dass bereits bei einem Tag Korrekturmaßnahmen fällig sind.

Wird zusätzlich noch der Trend beobachtet, so kann bereits mit der Maßnahmenplanung begonnen werden, bevor die gerade noch akzeptable Grenze überschritten wurde. Zeigt der Indikator über einen längeren Zeitraum eine negative Entwicklung an, so beginnt die Analyse des Prozesses. Für den perfekt gelenkten Prozess wird also außer der Eingriffsgrenze noch festgelegt, wie lange ein negativer Trend anhalten darf, bevor Prozessanalysen notwendig werden. Die Länge dieses Zeitraums hängt wiederum vom Prozess und von den Anforderungen des Unternehmens ab. Da zwei Messungen noch keinen Trend darstellen, sollen beispielsweise drei Messungen notwendig sein, die sich nacheinander in die gleiche Richtung bewegen. Bei monatlicher Messung begibt sich demnach das Prozessteam nach einem Quartal mit schlechter werdenden Ergebnissen in Alarmbereitschaft. Wird die Messung öfter durchgeführt, so sollte dieser Zeitraum kürzer sein.

HINWEIS: Für die Bestimmung der Eingriffsgrenzen und das Festlegen der maximal akzeptierten Länge eines negativen Trends gibt es keine feststehenden Regeln oder statistischen Verfahren. Der gesunde Menschenverstand, der Geschäftssinn und die Wettbewerbsposition sind aber gute Ratgeber, um hier zu einer Entscheidung zu kommen. Auf dem Weg zur Phase der Exzellenz unterliegen auch diese Lenkungsgrößen selbstredend der ständigen Verbesserung.

Liegt also ein negativer Trend vor und hat das Prozessteam mit der Analyse begonnen, so stellt es zunächst fest, ob es sich um eine zufällige Entwicklung handelt oder ob es spezielle Gründe gibt. Liegen diese speziellen Gründe im Prozess selbst, so werden bereits Maßnahmen geplant. Solche Gründe können beispielsweise die Einführung einer neuen Software, der Verlust von erfahrenen Mitarbeitern, die Inbetriebnahme neuer Maschinen oder eine nicht abgestimmte Urlaubsplanung sein. Verursachen mangelhafte Prozesseingaben den negativen Trend, so werden die Prozesslieferanten benachrichtigt und zur Analyse ihres eigenen Prozesses aufgefordert. Als dritte Möglichkeit kommen Veränderungen im Markt in Frage, die sich zum Beispiel durch erhöhten Auftragseingang, vermehrte Bestellungen eines speziellen Produkts oder vermehrte

Rückfragen äußern. Sind solche Veränderungen nicht saisonal bedingt, wie zum Beispiel in der Vorweihnachtszeit, so sollten sie im Steuerkreis besprochen und beobachtet werden. Eventuell deuten sich größere Änderungen an, die einer Anpassung der Strategie bedürfen.

Der einen oder anderen Leitungskraft im Unternehmen mag dieser Teil des Prozessmanagements etwas zu formal vorkommen. Schließlich kann man doch von einem Prozessbesitzer erwarten, dass er seinen Prozess kennt und fallweise entscheiden kann, ob Korrekturmaßnahmen durchgeführt werden sollen. Genauso kann es doch dem Prozessbesitzer überlassen werden, wie oft er Informationen benötigt und wie oft er eine Trendkarte für seinen Prozess auswerten möchte.

Werden diese Bedingungen und Kriterien allerdings nicht festgelegt, so hat das ganze Vorgehen wenig mit gezielter Prozesslenkung zu tun und das gesamte Konzept des Prozessmanagements steht in Frage. Gerät der Prozess erst in den Fokus und steht der Prozessbesitzer bereits unter Druck, so wird häufig die Kunst der Selbstverteidigung angewendet und es ist zu spät, um mit dem Prozesskunden und -lieferanten oder dem Steuerkreis über sinnvolle Eingriffskriterien zu verhandeln. Die Ernsthaftigkeit des Prozessmanagements zeigt sich darin, dass der Steuerkreis auf der Festlegung, aber auch auf der Einhaltung spezifischer Regeln besteht. Es gibt nichts Schlimmeres, als wenn viele Indikatoren berichtet werden und auf rot stehen, aber jeder einzelne Prozessmanager selbst entscheiden darf, ob er etwas ändern möchte und es im Zweifelsfall lieber lässt.

4.2 Hoshin Kanri

„Jedes Unternehmen muss ein echtes Team aufbauen und die individuellen Bemühungen zu einer gemeinsamen Bestrebung verschmelzen. Jeder Angehörige des Unternehmens trägt etwas anderes bei, doch alle seine Mitarbeiter müssen ein gemeinsames Ziel anstreben. Die Beiträge aller Mitarbeiter der Organisation müssen sich ineinanderfügen, um ein in sich schlüssiges Ergebnis zu erzielen." So beginnt der Managementguru Peter Drucker den Beitrag über Management by Objectives und Selbstkontrolle in seinem Buch „Was ist Management?" (2002).

Dies sind bereits die grundlegenden Prinzipien für das Führen mit Zielen, das Benutzen von Prozessindikatoren und ständige Verbesserungen. Diese Ansichten und Einsichten vertrat er bereits 1954, als er sein Buch „Die Praxis des Managements" veröffentlichte (Drucker 1956). Seine Prinzipien stießen auf großes Interesse und wurden auf breiter Basis in die Unternehmen eingeführt, sodass sie heute weltweit als Standard gelten.

Aus Druckers Ideen entwickelte sich auch das Hoshin Kanri, die japanische Variante der Zielplanung, die die Maßnahmenplanung und die Sichtweise der Kunden in besonderer Weise mit berücksichtigt und daher einen hervorragenden Rahmen für das Prozessmanagement bildet. Es sollte aber noch etliche Jahre dauern, bis diese japanische Variante nach Europa vorgedrungen war.

Beim Aufbau der japanischen Wirtschaft nach dem zweiten Weltkrieg wurde schnell klar, dass amerikanische Unterstützung nicht nur für die Methoden der Massenproduktion und die Werkzeuge des Qualitätsmanagements notwendig war. Auch die Praktiken im Management mussten sich grundlegend ändern. So folgte Drucker der Einladung der japanischen Industrie nach Tokyo und Osaka, um ab 1959 wiederholt Vorträge und Seminare für das Management abzuhalten. Drucker nahm maßgeblich Einfluss und seine Lehren kamen in Japan sehr gut an, sodass fast alle seine Bücher übersetzt wurden. Zur Ehrung für seine Verdienste wurde ihm 1966 der Orden „Order of the Sacred Treasure" durch die japanische Regierung verliehen.[3] Zwar nicht offiziell, aber fast noch beeindruckender ist die Tatsache, dass ein Roman über Druckers Managementprinzipien geschrieben wurde. Der Titel heißt auf Deutsch: Was wäre, wenn die Managerin eines Highschool-Baseballteams Druckers „Management" läse? Dieser Roman wurde 2009 zur Vorlage eines Animationsfilms und kam 2011 noch einmal als Film mit realen Charakteren in die Kinos. Im Original heißen der Roman und die Filme „Moshi Koukou Yakyuu no Joshi Manager ga Drucker no ‚Management' wo Yondara".

HINWEIS: Hoshin = Kompass, Richtung, Kurs, Plan; Kanri = Management, Steuerung, sich kümmern um (nach Lee/1998)

Der Begriff Hoshin Kanri wurde jedoch nicht von Drucker geprägt, sondern 1964 erstmals beim japanischen Reifenhersteller Bridgestone verwendet. Er wird häufig mit Kompassmanagement übersetzt und bezeichnet in Analogie zur Seefahrt die Art und Weise, wie ein Schiff bei wechselnden Winden und mitunter rauer See auf Kurs gehalten wird. Dieses Planungssystem beginnt mit dem Festlegen der langfristigen Unternehmensstrategien. Daran schließt sich die Definition der Durchbruchziele für die nächsten drei bis fünf Jahre und somit die Konzentration auf die wenigen wichtigen Prozesse und Projekte an. Als Nächstes werden die konkret messbaren Jahresziele mit Indikatoren und Maßnahmen festgelegt und sowohl vertikal über die Hierarchieebenen als auch horizontal von den Kundenanforderungen ausgehend im Unternehmen abgestimmt. Die Indikatoren werden dann fortlaufend überwacht und bei Bedarf korrigiert. Die Analyse der Ergebnisse bildet die Grundlage für den nächsten Planungszyklus.

Die Vorgehensweise des Hoshin Kanri ging eine Symbiose mit den Ideen des Qualitätsmanagements ein und wurde zu einem Bewertungskriterium des in Japan sehr beachteten Deming-Preises für Qualitätsmanagement.[4] Somit verbreitete sich das Gedankengut und weitere bekannte japanische Unternehmen, wie Nissan, Nippon Denso, Sumitomo-Denko, Komatsu oder Toyota, wurden mit dem Konzept in Verbindung gebracht. Im Westen wurde dieser Entwicklung wenig Aufmerksamkeit geschenkt und nur ein paar

[3] The Order of the Sacred Treasure ist ein Orden, den die japanische Regierung - ursprünglich in acht Klassen, seit 2003 in sechs Klassen - vergibt. Er wird für besondere Verdienste in den Bereichen Forschung, Wirtschaft und Industrie, Gesundheitswesen, Verwaltung oder im sozialen Bereich verliehen. Drucker erhielt den Orden der dritten Klasse.

[4] Der amerikanische Statistiker und Qualitätsexperte W. Edwards Deming hielt ab 1950 ähnlich wie Peter F. Drucker, jedoch schon früher, Vortragsserien und Seminare in Japan ab. Zur Ehrung seiner Verdienste um die japanische Industrie wird der japanische Preis für Qualität Deming-Preis genannt.

Experten befassten sich im Rahmen des Total Quality Managements mit diesem Thema. In den 1980er-Jahren schaffte Hoshin Kanri der Sprung über den Ozean und gelangte z.B. durch amerikanisch-japanische Unternehmen wie Fuji-Xerox oder von der japanischen Hewlett-Packard-Niederlassung zur Muttergesellschaft nach Amerika. Inzwischen hat das japanische Konzept im Schlepptau der schlanken Produktion auch Deutschland erreicht. So ist die Anwendung zum Beispiel von MAN und Siemens bekanntgeworden (Kudernatsch 2013). Auch die Robert Bosch GmbH macht mit diesem Thema auf sich aufmerksam.

Obwohl die individuellen Ansätze in den einzelnen Unternehmen sehr unterschiedlich sind, lässt sich der Ablauf in vier natürlich aufeinanderfolgende Phasen gliedern, wie sie in Bild 4.3 dargestellt sind.

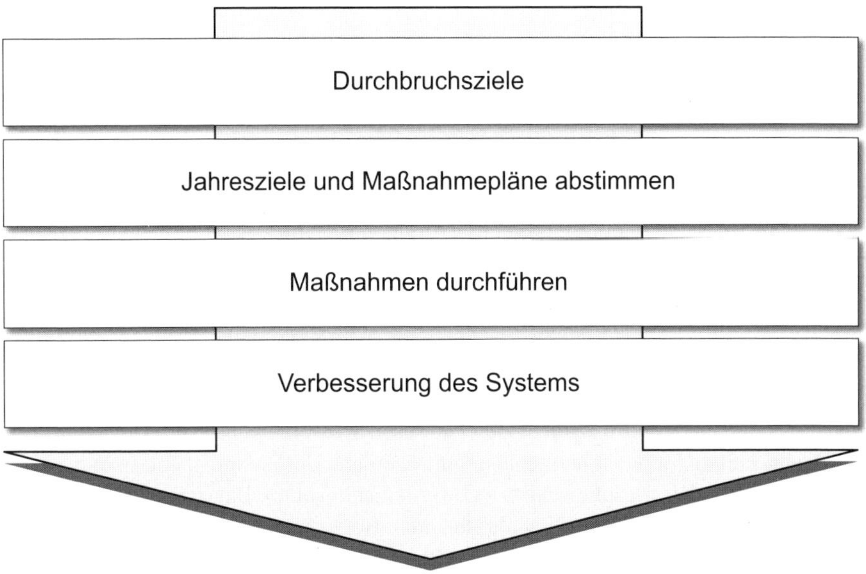

Bild 4.3 Die Phasen des Hoshin Kanri

HINWEIS: Die Zielplanungsmethode Hoshin Kanri berücksichtigt in besonderer Weise die Maßnahmenplanung und die Sichtweise der Kunden und bildet daher einen hervorragenden Rahmen für das Prozessmanagement.

4.2.1 Durchbruchsziele festlegen

Hoshin Kanri beginnt mit dem Formulieren einer wünschenswerten Zukunft des Unternehmens. Dieser Vorgang wird häufig auch als visionäre Planung bezeichnet und findet notwendigerweise in der Unternehmensleitung statt. Diese langfristig orientierte Unternehmensplanung gibt den Rahmen und die Richtlinien für alle weiteren Schritte vor. Sie umfasst Aussagen zu den Werten des Unternehmens und zu den Märkten, auf denen man tätig sein möchte. Hoshin Kanri stellt nicht die langfristige oder strategische Unternehmensplanung selbst dar, sondern setzt hieran an und ist ein Vorgehen, das dem Unternehmen dabei hilft, sich auf die wenigen wichtigen Dinge zu konzentrieren.

Ist sich das Management darüber einig, in welche Richtung sich das Unternehmen entwickeln soll, so werden die Durchbruchziele für die nächsten drei bis fünf Jahre festgelegt. Es wird also bestimmt, was konkret erreicht werden soll und welche Ressourcen und Fähigkeiten dafür notwendig sind. Man bewertet, ob die vorhandenen Prozesse angemessen sind und ob sie die geplanten Ergebnisse liefern können. Sehen die Durchbruchziele z.B. eine Internationalisierung, den Zukauf von Marktanteilen, die Eröffnung neuer Standorte oder die Verwendung gänzlich neuer Technologien vor, so müssen einzelne Prozesse eventuell restrukturiert oder gänzlich neu geplant werden.

4.2.2 Jahresziele und Maßnahmenpläne abstimmen

Sind die Durchbruchziele festgelegt und klar im Unternehmen kommuniziert, geht es an die Abstimmung der konkreten Jahresziele für das kommende Jahr. Dieser Vorgang beginnt mit der Analyse der Situation und schließt die Bewertung des bisher Erreichten ein. Der ursprüngliche Plan wird mit dem tatsächlich erreichten Zustand verglichen und die Lücken werden herausgearbeitet. Es wird bewertet, welche Widerstände und Schwierigkeiten aufgetreten sind und ob es Dinge gibt, die im nächsten Planungszyklus anders laufen sollen. Ist die Reflektion des abgelaufenen Jahres abgeschlossen, werden die neuen Ziele mit entsprechenden Verbesserungsprioritäten geplant.

Ein Durchbruchsziel könnte zum Beispiel gewesen sein, ein neues Produkt einzuführen. Die Produktentwicklung ist bereits abgeschlossen und der entsprechende Produktionsprozess hätte im letzten Jahr qualifiziert worden sein sollen. Da es aber noch Produktänderungen gab, hat sich der Abschlusstermin etwas verschoben. Als Maßnahmen für das nächste Jahr werden nun zusätzliche Produktingenieure in diesem Projekt eingesetzt und der Marketingplan wird gestrafft. Außerdem werden Sonderverkaufsveranstaltungen angesetzt, um die Produkteinführung zu begleiten und die geplanten Stückzahlen und Umsätze doch noch zu erreichen.

Sind diese Maßnahmen abgestimmt, so identifiziert man die entsprechenden Prozesse, die diese Ergebnisse erbringen sollen, und es werden Indikatoren festgelegt, die anzeigen, ob alle diese Verbesserungsprioritäten effektiv umgesetzt werden.

Der bisher beschriebene Planungsprozess lässt sich durch den Einsatz einer sogenannten X-Matrix strukturieren, wie sie in Bild 4.4 gezeigt wird. Dieses Werkzeug wird X-Matrix genannt, da sich aus der grafischen Darstellung der vier Planungsbereiche ein X ergibt.

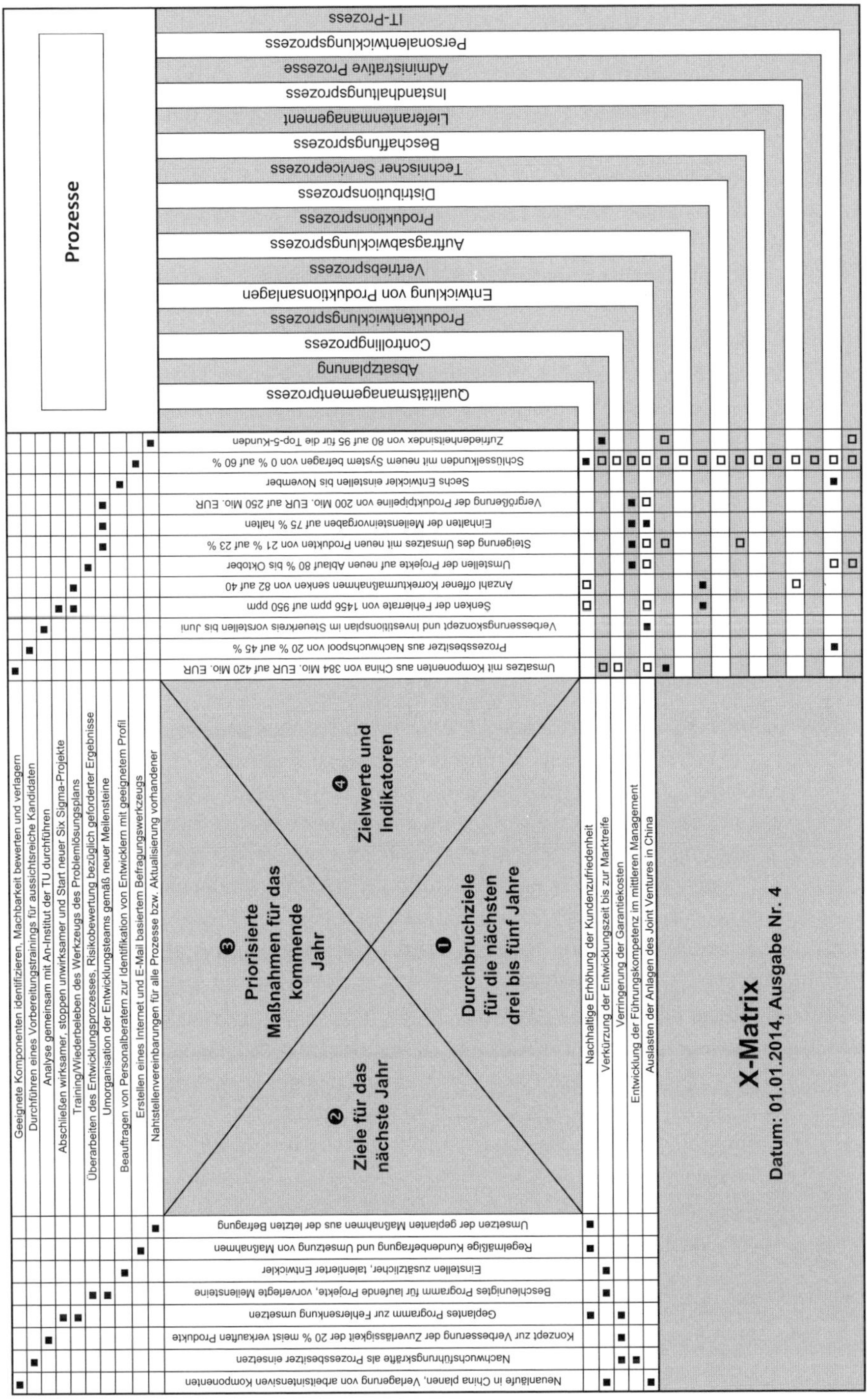

Bild 4.4 X-Matrix

Werkzeug 8: X-Matrix

1. Der **Hoshin-Kanri**-Prozess beginnt mit der Festlegung der langfristigen Unternehmensstrategie. Ist der Rahmen abgesteckt, so legen Sie die **Durchbruchziele** für die nächsten drei bis fünf Jahre fest. Als Durchbruchziele werden die wenigen, wichtigen Ziele bezeichnet, die in den nächsten Jahren den Erfolg des Unternehmens sicherstellen sollen. Tragen Sie diese Ziele in den Bereich am unteren Ende der X-Matrix ein. Um die steuerungs- und richtungsweisende Aufgabe der X-Matrix zu betonen und in Anlehnung an einen Kompass, wird dieser Bereich teilweise auch als Süden bezeichnet.
2. Nachdem die derzeitige Unternehmenssituation und das Erreichte aus dem letzten Jahr analysiert wurden, tragen Sie im Westen die **Ziele für das kommende Jahr** ein. Leiten Sie diese aus den Durchbruchszielen ab und bestimmen Sie, was als Nächstes konkret erreicht werden soll. Auch hier ist es wieder wichtig, eine Auswahl zu treffen und sich auf die wenigen, wirklich wichtigen Ziele zu konzentrieren. Dabei hilft es, den Überschneidungsbereich von Süden und Westen zu nutzen und hier die **Wechselwirkungen** einzutragen. Markieren Sie bei jedem Jahresziel, welches Durchbruchziel es unterstützt. Je mehr Markierungen ein **Jahresziel** trägt, desto größer ist der Einfluss auf die Durchbruchstrategie.
3. Tragen Sie in den Norden die **Prioritäten für das kommende Jahr** ein. Mit Prioritäten sind Maßnahmenbündel gemeint, die durchgeführt werden, um die Jahresziele zu erreichen. Eine Priorität kann zum Beispiel die Übernahme eines Unternehmens sein, das das eigene Portfolio ergänzt, die Markteinführung einer neuen Produktgruppe, die allgemeine Reduzierung der Bestände oder das Durchführen einer breit angelegten Personalentwicklungskampagne. Bei der Auswahl der geeigneten Prioritäten hilft wiederum der Überschneidungsbereich zwischen Norden und Westen.
4. Nun ist der Osten an der Reihe. Tragen Sie hier ein, mit welchen **Indikatoren** überprüft werden kann, ob sich das Unternehmen gemäß der Prioritäten entwickelt. Da eine Priorität durch mehrere Indikatoren bewertet werden kann und anders herum einige Indikatoren für mehrere Prioritäten herangezogen werden können, hilft hier wieder das Überschneidungsfeld.
5. Als Nächstes ordnen Sie die **Prozesse** den Prioritäten und den damit verbundenen Indikatoren zu. Im Überschneidungsbereich zwischen Indikatoren und Prozessen wird markiert, ob die Prozesse einen direkten oder einen indirekten Einfluss haben. Aus den Durchbruchzielen werden so die Jahresziele für die Prozesse abgeleitet und die festgelegten Indikatoren werden zu Steuerungsgrößen der betreffenden Prozesse.

6. Hierbei kann es passieren, dass es Prioritäten gibt, die nicht im Zielbereich eines der vorhandenen Prozesse liegen. In diesem Fall wird ein **neuer Prozess** geschaffen und es wird zunächst ein Prozessbesitzer bestimmt, der dann gemeinsam mit dem Programmleiter die bisher in diesem Buch beschriebenen Schritte durchläuft. Sollte der Steuerkreis zu der Auffassung kommen, dass ein anderer Prozess in der derzeitigen Verfassung nicht in der Lage ist, die Ziele zu erreichen, so steht eine **Restrukturierung** an. Dies kann sich beispielsweise ergeben, wenn ein Prozess auf besonders viele Prioritäten einen direkten Einfluss hat oder wenn die derzeitigen Ergebnisse in krassem Missverhältnis zu den Erwartungen stehen. Aus der Auswertung der direkten und indirekten Beziehungen wird außerdem ersichtlich, welche Prozessbesitzer in besonderem Maße zusammenarbeiten und ihre Maßnahmen untereinander abstimmen müssen.
7. Genauso kann es vorkommen, dass es Prozesse gibt, die keinen Einfluss auf die Prioritäten des laufenden Jahres haben. Dies heißt nicht, dass diese Prozesse nicht mehr wichtig sind. Sondern es heißt lediglich, dass die Prozesse weiterhin die bisherige Normalleistung erbringen sollen. Bei der Planung wurde schließlich davon ausgegangen, dass diese Prozesse wirksam organisiert sind und kontinuierlich **weiter ihre Ergebnisse verbessern** und die Wertschöpfung erhöhen.

Eine Vorlage für eine X-Matrix steht Ihnen elektronisch zur Verfügung (Werkzeug_8_X-Matrix).

Nachdem die Jahresziele festgelegt wurden, werden diese auf die verschiedenen Prozesse, Teilprozesse, Arbeitsgruppen und Individuen verteilt und es wird mit der Vereinbarung und Abstimmung der dahinter stehenden Maßnahmen begonnen. Bei der klassischen Zielplanung, die in den meisten Unternehmen angewendet wird, spricht man häufig davon, die Ziele herunterzubrechen. Wie es dieser Ausdruck bereits andeutet, wird das große Ziel in kleinere Stücke gebrochen und weiter verteilt. Das bedeutet also, dass die jeweils nachgelagerte Ebene gesagt bekommt, welchen Anteil sie zu erbringen hat.

Wurde zum Beispiel ein Verlust von Marktanteilen beobachtet und sollen als Konsequenz daraus Maßnahmen zur Umsatzsteigerung durchgeführt werden, so bekommt der Vertriebsprozess eine höhere Ergebnisvorgabe. Diese Vorgabe wird dann auf die Länder, die Vertriebsregionen und vielleicht bis auf die einzelnen Vertriebsmitarbeiter weiter aufgeteilt. Die Verantwortlichen auf den einzelnen Ebenen überlegen sich, wie sie diese Umsatzvorgabe erreichen wollen, und führen entsprechende Maßnahmen durch. Ob die Maßnahmen erfolgreich sind, lässt sich anhand des Umsatzwachstums ablesen.

Beim Hoshin Kanri werden die Ziele jedoch nicht einfach von oben nach unten heruntergebrochen, sondern es gibt zwischen den einzelnen Ebenen eine Absprache bezüglich der durchzuführenden Maßnahmen und einzusetzenden Ressourcen. Durch das Berücksichtigen der Maßnahmen können Prioritäten und benötigte Ressourcen bewertet und zwischen den Prozessen abgestimmt werden. So lässt sich zielgerichtet entscheiden, welcher Prozess oder Teilprozess personell verstärkt wird, damit die geplanten Maßnahmen umgesetzt werden können, und wohin die Investitionen fließen, um möglichst wirksam zu sein. Sollen sie lieber für die Erneuerung von Produktionsanlagen, die Produktentwicklung oder für die Ausweitung des Werbe- und Marketingplans verwendet werden?

HINWEIS: Beim Hoshin Kanri werden die durchzuführenden Maßnahmen und die einzusetzenden Ressourcen zwischen den Ebenen (z.B. Geschäftsleitung und Prozessbesitzer) im „Catchball"-Verfahren abgestimmt.

In Analogie zu einem Ballspiel, bei dem der Ball zwischen den Reihen hin und her geworfen wird, wird diese Art der Abstimmung auch „Catchball"-Methode genannt, zu Deutsch etwa „fang den Ball". Die Geschäftsleitung beginnt mit der Planung der Durchbruchziele und bestimmt daraufhin die benötigten Initiativen, Programme und Maßnahmenbündel, die notwendig sind, um die Durchbruchziele zu erreichen. Hierauf spielt die Geschäftsleitung den Ball in die Reihen der Prozessbesitzer.

Aus der Sicht der Prozessbesitzer stellen die geforderten Maßnahmen der Geschäftsleitung Ziele für die Prozesse dar. Sie planen nun die Maßnahmen, die notwendig sind, um die Ziele zu erreichen, und falls nötig, bestimmen sie die zusätzlich erforderlichen Ressourcen.

In dem erwähnten Beispiel für die Umsatzsteigerung würde der Prozessbesitzer des Vertriebsprozesses vielleicht vorschlagen, die Anzahl der Kundenbesuche zu erhöhen und den Werbeplan umfangreicher als in den Jahren zuvor ausfallen zu lassen. Für diese Maßnahmen seien allerdings zusätzliche Vertriebsmitarbeiter und ein größeres Budget für den Werbeplan notwendig. Somit geht der Ball an die Geschäftsleitung zurück. Da es zurzeit jedoch nicht möglich ist, neue Mitarbeiter im Vertrieb einzustellen und die finanziellen Mittel knapp sind, einigt man sich schließlich darauf, den Vertriebsprozess zu restrukturieren. Umsatzschwache Kunden werden zukünftig durch den Großhandel bedient und die frei werdenden Vertriebsmitarbeiter werden eingesetzt, um die Besuchsfrequenz bei den Schlüsselkunden zu erhöhen. Das Werbebudget wird geringfügig erhöht und an den Umsatz gekoppelt. Somit wächst es, wenn der Umsatz wächst, und die Verhandlungen müssen nicht jedes Jahr erneut geführt werden. Als Indikatoren, die den Erfolg dieser Maßnahmen anzeigen, einigt man sich auf die Reichweite der Werbemaßnahmen, die Besuchsfrequenz bei den Schlüsselkunden und die prozentuale Umsatzsteigerung.

Wenn dieses Beispiel auch nur wenige Details aus dem Werbeplan oder dem Restrukturierungsplan enthält, so veranschaulicht es doch den Unterschied zwischen „Zielen herunterbrechen" und „Ziele und Maßnahmen nach dem Catchball-Prinzip abstimmen". Wenn die Maßnahmen mit vereinbart werden, ist es möglich, die Ressourcen zwischen den Prozessen aufzuteilen und die Prioritäten klar an den Durchbruchzielen auszurichten. Zusätzliche Mitarbeiter und finanzielle Mittel können in vielen Prozessen eingesetzt werden, um Verbesserungsziele zu erreichen. Sie sollen jedoch dort hin fließen, wo sie am meisten bewirken. Wie Bild 4.5 zeigt, werden abgestimmte Maßnahmen wiederum zu Zielen der darunter liegenden Ebene und so weiter und der Ball wird an die nächste Ebene weitergegeben bis für alle klar ist, was getan werden muss, um die Unternehmensziele zu erreichen.

Da sich in diesem Ablauf Zielplanung und Maßnahmenplanung abwechseln, wird auch gleichzeitig überprüft, ob die Ziele mit den vorhandenen Ressourcen und im Zeitplan erreicht werden können.

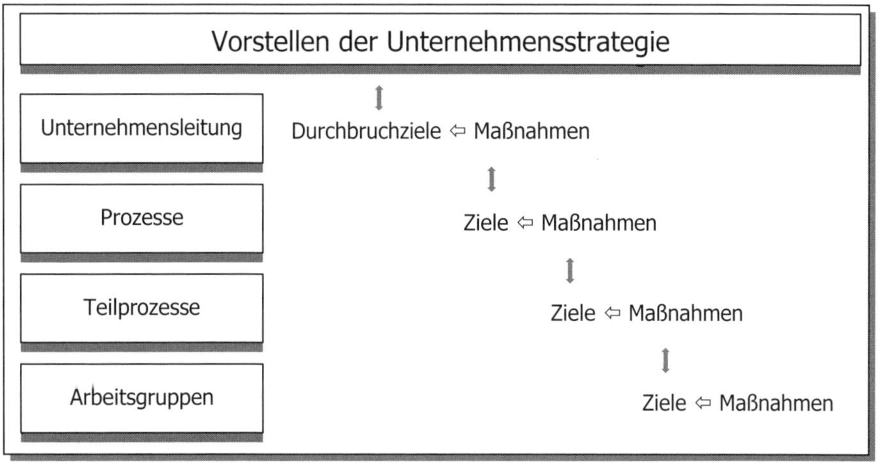

Bild 4.5 Zielabstimmung nach dem Catchball-Prinzip

Da die Prozesse nicht nur die Anforderungen aus dem Geschäftsplan erfüllen müssen, sondern auch die internen und externen Kundenanforderungen, sollten die Nahstellenvereinbarungen, wie sie in Abschnitt 4.3 beschrieben werden, einen festen Platz im jährlichen Hoshin-Kanri-Prozess einnehmen. Abschließend wird überprüft, ob die vereinbarten Maßnahmen ausreichend sind, um die festgelegten Indikatoren im gewünschten Maß zu verbessern. Ist dies der Fall, kann mit der Umsetzung begonnen werden. Ist dem nicht so, muss die Geschäftsleitung den Plan anpassen oder den Abstimmungsprozess neu beginnen Da diese umfassende Art der Abstimmung etwas Zeit in Anspruch nimmt, sollte ein entsprechender Vorlauf im jährlichen Planungsprozess berücksichtigt werden.

4.2.3 Maßnahmen durchführen

Bei der Umsetzung der geplanten Maßnahmen leistet der sogenannte A3-Bericht hervorragende Dienste. Ursprünglich handelt es sich beim A3-Bericht um eine strukturierte Problemlösungstechnik, die beim Automobilhersteller Toyota entwickelt wurde. Das Problemlösungsteam fasst die derzeitige Situation, die Ergebnisse der Analyse und die geplanten Maßnahmen in einem Bericht zusammen und beschreibt damit den Lösungsweg. Der Begriff A3 bezeichnet dabei einfach das Papierformat. Toyota hat neben dem

A3 Prozessbericht

Teilprozess: Produktionsprozess flexibler Flansch **Besitzer:** E.-J. Ablauf **Datum:** 12.05.2015

Strategische Ziele des Prozesses

Verringerung der Garantiekosten durch Senkung der Fehlerrate und Erhöhung der Komponentenzuverlässigkeit

Prozesskennzahlen und Status

(Abgeleitet aus den Übergeordneten Zielen des Produktionsprozesses)

	Ziel	Normal	Ist
Fehlerrate [ppm]	950	1050	995
offene	4	7	9
Produktive Anlagennutzung [%]	90	84	91
Durchlaufzeit [min]	560	580	584

Analyse

Häufige, kleinere Anlagenausfälle führten im letzten Jahr immer wieder zu Produktionsrückständen. Autonome Wartung und kleinere Reparaturen sollen durch die Werker selber übernommen werden.

Es gab im letzten Jahr vermehrt Kundenreklamationen aufgrund von falscher Etikettierung und "hakeliger" Führung an der Zufuhrschiene. Diese Fehlfunktion wird durch eine ungleichmäßige Beschichtung verursacht und kann nur schwer inspiziert werden.

Der geringe Personalstand wirkt sich durch vermehrten Kontroll- und Reparaturaufwand noch kritischer aus.

Maßnahmenplan

	Aktivitäten / Meilensteine	Besitzer	Status	J	F	M	A	M	J	J	A	S	O	N	D	Kommentar
1	Problemlösungsplan: Training für das gesamte Prozessteam	H.P.														
2	Identifizierung und abstellen aller Probleme und nötigen Korrekturmaßnahmen	M.E.														Jeder soll mindestens eine Problemlösung leiten
3	Prozessfähigkeit der Beschichtungsanlage erhöhen	F.N.														Six Sigma GB
4	Installation einer automatisierten Prüfstation	B.E.														Ingenieurwesen
5	Neue Zerspanungsanlage qualifizieren	M.F.														Six Sigma BB
6	Erhöhung der Kapazität der Verpackungsanlage	T.W.														Six Sigma GB
7	Etikettiersystem automatisieren (um Fehler bei der manuellen Eingabe zu reduzieren)	S.E.														Six Sigma BB
8	Wertstromanalyse und Maßnahmen zur Verringerung der Durchlaufzeit	J.S														
10	Neuen Wartungsplan zwischen Prozessteam und Instandhaltung vereinbaren	T.H.														

Können die Maßnahmen im vorgesehen Zeitrahmen abgeschlossen werden?

Im Plan
Verzug
Nicht gestartet
PLAN

Hindernisse und Schwierigkeiten

Was	Gegenmaßnahme	Wann	Wer
Zu wenig Personal für Produktion, Verbesserung und Teilnahme an Training	Personal von Zeitarbeitsfirma	März ✓	F.N.
Neu eingeführte Produkte erfüllen nicht die Anforderungen der Produktion	Ablauf und Kriterien für Abnahme zwischen Entwicklungsprozess und Produktionsprozess festlegen	Juni	J.S
Produktionsausfälle aufgrund von Anlagenstörungen	Erneuerungs- und Investitionsplan mit Ingenieurwesen erarbeiten.	August	T.H.
Produktionsausfälle aufgrund von Anlagenstörungen	Strategie zur vorausschauenden Wartung verbessern	September	M.E.

Bild 4.6 A3-Prozessbericht

Problemlösungsbericht noch verschiedene andere A3-Varianten im Einsatz, zum Beispiel einen Projektstatusbericht oder ein Strategie-A3 (Shook 2009). Leicht abgewandelt ergibt sich daraus der A3-Prozessbericht, wie er in Bild 4.6 zu sehen ist. Immer wenn das Prozessteam oder der Prozessbesitzer Auskunft über den Prozess geben müssen, kommt er zum Einsatz.

Jeder, der sich in die A3-Systematik eingearbeitet hat, kann den Status des Prozesses wiedergeben und die üblicherweise auftretenden Fragen damit beantworten. Was sind die Ziele des Prozesses, wo steht er heute, welche Maßnahmen sind für das laufende Jahr geplant, welche Maßnahmen aus dem letzten Jahr laufen noch, welche Schwierigkeiten treten auf und behindern den Fortschritt?

Solche Fragen müssen immer dann beantwortet werden, wenn Investitionen in den Prozess gerechtfertigt werden sollen oder wenn Unterstützung vom Steuerkreis benötigt wird, weil sich Probleme auf der Prozessebene nicht lösen lassen. Der Bericht stellt alle Fakten dar und ermöglicht eine standardisierte Kommunikation, ohne eine aufwendige Präsentation vorzubereiten. Die Systematik soll aber nicht missverstanden werden. Sie stellt keinen Weg dar, identifizierte Probleme nach oben zu delegieren. Es entspricht vielmehr der Philosophie des Prozessmanagements, dass gleich Gegenmaßnahmen geplant und in den Bericht eingetragen werden. Und nur, wenn das Prozessteam die Lösung nicht selber herbeiführen kann, wendet es sich an den Steuerkreis. Die Unterstützung ist gewiss, wenn die Geschichte, die durch den A3-Bericht erzählt wird, auch überzeugt.

HINWEIS: Der A3-Bericht stellt alle Fakten dar und ermöglicht eine standardisierte Kommunikation. Zudem strukturiert er das Prozessteam.

Die zweite Funktion ist die Strukturierung des Prozessteams. Da der A3-Bericht bei jeder Sitzung des Prozessteams aktualisiert wird, behält es die Leistungen des Prozesses und die Fortschritte der geplanten Maßnahmen ständig im Auge. Der Prozessbesitzer trägt alle Maßnahmen, die im Hoshin-Kanri-Prozess geplant wurden, in seinen Bericht ein und die Verantwortlichen für die einzelnen Maßnahmen berichten über den Fortschritt. Die Indikatoren zeigen an, ob sich der Prozess in die richtige Richtung bewegt oder ob weitere Korrekturmaßnahmen notwendig sind. Sind die Maßnahmen komplexer, so stellen die Verantwortlichen einen detaillierteren Plan auf. Hierfür kommt ein Ganttchart in Frage (siehe Werkzeug 1).

Für jeden Indikator wird ein Besitzer festgelegt, der die Zahlen für die Sitzungen des Prozessteams vorbereitet. Nach den Treffen wird das aktualisierte A3 an alle Mitarbeiter im Prozess verteilt. Idealerweise wird es in einem Konferenzraum, in dem sich das Team immer trifft, im Großraumbüro oder in der Fertigung an Stellwänden ausgehängt. Somit bleibt der Status des Prozesses jederzeit gegenwärtig und man muss die Datei nicht erst lange im Computer suchen. Der Bereich, in dem das A3 ausgehängt ist, eignet sich auch hervorragend als Treffpunkt, wenn sich eine kleinere Gruppe zum Beispiel über Korrekturmaßnahmen oder die nächsten Verbesserungsschritte unterhalten möchte. Das A3 dient auch ganz generell der internen Kommunikation, wenn zum Beispiel Prozesskunden und Lieferanten miteinander sprechen oder beim Einarbeiten neuer Mitarbeiter.

Werkzeug 9: A3-Prozessbericht

1. Tragen Sie im rechten oberen Bereich des A3-Berichts **den Namen des Prozesses** und den **Anwendungsbereich** ein. Dies kann zum Beispiel „Entwickeln neuer Produkte“, „Erfüllen von Kundenaufträgen“, „Beantworten von Kundenreklamationen einschließlich der Beseitigung der Ursachen“ sein. Bezieht sich der Anwendungsbereich nicht auf das gesamte Unternehmen, sondern auf einen Teilbereich, so fügen Sie diese Einschränkung mit an, z. B. „für die Produktgruppe A“, „für Kunden aus der Region B“ oder „in der Niederlassung C“. Der Anwendungsbereich wurde bereits formuliert und im Werkzeug Nummer 3: Turtle-Diagramm verwendet.
2. Im Feld darunter beschreiben Sie die **strategischen Ziele** des Prozesses. Das sind diejenigen Ziele aus der strategischen Planung, die für diesen Prozess relevant sind. Beschreiben Sie diese Ziele nicht zu abstrakt, sondern formulieren Sie plastisch, sodass man sich den wünschenswerten Zustand des Prozesses vorstellen kann. Formulieren Sie für den Auftragsabwicklungsprozess beispielsweise, dass die Reaktionszeit auf Kundenanfragen und der Anteil zu spät gelieferter Aufträge reduziert werden sollen, dass eine neue Software zur Verwaltung der Kundendaten und offenen Anfragen eingeführt werden soll und dass ein Trainingsprogramm für alle Mitarbeiter durchgeführt wird. Wenn Sie hingegen schreiben, dass die Kundenzufriedenheit gesteigert werden soll, lässt sich nicht erkennen, in welche Richtung es gehen wird. Als Nächstes formulieren Sie, was konkret im laufenden Planungszyklus erreicht werden soll und wie sie dieses messen wollen.
3. In das nächste Feld tragen Sie die für den Prozess festgelegten **Indikatoren** ein und geben den aktuellen Status und den Trend an. Am besten sind dafür Trendkarten geeignet. Es kann aber auch eine Reihe von numerischen Ergebnissen für die ausgewählten Indikatoren sein. Vergessen Sie nicht, den Zielwert zu nennen, um jederzeit schnell erfassen zu können, ob sich der Prozess auf das Ziel zubewegt und wie groß die Lücke noch ist, die überwunden werden soll.
4. In das untere linke Feld tragen sie **die Analyse der derzeitigen Situation** ein. Was war in den letzten Jahren schwierig und führte zu Problemen? Welche Maßnahmen wurden bereits umgesetzt, um die Probleme zu beseitigen und welche sind noch offen? Erläutern Sie auch, welche Verbesserungen durchgeführt wurden, welche **Stärken und Schwächen** der Prozess hat, welche Fehler wiederholt auftreten und was die Ursachen dafür sind und welche Erwartungen die externen oder internen Kunden haben. Die Analyse der Situation soll eine schlüssige Begründung für die angestrebten Ziele ergeben.

5. Jetzt dringen Sie zum Kern des A3-Berichts vor: dem **Maßnahmenplan.** Das Prozessteam beschreibt, welche Maßnahmen es durchführen möchte, und trägt sie mit **Meilensteinen** und **Verantwortungen** in das entsprechende Feld ein. Durch diese Maßnahmen sollen die Prozessziele erreicht werden. Die Meilensteine definieren eine klar festgelegte und bewertbare Situation und das Erreichen einer solchen Marke zeigt die Umsetzung einer Maßnahme an, während die Indikatoren die Wirksamkeit der entsprechenden Maßnahme angeben.
6. Hinter den einzelnen Maßnahmen können sich teilweise komplexe Projekte verstecken, wie zum Beispiel Einführen einer neuen Fertigungsanlage, Steigerung des Auslandsumsatzes, Einstellen von Mitarbeitern mit besonderen Kenntnissen oder Beseitigung der Wiederholfehler. Daher werden im A3 nur die **Zuständigkeiten,** der Status, der zeitliche Verlauf und die Meilensteine zusammengefasst. Die **Verantwortlichen** für die einzelnen Maßnahmen haben weitere detaillierte Pläne.
7. Der A3-Bericht wird nicht zur einmaligen Prozessplanung verwendet, sondern ständig **aktualisiert**. Bei den regelmäßigen Treffen des Prozessteams gibt er eine klare Struktur vor. Die Verantwortlichen geben Auskunft über den **Stand der Maßnahmen.** Zur schnellen Einschätzung wird der Status farbig markiert. Grün bedeutet, dass die Maßnahmen wie geplant umgesetzt werden konnten. Gelb bedeutet, dass die Maßnahmen nicht ganz nach Plan laufen, aber der nächste Meilenstein nicht gefährdet ist. Rot bedeutet schließlich, dass weitere Ressourcen benötigt werden oder ein Eingreifen notwendig wird, um den nächsten Meilenstein zu erreichen.
8. Nachdem die Durchführung der Maßnahmen auf den Sitzungen des Prozessteams besprochen wurde, wird bewertet, ob sie auch erfolgreich waren. Dabei hilft ein **Blick auf die Indikatoren.** Hier wird wieder mit Farben gearbeitet. Grün bedeutet, dass sich der Indikator wie geplant entwickelt hat. Gelb zeigt an, dass sich der Indikator in die geplante Richtung entwickelt hat, aber noch hinter dem Ziel liegt, und Rot zeigt an, dass der Indikator unter dem festgelegten Standard liegt.
9. Anhand der **Farbkodierung** können Sie erkennen, ob weitere Maßnahmen notwendig sind. Beginnen Sie mit den roten Maßnahmen. Hier ist es wichtig, über auftretende Widerstände zu sprechen, denn Veränderungen rufen auch Widerstände oder Streit um Ressourcen hervor. Benennen Sie diese Widerstände und versuchen Sie, sie aus dem Weg zu räumen. Tragen Sie die auftretenden Widerstände mit der entsprechenden Gegenstrategie in das Feld **Hindernisse und Schwierigkeiten** ein. Gelingt es dem Prozessteam nicht, diese Widerstände zu beseitigen, so spricht der Prozessbesitzer dieses im Steuerkreis an.

10. Liegen die Maßnahmen im grünen Bereich, die Prozessindikatoren jedoch nicht, so bedeutet dies, dass der Plan nicht ausreicht, um die Ziele zu erreichen. Jetzt müssen Sie **zusätzliche Maßnahmen** ins Auge fassen, die wiederum in den A3-Bericht eingetragen werden und fortlaufend mit den bisherigen bewertet werden. Jetzt lohnt sich auch ein Blick auf den Ideenspeicher. Eventuell schlummert hier eine Verbesserungsidee, die sich nun umsetzen lässt.
11. Sind die Prozessindikatoren sogar rot, so sind **Korrekturmaßnahmen** notwendig. Denn rote Indikatoren signalisieren, dass der Prozess seine üblichen Leistungen nicht mehr bringt und hinter dem Standard zurückbleibt. Benennen Sie hierfür einen Verantwortlichen aus dem Prozessteam und beauftragen Sie ein Korrekturmaßnahmenteam. Tragen Sie die Maßnahmen in das Feld Hindernisse und Schwierigkeiten ein. Gehen Sie in gleicher Weise vor, wenn im Prozess größere **Fehlleistungen** auftreten, wenn Sie **Beschwerden oder Reklamationen** von internen oder externen Kunden erhalten oder wenn Sie nach der Durchführung von **Prozessaudits** Abweichungsberichte erhalten.

Eine Vorlage für einen A3-Prozessbericht steht Ihnen elektronisch zur Verfügung (Werkzeug_9_A3-Prozessbericht).

4.2.4 Verbesserung der Planung

Im letzten Abschnitt wurde beschrieben, wie der Prozessbesitzer regelmäßig seinen Prozess bewertet und entsprechend der vereinbarten Ziele steuert. Wäre das Unternehmen ein Maschinenwerk, die Planung fehlerfrei ausgeführt worden und hätte die Unternehmensleitung bei der Festlegung der Prioritäten alle auftretenden Einflussfaktoren vollständig berücksichtigt, so wäre sichergestellt, dass die Durchbruchziele auch wirklich erreicht werden und dass die festgelegte Strategie die Wettbewerbsposition des Unternehmens festigt. Da diese Bedingungen im realen Leben aber nicht gegeben sind, sollte der Steuerkreis fortlaufend überprüfen, ob sich das gesamte Unternehmen wie geplant entwickelt. Um dies zu tun, ist es allgemein üblich, die finanziellen Indikatoren wie Umsatz, Rentabilität, Kosten, Gewinn usw. zu bewerten. Liegt bei den finanziellen Indikatoren aber etwas im Argen, ist Alarmstimmung angesagt und es muss gehandelt werden.

HINWEIS: Die Prozessindikatoren können eine Schieflage des Unternehmens anzeigen, bevor es zu Auswirkungen bei den Finanzen kommt.

Die finanziellen Indikatoren geben aber nur Aufschluss, dass etwas nicht stimmt, sie verraten nicht, was es ist. Hier kommen die Prozessindikatoren ins Spiel. In der X-Matrix wurde festgelegt, welche Indikatoren anzeigen sollen, dass die Durchbruchziele erreicht werden. Bleiben die Indikatoren nun hinter den Erwartungen zurück, wird der Prozessbesitzer in den Steuerkreis eingeladen, falls er nicht ohnehin zu dieser Gruppe gehört, und erläutert anhand des A3-Berichts den Status des Prozesses. Da im A3-Bericht alle relevanten Informationen enthalten sind, kann als Nächstes entschieden werden, wie das Prozessteam am besten unterstützt werden kann.

Blieb zum Beispiel im letzten Quartal die Zahl der neugewonnenen Kunden hinter den Zielen zurück, der Umsatz mit neuen Produkten war geringer als geplant, es gab vermehrt Stillstandzeiten in der Produktion und die Kundenzufriedenheit ist gesunken, so lässt sich anhand der Prozessindikatoren erkennen, dass etwas nicht stimmt. Es kann korrigiert werden, bevor es zu finanziellen Einbußen kommt.

HINWEIS: Dem Programmleiter des Prozessmanagements kommt bei der Vorbereitung der Treffen des Steuerkreises eine entscheidende Rolle zu. Er bewertet die einzelnen Prozesse anhand des A3-Berichts im Vorfeld und entscheidet, welcher Prozess näher erläutert werden soll und wer hierfür zusätzlich eingeladen werden soll.

Sind alle Prozesse „grün“ und trotzdem geht die Strategie nicht auf und die finanziellen Ergebnisse stimmen nicht, so ist es angebracht, über den Planungsprozess als Ganzes nachzudenken. Wahrscheinlich wurden falsche Prioritäten gesetzt, die Maßnahmen, die in den einzelnen Prozessen geplant wurden, sind nicht wirksam oder der gesamte Planungsablauf ist nicht angemessen. Entsprechende Überlegungen sind in jedem Jahr angebracht, bevor der neue Planungsprozess startet, somit wird die Planung selbst Gegenstand der ständigen Verbesserung.

4.3 Nahtstellenvereinbarungen treffen

Als Nahtstelle wird die Stelle bezeichnet, an der der Lieferantenprozess seine Ergebnisse an den Kundenprozess übergibt. Diese Nahtstellen sind besonders kritische Punkte, da an ihnen häufig Informations-, Zeit- und Reibungsverluste auftreten. Wenn jedoch beide Prozessteams miteinander reden und eine Nahtstellenvereinbarung treffen, können diese Verluste vermieden und der Übergang optimiert werden.

HINWEIS: Informations-, Zeit- und Reibungsverluste an Nahtstellen können durch eine Nahtstellenvereinbarung verhindert werden.

Dadurch, dass der interne Lieferant die Anforderungen des Prozesskunden genau kennenlernt, können Missverständnisse und falsche Einschätzungen an der Nahtstelle vermieden werden. Sollen beispielsweise im Angebotsprozess die technische Machbarkeit bewertet und die internen Kosten durch das Produktionswerk kalkuliert werden, so ist es unter Umständen ratsam, die Anforderungen an Machbarkeitsprüfung und die Kalkulation genauer abzustimmen. Es muss beispielsweise entschieden werden, ob es besser ist, innerhalb von ein bis zwei Tagen eine grobe Abschätzung zu bekommen oder eine längere Dauer in Kauf zu nehmen und dafür eine exakte Kalkulation zu erhalten. Diese Frage kann nur die Vertriebsabteilung beantworten. Eventuell ist ein schneller Richtpreis ausreichend, um sich im Angebotsprozess gegen Mitbewerber zu behaupten, und eine genaue Kalkulation ist erst zu einem späteren Zeitpunkt notwendig. Es erscheint sinnvoll, sich darüber auszutauschen, mit welcher Güte und Geschwindigkeit die Kalkulation erstellt werden soll. Die intensive Kommunikation mit dem internen Kunden führt dazu, dass der Lieferant erfährt, auf welche Weise die Ergebnisse verarbeitet werden und worauf es besonders ankommt. Es muss nicht nur bekannt sein, welche und wie viele Ergebnisse vom internen oder externen Lieferantenprozess benötigt werden, sondern auch, wie sie beschaffen sein sollen.

Sind die Anforderungen bekannt und werden diese mit dem derzeitigen Status verglichen, so ergeben sich Abweichungen und ein entsprechender Handlungsbedarf. Ist dieser Bedarf bekannt, so können die Mitarbeiter des Lieferantenprozesses und des Kundenprozesses gemeinsame Ziele vereinbaren und Maßnahmen planen, um die Abweichungen zu beseitigen.

Da dieser Vorgang Ähnlichkeit mit dem Zielplanungsprozess hat, wird er von manchen Autoren auch horizontaler Zielplanungsprozess genannt (Hummel/Malorny 2012, S. 29 ff.). Die Bezeichnung begründet sich darauf, dass der Wertschöpfungsprozess üblicherweise vom Lieferanten zum Kunden horizontal dargestellt wird, während ein Organigramm vertikal aufgebaut ist und die konventionelle Zielplanung über die Hierarchieebenen vertikal von der Spitze bis zur Umsetzungsebene verläuft. Dies bedeutet, dass der Prozessbesitzer beide Planungsrichtungen ausbalancieren muss, wenn er Maßnahmenpläne für die jährliche Zielplanung aufstellt. Die Nahtstellenvereinbarungen sind somit ein fester Bestandteil des Hoshin-Kanri-Prozesses.

Um die Vereinbarung in der Praxis zu treffen, kommen die Prozessteams aus beiden betroffenen Prozessen zusammen, um über die Anforderungen zu sprechen. Besteht bereits eine Vereinbarung, so muss nicht immer wieder von neuem begonnen werden, sondern die bestehende Vereinbarung wird lediglich dahingehend bewertet, ob sie noch angemessen ist. Bild 4.7 zeigt ein Beispiel für eine Nahtstellenvereinbarung.

Da die Prozesse letztendlich auf die externen Kunden ausgerichtet sein sollen, werden zunächst die Anforderungen der externen Kunden ermittelt und von Prozess zu Prozess und von Teilprozess zu Teilprozess weitergegeben. Das Unternehmen fokussiert somit auf die Tätigkeiten, die zur Wertschöpfung für die Kunden beitragen. Die Tätigkeiten, die nicht wertschöpfend sind, können entfallen oder werden zumindest minimiert, falls sie aus anderen Gründen doch benötigt werden sollten. Hat ein Kundenprozess mehrere Lieferantenprozesse, so gibt es auch mehrere Vereinbarungen und somit mehrere Treffen zwischen den verschiedenen Prozessteams. Um diese Gruppentreffen möglichst effi-

Nahtstellenvereinbarung Datum: 12.07.2015, Ausgabe 2					
Lieferantenprozess: Vertriebsprozess			**Kundenprozess: Reklamationsprozess**		
Nr.	Eingabe in den Kundenprozess	Anforderung	Wichtigkeit	Erfüllung	Maßnahmen
1	Problembeschreibung	Vollständige Beschreibung: was, wo, wann, wie viel. Verständlich mit Messwerten oder genauer Charakterisierung. Fotos	3	2	Kundenbesuche zur genauen Problembeschreibung. Regeln erlassen, wann der Vertriebsmitarbeiter, wann der technische Service und wann ein Produktionsmitarbeiter den Kunden besucht
2	Reklamationsmuster	Sollen den beschriebenen Fehler deutlich zeigen. Mehrere Muster, um Untersuchungen durchführen zu können	3	2	Siehe 1
3	Chargennummer	Die genaue Nummer, die auf dem Produkt und auf der Versandverpackung steht	3	2	Versandverpackung mit abziehbarem Rücksendeetikett und Hinweistext versehen
4	Teilenummer	Zur Identifikation des betroffenen Teils	3	4	
5	Spezielle Kundenforderungen	Insbesondere Forderungen nach Ersatzlieferung, Zusendung eines Problemberichts, Besuch des Produktionswerks des Kunden	2	3	Ja/Nein-Ankreuzfelder im Reklamationssystem
6	Ansprechpartner beim Kunden	Mit Telefonnummer oder E-Mail für Rückfragen	2	2	Pflichtfeld im Reklamationssystem
7	Betroffene Stückzahl	Wie viele Produkte wurden geliefert, wie viele davon sind betroffen?	2	2	Formular für telefonische Rückfragen oder Kundenbesuch. Reklamationskoordinator
8	Bestellnummer des Kunden	Notwendig, um die Gutschrift zuzuordnen	1	1	Formular für telefonische Rückfragen oder Kundenbesuch. Reklamationskoordinator
9	Kundenadresse	Genaue Post- oder E-Mail-Adresse zur Zusendung des Problemberichts	1	4	
10	Rücksendung der betroffenen Charge	Notwendig, um die Reklamation abschließend zu behandeln und die Gutschrift zu erteilen	1	2	Ohne Bestätigung der Rücksendung keine Gutschrift, Blockierung im Zahlungssystem
	...				

Bild 4.7 Nahtstellenvereinbarung

zient zu gestalten, sollte der Kundenprozess die verschiedenen Eingaben bereits vor den Treffen der Wichtigkeit nach ordnen.

Die einzelnen Eingaben wurden bereits im Turtle-Diagramm und im Ablaufdiagramm identifiziert und müssen eventuell weiter aufgeteilt werden, um sinnvolle Anforderungen vereinbaren zu können. So kann beispielsweise der Eintrag „Technische Unterlagen" aus dem Ablaufdiagramm weiter detailliert werden in „Spezifikationen", „Technische Datenblätter" oder „Gebrauchsanweisung" usw. Das Datenpaket zur Produkteinführung lässt sich z. B. weiter in „Preistabellen", „Werbemaßnahmenplan", „Produktunterlagen" usw. aufteilen.

Die Einschätzung wird dem Lieferantenprozess mitgeteilt und sollte die Einschätzung des Kundenprozesses nicht der Wahrnehmung der Vertreter des Lieferantenprozesses entsprechen, so ergibt sich hieraus bereits der erste Klärungsbedarf. Eventuell lassen sich bereits aufgrund dieser Erkenntnis Verbesserungsmaßnahmen planen. Im nächsten Schritt erläutern die Prozesskunden, welche Anforderungen an die einzelnen Eingaben bestehen. Da es nicht ganz einfach ist, sinnvolle Anforderungen zu definieren, wenn man einfach nur in einem Team zusammensitzt und auf eine Tabelle blickt, sollen hier ein paar Kriterien zur Bewertung vorgegeben werden.

Anforderungen bestehen in der Regel für die Bereiche Beschaffenheit, Menge, Pünktlichkeit und Reaktionsbereitschaft. Um emotionale Diskussionen und subjektive Verzerrungen zu vermeiden, sollte sich der Erfüllungsgrad, wo immer es möglich ist, auf messbare Indikatoren stützen oder durch Beispiele untermauern lassen. Sind keine messbaren Größen definiert, so bietet es sich an, zunächst die eher subjektive Zufriedenheitsäußerung des Prozesskunden anzuerkennen und entsprechende Indikatoren für die Zukunft festzulegen. Diese Indikatoren werden eine Weile ermittelt, um Klarheit zu gewinnen und dann die Vereinbarung abzuschließen. Die spezielle Messung per Indikator ist nicht für alle Eingaben machbar und sinnvoll, jedoch für die wichtigsten ein bis drei dringend anzuraten. Im beschriebenen Kalkulationsbeispiel könnte der Prozessindikator zum Beispiel die durchschnittliche Kalkulationsdauer sein, so lässt sich die Einhaltung der Schnittstellenvereinbarung quantitativ beurteilen und überwachen. Der Prozessindikator kann auch eine notwendige Prozessverbesserung oder den zusätzlichen Bedarf an Ressourcen anzeigen. Solche Indikatoren werden also zu wichtigen Steuerungsgröße für den Lieferantenprozess.

HINWEIS: Es besteht das klare Ziel für jeden Prozessbesitzer, mindestens zwei Nahtstellenvereinbarungen abzuschließen: eine mit dem Prozesslieferanten und eine mit dem Prozesskunden. Gibt es mehrere Prozesskunden und Lieferanten, so gibt es auch dementsprechend mehrere Vereinbarungen. ■

Die Vereinbarungen mit den Kunden sind die wichtigeren, da der Prozessbesitzer seinen Prozess an diesen ausrichten, einen Maßnahmenplan erstellen und umsetzen muss. Hat er aber erst einmal die Vereinbarung auf der Kundenseite getroffen, so wird es schnell offensichtlich, dass auch die Anforderungen an die Eingaben auf der anderen Seite des Prozesses klar sein müssen. Sonst ist es kaum möglich, die richtigen Ergebnisse zu erzeugen und weiterzugeben.

Wird der Ansatz der internen Vereinbarungen konsequent verfolgt, ist das gesamte Unternehmen in kurzer Zeit auf den externen Kunden ausgerichtet. Daher müssen die Anforderungen der externen Kunden erst einmal klar sein, um sie intern weitergeben zu können.

Liefert das Unternehmen an Industriekunden nach Auftrag, so sind die Anforderungen in Lastenheften, Verträgen oder ähnlichen Unterlagen festgehalten. Die Außendienstmitarbeiter können außerdem in direkten Kundengesprächen weitere Informationen über Anforderungen an die nicht materiellen Ergebnisse sammeln und Ansatzpunkte zur Verbesserung finden. So vorbereitet übernehmen sie die Rolle des Kunden in den internen Schnittstellenvereinbarungen.

Stellt das Unternehmen jedoch Konsumgüter her oder beliefert es einen größeren Markt mit standardisierten Produkten, so gibt es verschiedene Verfahren, um die Kundenzufriedenheit mittels Fragebogen oder standardisiertem Interview zu messen. Die Ergebnisse sind jedoch mit Vorsicht zu genießen. Zufriedenheitsbefragungen zielen zumeist auf eine generelle Zufriedenheit mit der Lieferleistung oder versuchen, Anhaltspunkte für die Kundenbindung zu ermitteln. Für das Prozessmanagement sind jedoch Informationen über spezielle Kundenanforderungen und deren Erfüllungsgrad notwendig. Hierauf sollte beim Entwurf eines Fragebogens oder bei der Auswahl der geeigneten Methode zur Datenerhebung geachtet werden. In Frage kommen grundsätzlich multiattributive Befragungsmethoden, bei denen gezielt nach verschiedenen Kriterien gefragt wird und zwar getrennt nach Zufriedenheit und Bedeutung.[5]

Wird beispielsweise nach der Zufriedenheit mit dem monatlich erscheinenden Kundenmagazin gefragt, so sagt das noch lange nichts über die Wichtigkeit aus. Eventuell ist der Kunde hoch zufrieden mit dem Magazin, es ist aber nur mittel wichtig für die Kaufentscheidung.

Werkzeug 10: Nahtstellenvereinbarung

1. Vereinbaren Sie mindestens zwei Termine zwischen den Prozessteams des Kundenprozesses und des Lieferantenprozesses. Während des ersten Termins werden die **Anforderungen** an den Prozess und der **Erfüllungsgrad** besprochen. Während des zweiten Termins werden der Maßnahmenplan des Lieferantenprozesses erläutert und die Vereinbarung unterschrieben. Halten Sie den Rahmenplan des Hoshin Kanri ein, da Maßnahmenpläne fertig werden müssen.
2. Laden Sie das **Prozessteam des Kundenprozesses** und des Lieferantenprozesses zu einem gemeinsamen Treffen ein, um die Anforderungen für die einzelnen Eingaben in den Kundenprozess festzulegen. Der Prozessbesitzer des **Kundenprozesses übernimmt die Moderation** oder bestimmt jemanden, um diese Aufgabe zu übernehmen.

---

5 Diese Art der Befragung wird beispielsweise in der Befragungsmethode Servqual benutzt, die zur Bewertung von Dienstleistungsqualität entwickelt wurde (Parasuraman/Zeithaml/Berry 1988). Weitere Hinweise zur Messung von Kundenzufriedenheit in kompakter Form finden sich in Meister/Meister 2010.

3. Zur Vorbereitung analysiert der Kundenprozess sein Ablaufdiagramm und überträgt die einzelnen Eingaben in die entsprechende Spalte des **Nahtstellenformulars**. Dabei werden nur die Eingaben berücksichtigt, die auch von dem Prozess geliefert werden, der an dem geplanten Treffen teilnimmt. Stellen Sie sich die Frage, ob die einzelnen Eingaben im Ablaufdiagramm genau genug beschrieben wurden. Immer wenn es verschiedene **Anforderungen** an Teile der Eingaben gibt, dann müssen sie weiter aufgeteilt werden. Dies gilt insbesondere, wenn die Wichtigkeit der verschiedenen Teile unterschiedlich eingestuft wird. Steht im Ablaufdiagramm zum Beispiel „Technische Unterlagen", so kann es notwendig sein, dieses weiter in „Spezifikationen", „Technische Datenblätter" und „Betriebsanweisung" aufzuteilen. Eventuell ist die Spezifikation besonders wichtig und muss bereits zu Beginn eines neuen Projekts vorliegen, die Gebrauchsanweisung ist aber weniger wichtig und kann später geliefert werden. Dafür ist es hier von Bedeutung, dass vor der Übergabe alle festgelegten Genehmigungen vorliegen.
4. Legen Sie nun die **Anforderung pro Eingabe** fest und tragen Sie sie in die entsprechende Spalte ein. Ordnen Sie alle Eingaben entsprechend der **Wichtigkeit** für den eigenen Prozess, sodass die wichtigste Eingabe im Formular ganz oben steht.
5. Bewerten Sie jetzt den **Erfüllungsgrad** pro Anforderung und fügen Sie ihn in das Formular ein. Erfüllungsgrad eins bedeutet, die Anforderungen werden nicht erfüllt und dem Kundenprozess ist es nicht möglich, die Anforderungen gegenüber dem eigenen Kunden zu erfüllen. Erfüllungsgrad zwei bedeutet, die Anforderungen werden nicht erfüllt und dem Kundenprozess ist es nur unter erhöhtem Ressourceneinsatz möglich, die Anforderungen gegenüber dem eigenen Kunden teilweise zu erfüllen. Erfüllungsgrad drei bedeutet, die Anforderungen werden nicht erfüllt und dem Kundenprozess ist es nur unter erhöhtem Ressourceneinsatz möglich, die Anforderungen gegenüber dem eigenen Kunden voll zu erfüllen. Eine Vier wird vergeben, wenn die Anforderungen erfüllt werden. Mit Fünf wird schließlich bewertet, wenn die Anforderungen in einer Art erfüllt werden, die zusätzlichen Nutzen beim Kundenprozess erzeugt.
6. Überlegen Sie nun, ob es **Indikatoren** gibt, die den Erfüllungsgrad in der Bewertung anzeigen. Das kann zum Beispiel eine Tabelle sein, in der das Anfragedatum und das Lieferdatum bezüglich einer bestimmten Eingabe eingetragen werden. In Fertigungsprozessen können dies Ausschussquoten sein, die sich auf das eingesetzte Material zurückführen lassen. Finden sich keine Indikatoren, so sollten einzelne **Beispiele** zur Veranschaulichung herausgesucht werden. Solche Indikatoren und Beispiele helfen bei der Argumentation und nehmen die Emotionen aus der Diskussion. Dies ist besonders wichtig bei den Er-

füllungsgraden eins bis drei, kann aber auch für vier und fünf sinnvoll sein, wenn es um die positive Prozessentwicklung und ständige Verbesserung geht.

7. Übergeben Sie die so vorbereitete Tabelle an den Lieferantenprozess zur Unterstützung für dessen Vorbereitung weiter. In vielen Fällen werden die Vertreter des Lieferantenprozesses keine Vorstellungen von der Wichtigkeit und dem Erfüllungsgrad der einzelnen Eingaben haben. An dieser Stelle wird es bereits die ersten Aha-Erlebnisse geben. Entspricht die Rangfolge der Wichtigkeit nicht der Wahrnehmung der Vertreter des Lieferantenprozesses, so ergibt sich hieraus der erste **Klärungsbedarf**. Eventuell lassen sich bereits aufgrund dieser Erkenntnis **Verbesserungsmaßnahmen** planen. Der Lieferantenprozess ändert nicht die Nahtstellenvereinbarung, sondern fügt die Beobachtungen in die Bemerkungsspalte ein. Genauso wird verfahren, wenn es unterschiedliche Einschätzungen des Erfüllungsgrads gibt. Die so vorbereitete Nahtstellenvereinbarung wird zur Vorbereitung zurück an den Kundenprozess gegeben und an alle Teilnehmer des Treffens verteilt.
8. Nach der Vorbereitung der Nahtstellenvereinbarung treffen sich beide Prozessteams wie vorher vereinbart zum Gespräch. Erläutern Sie zunächst die Einschätzung des Kundenteams. Danach ist das Lieferanteam an der Reihe und erläutert, wo es die Situation anders einschätzt. Besprechen Sie nun die **Abweichungen** und versuchen Sie, zu einem **Ausgleich** zu kommen. Am Ende dieses ersten Treffens liegt dann eine gemeinsame Einschätzung der Nahtstelle vor. Diese gemeinsame Einschätzung ist bereits der erste große Schritt auf dem Weg der **ständigen Verbesserung.** Nehmen Sie sich daher nicht zu viel vor und planen Sie eine entsprechend lange Zeit ein. Insbesondere, wenn es sich um die erste Nahtstellenvereinbarung handelt, wird das Gespräch einige Zeit in Anspruch nehmen und es ist auch nicht gewiss, ob es am Ende eine Einigung gibt. Haben sich die Gespräche festgefahren und liegen nicht genügend Beispiele oder Indikatoren vor, so ist es empfehlenswert, das Treffen zu vertagen und in der Zwischenzeit mehr Daten zu sammeln.
9. Legen Sie beim zweiten Treffen **Verbesserungsmaßnahmen** fest. Gehen Sie dabei je nach Wichtigkeit der Eingabe unterschiedlich vor. Die nach dem **Pareto-Prinzip** wenigen, wichtigen Eingaben erfordern andere Maßnahmen als die vielen anderen hilfreichen Eingaben. Bei den wichtigen wird besprochen, wie es möglich ist, mindestens einen Erfüllungsgrad vier zu erreichen. Bei den anderen Eingaben soll festgelegt werden, ob **Kompromisse** bezüglich der Anforderungen möglich sind oder ob diese ganz entfallen können, besonders wenn sie auf der Liste weiter unten stehen. Existiert bereits eine Nahtstellenvereinbarung und wird diese lediglich aktualisiert, so reicht vielleicht auch ein einzel-

nes Treffen aus. Allerdings haben Sie nun noch ein zusätzliches Thema auf der Agenda, nämlich die Bewertung der Maßnahmen, die beim letzten Treffen vereinbart wurden.

10. Nach der zweiten Besprechung stellen die Mitarbeiter des Lieferantenprozesses einen **Maßnahmenplan** auf. Sie sollten zunächst versuchen, nur die gegebenen Ressourcen einzusetzen, um die festgesetzten Maßnahmen durchzuführen. Sollte es notwendig sein, zusätzliche Ressourcen einzusetzen oder Investitionen zu tätigen, so leitet der Prozessbesitzer die notwendigen Genehmigungsverfahren ein und stimmt die Maßnahmen innerhalb des Hoshin-Kanri-Prozesses ab. Wurden etwas umfangreichere Maßnahmen vereinbart, dann sollte vereinbart werden, wie über den Fortschritt berichtet wird.

Eine Vorlage für eine Nahtstellenvereinbarung steht Ihnen elektronisch zur Verfügung (Werkzeug_10_Nahtstellenvereinbarung).

4.4 Prozessaudits durchführen

Im Abschnitt über die Prozessindikatoren wurde bereits beschrieben, dass der Autofahrer Tacho, Drehzahlmesser und Kilometerzähler benutzt, um den Wagen durch die Straßen zu lenken. Zusätzlich gibt es beim Auto aber noch eine Reihe von Warnleuchten, die anzeigen, wenn etwas grundsätzlich nicht stimmt. Zum Beispiel wird der Ladezustand der Batterie oder die Motor- bzw. Kühlwassertemperatur angezeigt. Außerdem sollte der verantwortungsvolle Fahrer eine Reihe von Pegelständen im Auge behalten. Er prüft, ob sich genug Öl, Kühlwasser, Bremsflüssigkeit und Spritzwasser in den entsprechenden Behältern befindet.

Auch beim Prozessmanagement benötigt man Warnlampen und muss regelmäßig einige Füllstände überprüfen. Diese Funktion übernehmen regelmäßig durchgeführte Prozessaudits. Nachdem alle Anforderungen an den Prozess klar identifiziert wurden, ist dies das geeignete Werkzeug, um Abweichungen zu erkennen und Verbesserungsmöglichkeiten aufzuzeigen.

HINWEIS: Ein Audit ist ein systematisches, unabhängiges und dokumentiertes Verfahren zur Erlangung von Nachweisen und deren Auswertung. Gegenstand eines Audits kann ein Produkt, ein Managementsystem oder ein Prozess sein:

- Bei einem Produktaudit wird untersucht, ob das entsprechende Produkt den festgelegten Spezifikationen und sonstigen Vorschriften genügt.

- Bei einem Systemaudit steht ein ganzes Managementsystem auf dem Prüfstand und es wird überprüft, ob dieses den Anforderungen bestimmter Gesetze, Normen oder ähnlicher Regelwerke entspricht[6].
- Im Rahmen des Prozessmanagements spielt das Prozessaudit eine entscheidende Rolle. Im Gegensatz zum Systemaudit konzentriert es sich auf ausgewählte Aspekte des ganzen Unternehmens, nämlich auf den jeweiligen Prozess. Hierbei wird nicht nur die Einhaltung der Vorschriften untersucht, sondern auch die Zweckmäßigkeit der eingesetzten Werkzeuge und die Möglichkeit zur Durchführung von Verbesserungsmaßnahmen. Die Ergebnisse dieser Untersuchung werden in einem Bericht zusammengefasst und an den Prozessbesitzer, den Programmleiter und weitere interessierte Kreise geleitet.

Da ein Audit keine subjektive Beurteilung sein sollte, wird eine klare Definition benötigt, welche Kriterien beurteilt werden sollen. Dafür hat es sich als praktisch erwiesen, eine Checkliste mit Anforderungen zu erstellen. Wird diese Checkliste in Frageform formuliert, gibt sie gleichzeitig einen guten Leitfaden für den Auditor, also für denjenigen, der das Audit durchführt. Sie enthält allgemeine Anforderungen, die das Unternehmen an alle Prozesse stellt, wie zum Beispiel: Trifft sich das Prozessteam regelmäßig? Hat das Prozessteam Indikatoren festgelegt? Entspricht der Trainingstand bezüglich des Prozessmanagements den Vorgaben des Steuerkreises? Werden Nahtstellenvereinbarungen getroffen? Eine detaillierte Übersicht zeigt das Bild 4.8.

Zu diesen allgemeinen Fragen gesellen sich noch weitere Fragen, die spezifisch für den jeweiligen Prozess sind. Die allgemeinen Fragen werden vom Programmleiter formuliert und die prozessspezifischen vom jeweiligen Prozessteam. Daraus ergibt sich also eine Auditcheckliste pro Prozess. Um die zügige Fertigstellung und einen einheitlichen Standard zu gewährleisten, übernimmt der Programmleiter die Führung bei der Erstellung.

In den meisten Unternehmen gibt es bereits Audits im Qualitäts- oder Umweltmanagement und auch die Prüfungen, die durch die Innenrevision durchgeführt werden, können als Audits bezeichnet werden. Um die Organisation nicht zu überlasten und Synergien auszuschöpfen, sollten alle diese Auditsysteme harmonisiert werden.

Bei Systemaudits und der Überprüfung komplexer Regelwerke ist die Verwendung von Checklisten nicht mehr die gängige Praxis ist. Dies liegt darin begründet, dass sich der Auditor an den Abläufen des Unternehmens und nicht an der Checkliste orientieren soll. Bei festgestellten Risiken soll der entsprechende Bereich vertieft behandelt werden und ein anderer Bereich muss nur kurz gestreift werden, wenn er offensichtlich gut organisiert ist. Dieses Vorgehen erfordert jedoch, dass der Auditor die umfangreichen Kriterien auswendig kennt und diese sich nur wenig ändern. Außerdem macht es diese Art des Audits schwierig, prozessspezifische Details einzubinden und diese ständig den veränderten Prozessen anzupassen.

[6] Diese Fußnote ist für Birgitt, da man mit ihr so hervorragend über Fußnoten und sogar über die Verwendung des Konjunktivs sprechen kann.

Prozessaudit			
Prozess:			
Nr.	Anforderung	Bewertung	Kommentar
Infrastruktur und Prozessbeschreibung			
1	Wurden Prozessbesitzer ernannt und Prozessteams gebildet?	o.k.	
2	Treffen sich die Prozessteams regelmäßig und bewerten sie den Status des Prozesses?	A	Treffen nur gelegentlich.
3	Sind die erforderlichen Kompetenzen der Prozessteams festgelegt und wurden entsprechende Trainings und Entwicklungsmaßnahmen durchgeführt?	o.k.	
4	Stimmen das Turtle-Diagramm, der Ablaufplan und die Prozessstandards mit dem tatsächlichen Ablauf überein?	A	Eingaben im Turtle-Diagramm sind teilweise veraltet, das Ablaufdiagramm zeigt nicht die Kalkulation, die Freigabe und die Eingabe in das IT-System.
5	...		
Prozesslenkung			
6	Wurden Leistungsindikatoren, entsprechende Zielwerte, Normalwerte und Eingriffskriterien für den Prozess festgelegt?	A	Keine Eingriffskriterien.
7	Werden die Indikatoren regelmäßig bewertet und Korrekturmaßnahmen eingeleitet, wenn die Eingriffskriterien dieses fordern?	A	Keine Korrekturmaßnahmen, obwohl die Durchlaufzeit seit sechs Monaten länger als der Normalwert ist.
8	Wird ein A3-Bericht für den Prozess geführt und wurden Maßnahmen festgelegt?	+	Die Trendkarte wurde direkt in das A3 integriert.
9	Werden die Maßnahmen regelmäßig überprüft und Schwierigkeiten und Hindernisse identifiziert und behandelt?	o.k.	
10	Liegen Nahtstellenvereinbarungen mit dem Kundenprozess und dem Lieferantenprozess vor? Wurden Maßnahmen vereinbart und umgesetzt?	A	Die Maßnahmen aus der letzten Nahtstellenvereinbarung vor zehn Monaten wurden nicht in das A3 übernommen.
11	Werden regelmäßig Prozessaudits durchgeführt? Stammen die Auditoren aus dem Auditorenpool?	V	Es wird empfohlen, die Frequenz zu erhöhen, da etliche Abweichungen bestehen.
12	Werden Korrekturmaßnahmen durchgeführt, wenn sich Abweichungen von den festgelegten Standards ergeben? Werden Problemlösungspläne benutzt?	o.k.	
13	Wird die Wirksamkeit von Korrekturmaßnahmen überprüft und wird sie nachgewiesen?	o.k.	
	...		
Prozessverbesserung			
14	Werden Verbesserungsvorschläge im Ideenspeicher gesammelt und systematisch bewertet?	o.k.	
15	Wurde im letzten Jahr eine Wertstromanalyse durchgeführt und wurden die Ergebnisse in den Ideenspeicher übertragen?	V	Es wird empfohlen, einen Moderator aus der internen Prozessberatung hinzuzuziehen.
16	Werden Verbesserungsmaßnahmen systematisch umgesetzt?	o.k.	
17	Werden mögliche Six-Sigma-Projekte identifiziert und Vorschläge in vorläufigen Projektaufträgen dokumentiert?	o.k.	
	...		
Zusätzliche Forderungen			
	...		
Datum, Auditor:			

Bild 4.8 Auditcheckliste

Nach dem Audit wird ein abschließender Bericht verfasst. Dieser weist auf Abweichungen gegenüber den vorab in den Checklisten festgelegten Anforderungen hin und er macht Vorschläge für Verbesserungen. Alle positiv aufgefallenen Dinge gehören ebenfalls in den Bericht.

HINWEIS: Der Auditabschlussbericht stellt den Status des Prozesses dar.

Aus Zeitgründen oder Bequemlichkeit besteht erfahrungsgemäß die Tendenz, nur eine knappe Zusammenfassung der Schwachstellen zu geben. Es scheint leichter zu fallen, Dinge zu sehen und zu hören, die dem Auditor nicht gefallen, aber es ist weitaus schwieriger und erfordert mehr Überblick und Erfahrung, die Dinge wahrzunehmen, die gut laufen, oder die Maßnahmen zu sehen, die trotz ungünstiger Bedingungen umgesetzt wurden. Daher sollte es eine Berichtsvorlage geben, in der bereits die drei erwähnten Bereiche vorgegeben sind. Der Rest wird über die Auswahl und Qualifikation der Auditoren geregelt und sehr stark durch das Verhalten der Berichtsempfänger beeinflusst.

Bestehen die Empfänger auf den positiven Bemerkungen und der Einschätzung des Status und wird hierüber gesprochen, dann lässt sich ein positives und an der ständigen Verbesserung ausgerichtetes Klima schaffen. Geschieht dieses nicht, so kann es schnell passieren, dass Audits als Pflichtübung angesehen werden, nur halbherzig Maßnahmen eingeleitet werden und der Bericht möglichst schnell zu den Akten gelegt wird.

Noch besser als ein langer Bericht in Textform ist eine kurze und prägnante Berichtspräsentation, die sich auf die Schwerpunkte konzentriert. Das Ausfüllen einer Präsentationsvorlage ist auch für den Auditor einfacher und erleichtert das Besprechen der Ergebnisse im Prozessteam. Am rationellsten lassen sich die Audits allerdings durchführen, wenn die ausgefüllte Checkliste gleich den Bericht darstellt.

Außerdem muss noch geklärt werden, woher die Auditoren kommen sollen und was sie können müssen.

Grundsätzlich können die Audits von einer hierauf spezialisierten Abteilung oder durch externe Berater durchgeführt werden. Hierdurch lässt sich schnell ein hohes Niveau erreichen, aber andererseits werden viele Möglichkeiten des Lernens und der ständigen Verbesserung ausgeschlagen. Idealerweise stammen die Auditoren aus den Prozessteams und bilden einen Auditorenpool, der unternehmensweit eingesetzt werden kann. Die Prozessteams der größeren Prozesse sollen jeweils einen Auditor in den Pool entsenden und die Mitarbeiter entsprechend freistellen, um auch wirklich Audits durchführen zu können.

Um die entsprechende Qualifikation von internen Auditoren sicherzustellen, werden etliche externe Seminare angeboten. Die zusätzlichen, prozessmanagementspezifischen Kenntnisse stehen so oder so auf dem Trainingsplan aller Mitarbeiter in den Prozessteams. Dadurch, dass die verschiedenen Prozessteams sich gegenseitig auditieren, wird eine zusätzliche Möglichkeit des Lernens geschaffen. So wird in einem Audit nicht nur festgestellt, ob bestimmte Anforderungen umgesetzt wurden oder nicht, sondern es wird auch intensiv bewertet, wie an die einzelnen Anforderungen herangegangen wird. Dieses wiederum gibt wertvolle Anregungen für den eigenen Prozess.

Um möglichst unbefangen und unvoreingenommen an die Sache heranzugehen, sollte allerdings davon abgesehen werden, dass ein Vertreter des Kundenprozesses seinen eigenen Lieferantenprozess auditiert.

Der Programmleiter kümmert sich am besten um den Auditplan, die Qualifikation und den Einsatz der Auditoren. Gemeinsam mit dem Steuerkreis legt er fest, wie viele Audits pro Jahr durchgeführt werden. In größeren Unternehmen können diese Aufgaben an einen Mitarbeiter im Stab des Programmleiters oder eine andere Stelle, die bereits mit der Durchführung von Audits betraut ist, übergeben werden.

Werkzeug 11: Prozessaudit

1. Zunächst erstellt der Programmleiter einen **Auditplan,** aus dem hervorgeht, welcher Prozess zu welchem Zeitpunkt auditiert werden soll. Außerdem wird ein Fragenkatalog vorbereitet, der alle zu untersuchenden Vorgaben enthält. Das sind zunächst die Regelungen, die das Unternehmen allgemein zum Prozessmanagement erlassen hat. Dazu kommen generelle Festlegungen, die im gesamten Unternehmen gelten, und als Nächstes ergänzen die Prozessbesitzer Fragen, die ihren eigenen Prozess betreffen.
2. Stimmen Sie diesen **Fragenkatalog** mit den anderen Fachabteilungen ab, die ebenfalls interne Audits durchführen. Das können zum Beispiel die Abteilungen für Qualitätsmanagement, Umweltmanagement oder Arbeitssicherheit sein. Eventuell lassen sich die Audits auch gemeinsam durchführen und es kann ein gemeinsamer **Auditorenpool** genutzt werden. Auf jeden Fall sollten Sie auf bereits bestehende Erfahrungen mit diesem Werkzeug zurückgreifen und auf eine **Mindestqualifikation** für die Auditoren achten. Für eine entsprechende Qualifizierung gibt es ein umfangreiches Angebot an Weiterbildungsmaßnahmen.
3. Während des Audits untersucht der Auditor alle Fragenbereiche, die im Fragenkatalog behandelt werden. Dazu führt er **Interviews** mit Mitarbeitern aus dem Prozess und lässt sich **Unterlagen und Aufzeichnungen** zeigen. Die Fragen aus dem Katalog dienen dabei als Leitlinie und sind nicht dazu gedacht, wörtlich vorgelesen zu werden.
4. In der **Bemerkungsspalte** notiert der Auditor alles, was ihm **positiv und negativ** aufgefallen ist. Das heißt, er listet gute Beispiele auf, die auf andere Prozesse übertragen werden können. Außerdem gibt er **Empfehlungen** zur weiteren Verbesserung oder listet **Abweichungen** von den Vorgaben auf.
5. Um zu kennzeichnen, um welche Art des Kommentars es sich handelt, wird empfohlen, bestimmte **Kurzzeichen** wie zum Beispiel + (positiv), V (Empfehlung zur Verbesserung) und A (Abweichung) zu verwenden. Des Weiteren wird kurz notiert, auf welche Dokumente und Beobachtungen der Auditor sein Urteil stützt. Der Text sollte auf ein Minimum reduziert werden und kann handschriftlich direkt im Formular eingetragen werden.

6. Nachdem eine Frage aus dem Katalog erörtert wurde, entscheidet der Auditor, ob die Anforderungen erfüllt wurden oder nicht. Das **Ergebnis** wird direkt im Fragenkatalog in der Bewertungsspalte notiert. Je nach Vorliebe im Unternehmen kann dieses eine einfache Ja/Nein-Entscheidung sein oder der Auditor vergibt eine gewisse **Punktzahl.** Die Vergabe von Punkten und daraus das Ermitteln eines gesamten Erfüllungsgrads ist zwar sehr reizvoll, setzt aber einiges an Erfahrungen voraus. Einerseits müssen Sie Kriterien vorgeben, nach denen die Punktzahl ermittelt wird, und andererseits muss das Prozessmanagement bereits eine gewisse Reife erreicht haben, damit verschiedene Grade der Erfüllung überhaupt unterschieden werden können. Gerade am Anfang geht es erst einmal darum herauszufinden, ob die verschiedenen Maßnahmen und Werkzeuge überhaupt genutzt werden. Daher ist in der Realisierungsphase eine möglichst einfache und **robuste Vorgehensweise** zu empfehlen.
7. Der ausgefüllte Fragebogen dient zugleich als **Auditbericht.** Wenn er handschriftlich ausgefüllt wurde, kann er vielleicht auf einen Scanner gelegt werden, um ihn elektronisch weiterleiten und speichern zu können. Soll der Bericht nicht handschriftlich abgeschlossen werden, so wird empfohlen, die Übertragung ins Reine direkt nach dem Audit vorzunehmen. Auf jeden Fall wird der Bericht nach dem Audit mit dem Prozessbesitzer und dem Prozessteam besprochen. Der Auditor erläutert alle Beobachtungen, die er auch in den Bericht geschrieben hat.
8. Nach dem Audit wird der **Bericht an den Programmleiter,** an den **Prozessbesitzer** und an das **Prozessteam** geschickt. Der Programmleiter wertet insbesondere die Pluspunkte aus, die vom Auditor zur Übertragung auf andere Prozesse vorgeschlagen wurden. Aus dem Vergleich verschiedener Auditberichte kann er außerdem ablesen, wo das gesamte Prozessmanagement noch Schwachstellen hat und wo ein Eingreifen notwendig ist. Das Prozessteam bewertet die Empfehlungen zur Verbesserung und plant entsprechend Maßnahmen. Für alle Abweichungen leitet es Korrekturmaßnahmen ein.

Eine Vorlage für ein Prozessaudit steht Ihnen elektronisch zur Verfügung (Werkzeug_11_Prozessaudit).

Neben dem einfachen Audit, das die Prozesse auf Abweichungen und Verbesserungsmöglichkeiten hin untersucht, gibt es noch die Variante der Bewertung nach Reifegraden. Hierbei wird der Prozess anhand eines Modells analysiert und einem vorab festgelegten Reifegrad zugeordnet. Dazu wird ein Modell benutzt, das aus unterschiedlichen Bewertungskriterien besteht und in mehrere Stufen unterteilt ist. Bewertungskriterien können beispielsweise Führungsverhalten, Ermittlung der Kundenanforderungen oder Messung und Bewertung von Prozessen sein.

Die Bewertungskriterien haben pro Stufe unterschiedliche Ausprägungen. Die Einteilung für das Kriterium Messung und Bewertung könnte zum Beispiel wie folgt aussehen. Auf der ersten Stufe ist es lediglich erforderlich, Indikatoren für den Prozess festzulegen. Auf der zweiten Stufe wird gefordert, dass die Indikatoren nicht nur gelegentlich, sondern regelmäßig ermittelt und Trends analysiert werden. Die Ergebnisse werden im Prozessteam besprochen. Auf der obersten Stufe könnte es dann heißen, dass die Trends der Indikatoren herangezogen werden, um Korrekturmaßnahmen, Verbesserungsprojekte und Unternehmensziele zu planen. Nachdem die Ausprägungen pro Kriterium ermittelt wurden, ist es möglich, den Reifegrad des entsprechenden Prozesses zu bestimmen. Auf der höchsten Stufe bilden solche Modelle in der Regel das Ideal ab.

Das Ziel dieser Herangehensweise ist es, den Entwicklungsstatus einzelner Prozesse oder des gesamten Unternehmens herauszufinden. Der erreichte Fortschritt lässt sich so messen und insgesamt wird ein klarer Weg zum idealen Zustand hin aufgezeigt. Der Weg führt über mehrere Zwischenstufen, sodass immer klar ist, was als Nächstes getan werden muss. Das Verbesserungsmanagement profitiert auch von dieser Vorgehensweise, denn das nächste Potenzial sitzt zwischen dem derzeitigen Reifegrad und dem nächsten. Pro Bewertungskriterium wird sofort klar, in welche Richtung die Verbesserung gehen muss.

Beispiele für solche Reifegradmodelle sind die Qualitätspreise, die in vielen Ländern Unternehmen auszeichnen, die über exzellente Qualitätsmanagementsysteme verfügen. Die bekannteren sind der Deming Prize in Japan, der Malcom Baldrige National Quality Award (MBNQA) in USA oder der Excellence Award der European Foundation for Quality Management (EFQM). In Deutschland wird der Ludwig-Erhard-Preis auf Basis der Kriterien des EFQM vergeben[7]. Die ISO 15504 definiert ein Reifegradmodell für Prozesse der Softwareentwicklung und des IT-Service-Managements und schließlich gibt es eine Reihe von Modellen, die speziell für das Prozessmanagement entwickelt wurden (z. B. Schmelzer/Sesselmann 2013, S. 357 ff.).

In Fachkreisen wird das Arbeiten mit solchen Modellen – vom englischen Wort für Bewertung abgeleitet – Assessment genannt. Hiermit soll eine begriffliche Abgrenzung zum Audit geschaffen werden, bei dem es zumeist um eine erfüllte bzw. nicht erfüllte Aussage geht. Die Person, die ein Assessment durchführt, wird konsequenterweise nicht Auditor, sondern Assessor genannt. Der entscheidende Nachteil sticht auch sofort ins Auge: Man benötigt nicht nur Anforderungen, sondern es muss zunächst ein konsistentes Modell erarbeitet werden. Für große Unternehmen, in denen sich eine entsprechende Anzahl von Mitarbeitern dieser Aufgabe widmen kann, ist das zu leisten. Kleine und mittlere Unternehmen stoßen jedoch schnell an ihre Grenzen. Die Verantwortlichen selbst benötigen umfangreiche Kenntnisse und Erfahrungen, bevor sie ein Reifegradmodell entwickeln können, das die Belange des Unternehmens berücksichtigt. Da der Aufbau von Erfahrungen eine entsprechende Zeit benötigt, scheidet diese Herangehensweise zumindest in der Anfangsphase aus. Als Alternative kann man fertige Referenzmodelle einsetzen, die der Sachlage entsprechend allgemein sind und keine Rücksicht auf Besonderheiten nehmen können. Des Weiteren wird vom Assessor viel Erfahrung

---

[7] Siehe hierzu auch die Liste der empfohlenen Internetseiten unter dem Stichwort Qualitätsmanagement und Reifegradmodelle.

erwartet, da er nicht nur die Anforderungen auf Konformität überprüfen muss, sondern von ihm wird erwartet, dass er die Kriterien zwischen den Reifegradstufen abgrenzen kann. Um hierbei ein einigermaßen objektives Ergebnis zu erhalten, muss ein erheblicher Aufwand in die Kalibrierung der Assessoren gesteckt werden.

HINWEIS: Bei einem Audit werden die Verbesserungsvorschläge direkt aus den untersuchten Sachverhalten sozusagen während des Audits entwickelt. Beim Assessment steckt die Intelligenz bereits im vorgegebenen Modell.

So reizvoll und interessant ein Assessment nach Reifegradmodellen auch klingt, so kann es doch nicht für den Einstieg ins Prozessmanagement empfohlen werden. Es ist eher etwas für erfahrene Fachleute. Sollte ein größerer Konzern bereits an einem Standort oder in einem Geschäftsfeld Erfahrungen mit dem Prozessmanagement gesammelt haben und diese sollen standardisiert zu anderen Standorten und Geschäftsfeldern übertragen werden, so ist ein Reifegradmodell das Werkzeug der Wahl.

4.5 Korrekturmaßnahmen einleiten

Das Prozessteam beobachtet die Prozessindikatoren und setzt verschiedene Werkzeuge wie Nahtstellenvereinbarungen oder Prozessaudits ein, um Abweichungen von den Anforderungen an das Tageslicht zu fördern. Ist die Abweichung erst erkannt, ist sie auch schon halb beseitigt und der Normalzustand wiederhergestellt.

Häufig ist die Ursache einfach zu erkennen und kann leicht korrigiert werden. Für solche Fälle gibt es eine Reihe von erprobten Vorgehensweisen, die ohne die Anwendung umfangreicher Statistik oder ausgedehnter Versuchsplanung auskommen. Diese Vorgehensweisen sind für die Arbeit in Gruppen konzipiert und helfen bei der systematischen Problemlösung. Sie verhindern, dass nur die Symptome behandelt werden und dass vorschnell zu einer vermeintlichen Lösung gesprungen wird, ohne die Problemursache zu beseitigen.

Der Klassiker ist die Problemlösung nach C. Kepner und B. Tregoe. Beide hatten 1958 ein Beratungsunternehmen in Princeton, New Jersey gegründet, das sich aus psychologischer und soziologischer Perspektive auf Problemlösung und Entscheidungsanalysen spezialisiert hatte. Ein Punkt innerhalb ihrer Vorgehensweise ist die formale Beschreibung des Problems, um die systematische Analyse vorzubereiten (Kepner/Tregoe 1965).

Eine andere, weit verbreitete Vorgehensweise ist der 8D- oder Acht-Disziplinen-Bericht, den Automobillieferanten an ihre Kunden schicken müssen, um zu dokumentieren, dass Reklamationsursachen analysiert und behoben wurden.[8]

[8] Eine Vorlage mit Ausfüllanleitung ist auf der Internetseite des Verbands der deutschen Automobilindustrie (VDA) erhältlich. Siehe in Kapitel 7 unter empfohlene Internetseiten unter dem Stichwort VDA - QMC.

Aus dem Umfeld des japanischen Qualitätsmanagements ist beispielsweise das Ursache-Wirkungs-Diagramm oder die 5W-Methode bekannt. Das Ursache-Wirkungs-Diagramm dient der systematischen Auflistung potenzieller Problemursachen und die 5W-Methode ist eine Fragetechnik, die es erlaubt, bis zur Wurzel des Problems vorzustoßen.

Allein die Kenntnis dieser Werkzeuge führt jedoch noch nicht zur Problemlösung, sie müssen nämlich auch konsequent angewendet werden. Daher ist es notwendig, einen standardisierten Problemlösungsplan festzulegen und auf die Durchführung der festgelegten Schritte zu bestehen.

Das Arbeiten im Prozessteam und die Verwendung des A3-Berichts wurden weiter vorne in diesem Kapitel beschrieben. Sobald also das Vorliegen eines Problems signalisiert wird, ist es am Prozessbesitzer, ein Problemlösungsteam einzusetzen und sich regelmäßig über die Fortschritte zu informieren. Das Problem wird im A3-Bericht in die Rubrik Widerstände und Hindernisse eingetragen und mit Hilfe des standardisierten Problemlösungsplans verfolgt. Mit etwas Übung wird dieser Ablauf zum Reflex und ersetzt das althergebrachte Vorgehen, bei dem sich ein paar Freiwillige einem Problem annehmen, wenn sie gerade alle ihre anderen Aufgaben erledigt haben oder wenn das Problem nicht mehr zu ertragen ist.

Bei der Problemlösung durchläuft das Team die sechs Schritte, die im Bild 4.9 dargestellt werden, und füllt dabei schrittweise den standardisierten Problemlösungsplan (Bild 4.10) aus. Die sechs vorgeschlagenen Schritte bilden den gemeinsamen Kern der Vorgehensweisen und berücksichtigen die Erkenntnisse an den entsprechenden Stellen.

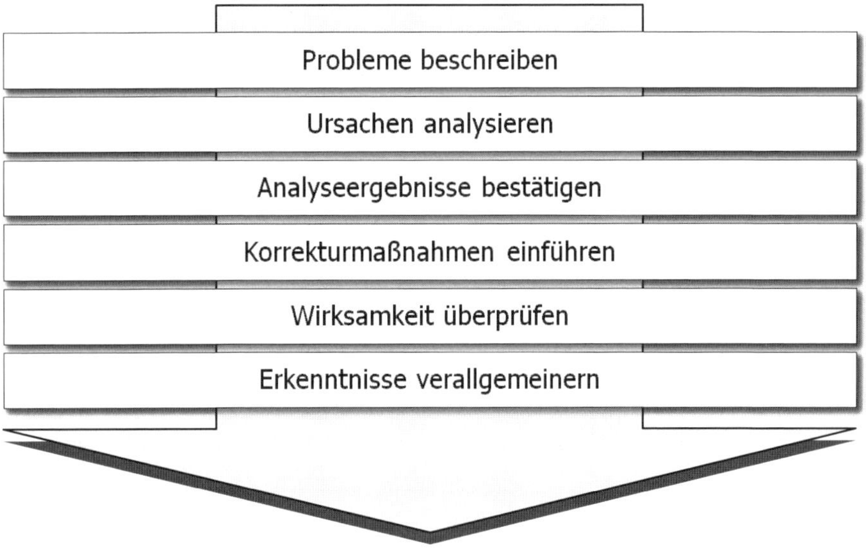

Bild 4.9 Problemlösungszyklus

Problemlösungsplan

(Teil) Prozess: Lackierprozess

Leiter Problemlösungsteam: G.G.

	Problembeschreibung	**Was ist?**	**Was ist nicht?**
1	Was ist? (Identität)	Orangenhaut nach Lackieren von Komponente A und B	Keine Laufnasen oder Fehlstellen, nicht an Komponente X, Y und Z
2	Wo? (Ort)	Auf der großen Frontfläche, bei Lackierstation 1	Nicht auf den Seitenflächen oder auf kleineren Flächen
3	Wann? (Zeit)	Seit Frühschicht KW 47	Nicht vorher
4	Wie viel? (Ausmaß)	20 % bis 60 % der Teile sind betroffen, in der zweiten Schicht wesentlich mehr	Nicht alle Teile sind betroffen, keine Muster für das Auftreten sind erkennbar

	Ursachenanalyse	**Ursache - Mensch**	**Ursache -Maschine**	**Ursache - Material**	**Ursache - Methode**
5	1. Warum	Im falschen Winkel lackiert	Zu schnelles Erstarren des Lackfilms	Zu niedrige Viskosität des Lackfilms	n.a.
6	2. Warum	Neuer Werker, nicht vollständig trainiert	Zu geringer Luftstrom und zu niedrige Temperatur	Zu hoher Additivanteil an Vernetzer	
7	3. Warum	Ungewöhnlich großer Abwesenheitsstand. Neue Werker lackieren ohne Abschluss des Trainings	Regeleinrichtung arbeitet nicht korrekt		
8	4. Warum	Stückzahl wird als wichtiger erachtet als Training	Neuer Luftfilter falsch dimensioniert		
9	5. Warum	Produktion ist an der Menge produzierter Teile orientiert, nicht an i.O.-Teile	Austausch bei Wartungsarbeiten KW 47		
10	Wenn-Dann-Test	Bestanden	Bestanden		
11	Bestätigung	Überprüfung der Trainingsaufzeichnungen	Austausch mit Filter aus Station 2	Abgelehnt, die gleichen Chargen funktionieren in den anderen Lackierzellen	

	Maßnahmenplan und Wirksamkeit	**Wer?**	**Bis wann?**	**Umsetzung**
12	Taktgeschwindigkeit absenken, wenn neue Mitarbeiter in den Lackierzellen arbeiten. Arbeitsanweisung und Lackierstandard entsprechend ändern	G.G	KW 47	◑
13	Zertifizierungsprogramm für Lackierarbeiten, Werker in anderen Positionen sollen eingesetzt werden können.	L.T.	KW 08	○
14	Prozessindikatoren werden geändert. Beim Durchsatz werden nur noch i.O.-Teile gezählt. Zusätzlich wird die Ausschussrate im A3 gelenkt und berichtet.	H.H.	KW 49	◕
15	Neuen Filtertyp standardisieren (alter ist nicht mehr verfügbar), Messen des Luftstroms und der Temperatur nach dem Filterwechsel als Standard	L.U.	KW 50	◔
16				
17				
18				
19				
20				

Verallgemeinern

	Ähnlichem Problem vorbeugen!	**Wiederauftreten erkennen!**	**Lässt sich die Lösung übertragen?**
21	Wartungspläne überprüfen, was soll gemessen werden, um die Funktionsfähigkeit sicherzustellen? (Ideenspeicher)	Erstes, lackiertes Werkstück wird vom Schichtführer/Meister freigegeben und verbleibt in der Lackierstation.	Zertifizierungsprozess, Indikatoren und Messen nach der Wartungsarbeit lassen sich auf andere Produktionsprozesse übertragen. Problemlösungsplan soll im Produktionsmeeting vorgestellt werden.
22	Welche anderen Tätigkeiten benötigen einen Zertifizierungsprozess/Ersatzpersonal? (Ideenspeicher)		
23			
24			
25			
26			
27			

Bild 4.10 Problemlösungsplan

Problem beschreiben

Zunächst arbeitet sich das Team erst einmal in die Materie ein und beschreibt das Problem so genau wie möglich. Dazu wird es in nur einem Satz formuliert. Ist das Problem nur vage umrissen und oberflächlich beschrieben, lohnt es sich gar nicht, dass sich das Team an die Ursachenanalyse macht. Heißt es beispielsweise „Dreck ist im Produkt", „die Kalkulation ist häufig zu ungenau", „Teil B ist zu kurz", „die Instandhaltung reagiert zu langsam" oder „die Mengenvorhersagen sind oft zu hoch", ist sofort klar, dass weitere Informationen benötigt werden. Das Problem sollte nicht nur anhand eines einzelnen Vorfalls beschrieben werden, sondern zur Ursachenanalyse ist die Kenntnis des Problemumfelds notwendig.

Es wird genauer charakterisiert, indem die Fragen nach dem Was, Wo, Wann, und Wie viel beantwortet werden. Dabei wird der Gegenstand nach Kepner und Tregoe einmal im positiven und einmal im negativen Sinn abgegrenzt. Was ist das Problem und was ist nicht das Problem? Ein Beispiel dazu zeigt Tabelle 4.2.

Tabelle 4.2 Problembeschreibung

	Ist	Ist Nicht
Was (Identität)	Lackfehlstellen am Gehäuse 1012	Keine Kratzer oder Lacknasen am Gehäuse 1015
Wo (Ort)	Zwischeninspektion, zufällige Verteilung auf der Oberfläche	Beim Zusammenbau, auf der Innenseite
Wann (Zeit)	Seit zwei Wochen	Vorher
Wie viel (Ausmaß)	5 % aller Teile, zunehmende Tendenz	Beobachtung verschwindet von allein

Allgemeine Angaben wie häufig, manchmal oder zu oft sollen vermieden werden und es hat sich bewährt, das Problem zu quantifizieren oder genauen Fehlerkategorien zuzuordnen. Das Produkt ist 211 mm lang und nicht maximal 204 mm, wie es in der Spezifikation steht. Es handelt sich um eine Fehlstelle im Lack und nicht um eine Laufnase.

Die Beschreibung im Ist-Ist-nicht-Stil benötigt sehr präzise Informationen. Daher deckt dieses Vorgehen schonungslos auf, wo das Datenmaterial noch zu dünn ist. Eventuell muss sich das Problemlösungsteam an den Ort des Geschehens begeben und weitere Daten ermitteln. Die Mühe lohnt sich aber. Das Problem ist jetzt nicht nur innerhalb des Teams klar, sondern es ist für jedermann nachvollziehbar.

Es soll Unternehmen geben, die das Wort Problem gar nicht benutzen, sondern nur über Herausforderungen sprechen. Das ist zwar klar, gut und positiv gedacht, fördert aber nicht die benötigte Kultur. Wer eine Problemlösungskultur wünscht, darf Probleme nicht verschleiern. Zur Kultur des Prozessmanagements gehören gerade der professionelle Umgang mit Abweichungen und die klare Kommunikation darüber. Es gehört aber auch dazu, dass Probleme nur kurzfristig akzeptiert werden, bis der erwähnte Problemlösungsreflex ausgelöst wird. Das Aussitzen eines Problems und das Warten, bis es von allein verschwindet, gehören nicht dazu.

Ursachen analysieren

Sobald das Problem definiert ist, beginnt die Analyse der Ursachen. Hierfür wird nicht nur analytischer Scharfsinn verlangt, sondern an dieser Stelle kommt die ganze Kreativität des Problemlösungsteams zum Einsatz. Obwohl dieses der wichtigste Schritt ist, wird hierfür häufig die wenigste Zeit verwendet, da man schnell zu einer Lösung kommen möchte. Denn Zeit ist Geld. Mal schnell, schnell sind jedoch viele Probleme nicht in den Griff zu bekommen und tauchen dann immer wieder auf. Dabei ist die systematische Analyse gar nicht so schwer.

Erst wird der mögliche Lösungsraum abgesteckt. Das Ziel ist es, einen breiten Raum zu öffnen, bevor man die wahrscheinlichsten Ursachen auswählt und dann in die Tiefe geht. Dementsprechend werden gerne Kreativitätstechniken eingesetzt. Das Ursache-Wirkungs-Diagramm, wie es in Bild 4.11 zu sehen ist, ist ein Beispiel hierfür. Die Annahme ist, dass die Problemursachen aus dem Bereich der 4M kommen. Die M stehen für Mensch, Methode, Material und Maschine. Teilweise gibt es auch Diagramme, die zusätzlich Messmittel und Mitwelt, also sogar 6M, enthalten. Diese zusätzlichen Bereiche lassen sich aber ohne Weiteres auch unter dem M für Methode einordnen. Ein solches Diagramm kann bei einem Treffen des Problemlösungsteams auf einem Flipchart oder auf Packpapier erstellt werden. Durch das Abarbeiten dieser vier Hauptgruppen wird sichergestellt, dass sich das Problemlösungsteam nicht direkt auf eine einfache, aber nicht ganz angemessene Lösung einschießt, sondern dass systematisch in allen denkbaren Bereichen nach Lösungen gesucht wird. Gibt es zu den aufgelisteten Ursachen weitere, die auf einer tieferen Ebene liegen, so lassen sich diese als zusätzliche Verzweigung hinzufügen und es ergibt sich ein Diagramm, das Ähnlichkeit mit einer Fischgräte hat.

Das Bild 4.11 verdeutlicht die Ursache-Wirkungs-Zusammenhänge für schlechte Kopierqualität. Zunächst soll der Kopierer selbst, also der Bereich Maschine, untersucht werden. Das Problemlösungsteam stellt sich nun die Frage, warum der Kopierer schlechte Kopien geliefert hat. Die Antwort könnte sein, dass die Lampe nicht hell genug, die Walze verschlissen oder der Kopiertisch verschmutzt war. Hiermit ist die Analyse jedoch nicht beendet, es wird weiter gefragt. Zum Beispiel: Warum war die Lampe nicht hell genug? Das wiederum könnte daran liegen, dass sich die Lampe bereits zu lange im Kopierer befindet oder dass sie verschmutzt ist.

Das Ursache-Wirkungs-Diagramm wird vielfach auch nach dem Mentor der japanischen Qualitätsbewegung Ishikawa-Diagramm genannt. Kaoru Ishikawa war unter anderem Professor an der Universität Tokio und Präsident der Japanese Union of Scientists and Engineers (JUSE). Er machte sich in besonderem Maße dafür stark, die Werker in die Qualitätssicherung und in die ständige Verbesserung mit einzubeziehen. Daher setzte er sich bereits in den frühen 1950er-Jahren für die Entwicklung und Verbreitung von besonders einfachen, aber wirksamen Qualitätswerkzeugen ein.

Nachdem das Team viele mögliche Ursachen aufgelistet hat, befasst sich der nächste Schritt damit, die wenig wahrscheinlichen Ursachen zu streichen. Da es in der ersten Phase der Gruppenarbeit darum geht, die Vielzahl der möglichen Ursachen zu beleuchten, ist es auch erlaubt, nicht ganz so naheliegende Dinge aufzuzählen. Erst wenn dieses geschehen ist, werden die gefundenen Ursachen bewertet und das Team einigt sich auf

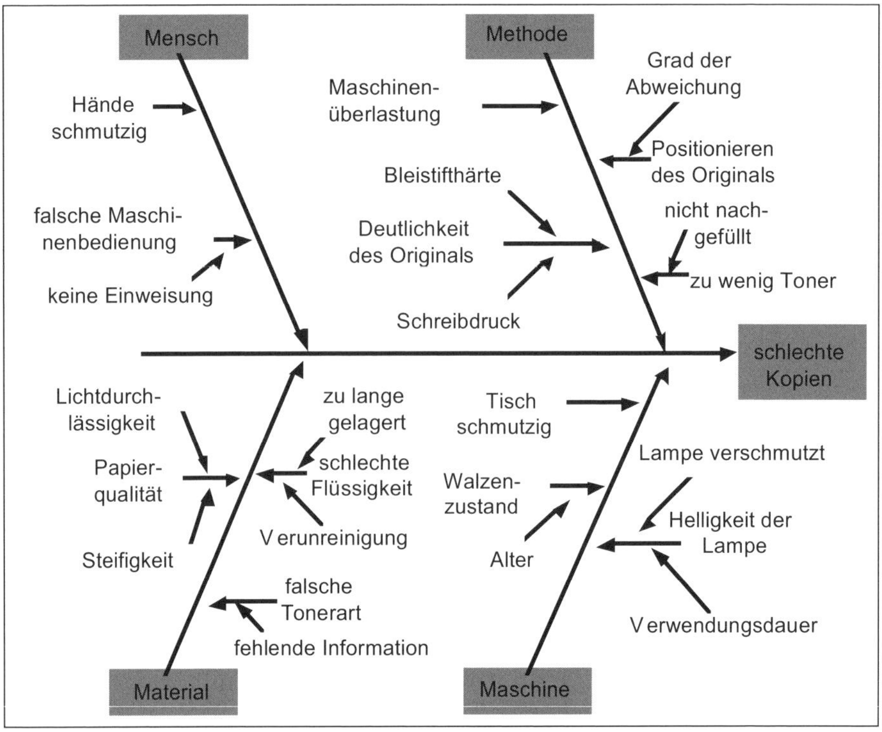

Bild 4.11 Ursache-Wirkungs-Diagramm

die wahrscheinlichsten. Für jede aufgeführte Ursache wird eine logische Prüfung vorgenommen, ob sie die „Ist"-Information und auch die „Ist-nicht"-Information erklären. Einige der Ursachen scheiden hier gleich aus und bei den plausibelsten von den übrig gebliebenen wird nun eine Tiefenbohrung angesetzt, um herauszufinden, was die tieferliegende Grundursache ist und was die Wurzel des Problems darstellt.

Aufgrund des Zeitdrucks und der nur oberflächlichen Analyse werden nicht selten nur die Symptome des Problems erkannt und beseitigt. Die eigentliche Ursache bleibt weiterhin bestehen, mit der Folge, dass das gleiche oder ein ähnliches Problem nach einiger Zeit wieder auftritt. Bildlich lässt sich das gut mit dem Unkrautjäten im Garten beschreiben. Schneidet man das Unkraut einfach an der Oberfläche ab, wird nur eine kurze Wirkung erzielt. Nach einiger Zeit wächst es nach. Um das Unkraut wirklich loszuwerden, muss die Pflanze mitsamt ihrer Wurzeln entfernt werden.

Dieses kleine Beispiel illustriert bereits den Kern der 5W-Methode, die häufig in der Automobilindustrie, besonders im Toyota-Produktionssystem angewendet wird (Ohno 2009). 5W bedeutet einfach, fünfmal warum zu fragen. Das Team sieht sich noch einmal die bisher gefundenen Ursache-Wirkungs-Zusammenhänge an und fragt weiter: „Warum ist das passiert?" Nach jeder weiteren spezifischen Antwort wird die Frage wiederholt. Das geschieht insgesamt fünfmal, bis das Team zur Grundursache oder zur Wurzel vorgedrungen ist.

Die Häufigkeit fünf hat keinen wirklich tieferen Grund, es hat sich einfach bei der praktischen Anwendung gezeigt, dass dies zumeist eine angemessene Tiefe darstellt. In einigen Fällen können auch sechs Schritte notwendig sein und in anderen Situationen sind drei genug. Es mag zwar simpel klingen, aber durch die Festlegung der bestimmten Anzahl Fünf wird klar gemacht, was hier erwartet wird. Man könnte auch sagen „wir geben uns bei der Analyse die größte Mühe" oder „wir möchten es genau wissen und analysieren, bis wir die wirklichen Ursachen gefunden haben". Das führt aber in der Praxis dazu, dass das Team so tief analysiert, wie es gerade Zeit hat, oder dass man sich zu schnell auf eine nicht ganz zutreffende Grundursache einigt. Bei einer festgelegten Tiefe bricht das Team nur dann ab, wenn es sich wirklich auf eine Grundursache geeinigt hat.

Sollten umfangreichere Untersuchungen notwendig sein oder wenn es sich abzeichnet, dass die Abstellmaßnahmen schwierig zu bewerkstelligen sein werden und auf sich warten lassen, dann muss das Prozessteam das damit verbundene Risiko abschätzen. Handelt es sich um Defekte am Produkt oder hat das Problem Auswirkungen auf den Kunden, so sind zusätzliche Sofortmaßnahmen zur Schadensbegrenzung notwendig, bis eine dauerhafte Lösung gefunden wurde. Ist beispielsweise das Dach undicht, wird ein Eimer unter die lecke Stelle gestellt, bis die Reparatur durchgeführt wurde. Im Produktionsumfeld kann das einen Produktrückruf und die Neuproduktion bedeuten. Die neu produzierten oder zurückgekommenen Produkte werden einer 100%-Sortierprüfung unterzogen. Oder stört beispielsweise die zu langsame Reaktion der Instandhaltung massiv den Produktionsplan, so können eventuell zusätzliche Vertragsarbeiter eingesetzt werden, bis ein verbesserter Ablauf eingeführt wurde.

Analyseergebnisse bestätigen

Egal, ob nun das Ursache-Wirkungs-Diagramm pur angewendet oder ob fünfmal warum gefragt wurde, beide Methoden beruhen auf Annahmen und haben nur Hypothesen zum Ergebnis. Das Problemlösungsteam sollte diese Hypothesen erst einmal kritisch überprüfen, bevor eine Abstellmaßnahme durchgeführt wird. Gerade, wenn die entwickelten Zusammenhänge ein großes Maß an Fachwissen widerspiegeln, ist man schnell bereit, der Argumentation zu folgen und sie ohne Überprüfung anzunehmen. Die 5W-Methode klingt zwar recht einfach und lässt sich sehr leicht erklären, trotzdem bedarf es einiger Übung, um eine wirklich logische Ursachenkette aufzubauen.

Ob das Team sauber vorgegangen ist, lässt sich mit der sogenannten Wenn-Dann-Überprüfung feststellen. Dabei wird jeder Warum-Schritt noch einmal in die andere Richtung nachvollzogen und von der Ursache wird auf die Auswirkung geschlossen. Ist die übergeordnete Aussage wirklich die Folge der darunterliegenden Ursache, dann handelt es sich um einen eindeutigen Ursachen-Wirkungs-Zusammenhang. Ist das nicht der Fall, dann treten beide Aussagen zufällig zusammen auf oder die Ursache ist im mathematischen Sinn notwendig, aber nicht hinreichend.

Das klingt etwas kompliziert, wird aber durch ein Beispiel aus einem nicht technischen Bereich schnell klar. Ich habe heute meinen Schlüssel vergessen, weil ich in Eile war, weil ich zu spät aufgestanden bin, weil mein Wecker nicht geklingelt hat, weil die Uhrzeit noch auf die Wochenendzeit eingestellt war, weil ich die Weckzeit gestern Abend nicht richtig korrigiert habe.

Nimmt man nun die Wenn-Dann-Prüfung vor, zeigt sich schon auf der ersten Ebene eine Unstimmigkeit. Die Aussage „Wenn ich in Eile bin, dann vergesse ich meinen Schlüssel" stimmt so nicht ganz. Es gibt etliche Tage, an denen ich nicht den Schlüssel vergesse, obwohl ich in Eile bin. Es müssen hier noch einige andere Bedingungen gegeben sein, dass ich den Schlüssel vergesse. Diese Bedingungen sind noch zu finden. Am Ende der Ursachen-Wirkungskette steht der Wecker, der noch die Uhrzeit vom Wochenende zeigt. Setzt man nun an dieser vermeintlichen Grundursache an und kauft einen Wecker mit separater Weckzeit für jeden Tag, so hilft das vielleicht, um morgens pünktlicher aufzustehen, doch wird es höchst wahrscheinlich nicht dazu führen, den Schlüssel nicht mehr zu vergessen. Es gibt noch etliche andere Situationen, die dazu führen können, den Schlüssel zu vergessen.

Die Wenn-Dann-Prüfung kann drei verschiedene Ergebnisse haben. Im ersten Fall lehnt das Team die Annahme ab, da sie die Logikprüfung nicht bestanden hat. Im zweiten Fall wurde die Prüfung einwandfrei bestanden und die Annahme bleibt auf der Liste der möglichen Ursachen stehen. Der dritte Fall entspricht dem Schlüsselbeispiel. Es gibt einen Zusammenhang, aber es müssen zusätzliche Annahmen getroffen werden. Zum Beispiel, dass der Schlüssel am Vortag nicht griffbereit abgelegt wurde oder dass der Schlüssel gar keinen bestimmten Platz hat, wo er immer zu finden ist. Eine Ursache, die mit hoher Wahrscheinlichkeit zutrifft, benötigt keine weiteren Annahmen. Andersherum ausgedrückt bedeutet dieses, je mehr Zusatzannahmen getroffen werden müssen, desto unwahrscheinlicher wird der Zusammenhang. Eine eher unwahrscheinliche Spur weiterzuverfolgen, lohnt sich nur, wenn es sonst keine vielversprechenderen Ansätze gibt.

Die übrig gebliebenen Punkte auf der Liste der möglichen Ursachen haben die Wenn-dann-Prüfung bestanden und lassen sich nun nicht mehr wegdiskutieren, sondern es werden Daten zur Bestätigung oder zum Verwerfen benötigt. Diese können entweder bereits vorhanden sein oder müssen speziell für die Untersuchung erzeugt werden. Für die Auswertung vorhandener Daten können entweder direkte Beobachtungen oder Aufschreibungen herangezogen werden. Die direkte Beobachtung wird immer dann angewendet, wenn ein bestimmter Zustand beurteilt werden muss. Wenn es zum Beispiel zu klären gilt, ob eine falsche Berechnungsformel zur Kalkulation verwendet wird, ob das Antragsformular für Laborprüfungen das gewünschte Fertigstellungsdatum enthält, ob ein bestimmter Mitarbeiter an einer Unterweisung teilgenommen hat oder ob sich der Anschlussstecker einer Anlage durch Vibrationen lösen kann.

Kurz gesagt, ein Mitglied des Problemlösungsteams begibt sich an den Ort des Geschehens, sieht nach und schreibt das Ergebnis auf. Handelt es sich um einen etwas komplizierten Sachverhalt, so kann auch das ganze Team einen Ortstermin vereinbaren. So wie ein Bild manchmal mehr sagt als tausend Worte, so hilft ein Ortstermin häufig, das Problem schneller zu beseitigen, als tausend Diskussionen im Konferenzraum.

Hat das Team sauber gearbeitet und die Zusatzbedingungen festgehalten, unter denen die Wenn-Dann-Beziehung Gültigkeit hat, dann ist die Überprüfung jetzt leicht. Es reicht aus, die zusätzlichen Annahmen zu verwerfen, um die ganze Argumentation zu kippen. Die zusätzlichen Annahmen lassen sich häufig besser beobachten als die Ursachen selbst.

In dem Schlüsselbeispiel kann eine zusätzliche Annahme sein, dass der Schlüssel nicht griffbereit an einer bestimmten Stelle lag. Dies lässt sich wesentlich leichter überprüfen als der unkonzentrierte Geisteszustand, der durch die Eile entsteht.

Eine weitere Methode zur Gewinnung von relevanten Informationen ist die Auswertung von vorhandenen Aufschreibungen oder Systemdaten. Bei sehr vielen Prozessen sind hilfreiche Informationen bereits vorhanden und wurden bisher nur noch nicht berücksichtigt.

So hält das Wareneingangssystem in der Regel das Bestelldatum und das Datum des Wareneingangs fest. Die Lieferpünktlichkeit einzelner Lieferanten lässt sich also leicht ermitteln. Im Prüflabor werden alle durchgeführten Prüfungen mit den entsprechenden Ergebnissen festgehalten und die Instandhaltungsabteilung notiert, welche Ersatzteile wann an welcher Anlage ersetzt wurden.

Bei dieser Gelegenheit kann das Prozessteam gleich darüber nachdenken, ob diese Daten nicht grundsätzlich zur Prozesslenkung verwendet werden sollen. Gibt es keine Daten, die zur Klärung der Situation herangezogen werden können, so besteht auch die Möglichkeit, diese speziell zu erzeugen.

So können beispielsweise vorsätzlich grenzwertige Parameter an den Produktionsanlagen eingestellt werden oder ausgewählte Rohstoffe und Vorprodukte werden verwendet, damit absichtlich ein Problem erzeugt und somit die Hypothese bestätigt werden kann.

Werden die gewählten Parameter auf mehreren Stufen eingestellt und hinterher statistisch ausgewertet, so spricht man auch von Versuchsplanung. Üblicherweise werden Versuchspläne bei der Entwicklung und Optimierung von Produkten und Fertigungsprozessen erstellt, die gleiche Logik eignet sich jedoch auch zur Identifizierung und Beseitigung von Fehlern.

Das Erzeugen von Daten muss sich nicht auf Fertigungsprozesse beschränken, sondern kann auch allgemeiner angegangen werden. So können beispielsweise Eingaben in einen Prozess bewusst per Formular oder über das IT-System vorgegeben werden und anschließend werden Rückschlüsse aus dem Prozessergebnis gezogen.

Korrekturmaßnahmen einführen

Ist das Team bis zur Wurzel des Problems vorgedrungen, so ist es leicht, die Korrektur durchzuführen! Die Abstellmaßnahme ergibt sich einfach aus der Umkehrung der Ursache. Hier muss lediglich darauf geachtet werden, dass die Maßnahme nicht nur die Symptome korrigiert, sondern die Kernursache auf der untersten Analysestufe beseitigt.

Ist eine Maschine defekt, so wird sie wieder instand gesetzt oder wurde ein Ergebnis falsch berechnet, wird es korrigiert. Diese beiden Beispiele beschäftigen sich aber lediglich mit der Behandlung der Symptome auf der ersten oder zweiten Problemlösungsebene. Die wirkliche Korrektur soll jedoch an der Wurzel, also an der Ursache auf der fünften Ebene ansetzen. Ist ein Lager an einer Maschine ausgeschlagen, so muss es stärker ausgelegt und nicht einfach ausgetauscht werden.

In dem Kopiererbeispiel war die Kopie schlecht, weil die Lampe zu dunkel war, weil sie verschmutzt war, weil sich der Toner im Kopiererinneren verteilt hat, weil die Metallteile elektrostatisch aufgeladen sind, weil das Kabel zur Ableitung der Elektrostatik an das Gehäuse fehlt. Die Abstellmaßnahme ist nun nicht einfach nur, die Lampe auszuwechseln, sondern zusätzlich wird das Kabel angebracht. Lag ein Rechenfehler in der Kalkulation vor, so wird sie berichtigt, aber auch die entsprechende Software wird überarbeitet. Fehlte eine wichtige Information vom Kunden, so wird diese Information beispielsweise in der Anfragemaske des Kundenservice ergänzt, so dass sie demnächst im Standardablauf erfragt wird usw.

Nachdem die Korrekturmaßnahmen festgelegt wurden, muss das Prozessteam diese Maßnahmen nur noch umsetzen. Bei der Umsetzung gibt es wenige Geheimnisse. Das beste Rezept ist es, einfach in die Hände zu spucken und festzulegen, wer was macht und bis wann alles fertig sein soll. Die zweite Zutat zum Erfolgsrezept besteht darin, dass der Fortschritt regelmäßig an den Prozessbesitzer berichtet wird und dieser einschreitet, falls es unvorhergesehene Schwierigkeiten oder Verzögerungen gibt.

Die Korrekturmaßnahmen sollen nicht nur eingeführt, sondern müssen auch organisatorisch verankert werden. Technische Veränderungen an Werkzeugen, Maschinen oder Anlagen können zumeist nur mit großem Aufwand und nur absichtlich wieder zurückgenommen werden. Geänderte Abläufe lassen sich jedoch missachten oder vergessen und es bedarf zusätzlicher Anstrengungen, damit die neuen Festlegungen zur allgemeinen Routine werden. Sie werden in entsprechende Dokumente und Verfahrensanweisungen gegossen, Trainingspläne müssen erstellt werden, die Neuerungen werden in den Auditplan mit aufgenommen und idealerweise zeigen Indikatoren die Einhaltung der Änderungen an.

Wirksamkeit überprüfen

Mit der Einführung der Korrekturmaßnahmen ist jedoch der Problemlösungsplan noch nicht beendet. Erst soll nachgewiesen werden, dass die Maßnahmen wirklich zu einer Verbesserung geführt haben und dass das Problem nicht bei der nächsten Gelegenheit wieder auftritt. Die Wirksamkeit der Maßnahmen wird beobachtet und falls sich der Prozess nicht in die richtige Richtung bewegt, muss erneut korrigiert werden.

Technische Maßnahmen lassen sich in der Regel sofort durch einen Bestätigungslauf überprüfen, Änderungen im Ablauf benötigen jedoch einige Zeit, bis sie verankert sind, und können daher erst nach einer gewissen Zeit abschließend beurteilt werden.

Wenn es dann endlich so weit ist und sich die Änderungen in den Prozessindikatoren auswirken, ist ein Prozessaudit das Mittel der Wahl, um die abschließende Beurteilung zu erhalten. Haben die Maßnahmen keinen direkten Einfluss auf die Prozessindikatoren, so legt das Problemlösungsteam kurzfristig zusätzliche Indikatoren oder zumindest geeignete Kriterien fest, an denen erkannt wird, dass sich der Prozess verbessert hat. Ist kein Prozessaudit für die nächste Zeit geplant, so wird ein Sondertermin vereinbart. Sind die Korrekturen eher klein, reicht häufig eine Prozessbegehung oder eine Durchsprache aus. Es ist aber ratsam, einen Prozessexternen zu beauftragen und die von der Änderung direkt betroffenen Mitarbeiter in das Audit mit einzubeziehen. Ist die Wirksamkeit der Korrektur bestätigt, können alle getroffenen Sofortmaßnahmen aufgehoben werden.

Erkenntnisse verallgemeinern

Ist das Team am Ende des Problemlösungsplans angelangt, so lässt es zum Abschluss den ganzen Vorgang noch einmal Revue passieren und stellt fest, ob der Prozess noch weiteren Verbesserungsbedarf hat und was man aus den Erkenntnissen verallgemeinern und auf andere Prozesse übertragen kann. Bild 4.12 zeigt die drei Fragen, die zum Abschluss des Problemlösungsplans gestellt werden. Die Ergebnisse werden in den Plan eingetragen und dienen als Abschluss des Berichts an das Prozessteam und den Prozessbesitzer.

Welche vorbeugenden Maßnahmen können ergriffen werden, um das Wiederauftreten zu verhindern?

Wie lässt sich in Zukunft ein solches Problem direkt bei der Entstehung erkennen?

Welche der Erkenntnisse können auf ähnliche Situationen und Prozesse übertragen werden?

Bild 4.12 Abschluss des Problemlösungsplans

Zunächst beschäftigt sich das Team mit der Frage, ob zusätzlich etwas getan werden muss, um das Auftreten eines ähnlichen Problems zu verhindern. Durch das Beseitigen der Grundursache ist zwar ausgeschlossen, dass das exakt gleiche Problem wieder auftaucht, aber offensichtlich war der Prozess nicht robust genug gestaltet und hat es zugelassen, dass es überhaupt erst einmal zustande kommt. Lässt man den wenig robusten Prozess laufen, wie er ist, so wird bald an einer anderen Stelle ein ähnliches Problem auftauchen. Gab es beispielsweise falsche Kalkulationen, weil sich ein Fehler in die Berechnungsformel eingeschlichen hat, und wurde die Formel korrigiert, so ist noch lange nicht gesagt, dass eine andere Formel in einer ähnlichen Anwendung fehlerfrei ist. Wurde in der Produktion ein falscher Produktionsparameter gewählt, weil der zuständige Werker nicht ausreichend trainiert war, und ist er nun trainiert, so ist es noch lange nicht sichergestellt, dass andere Werker an ähnlichen Anlagen nicht auch die falschen Parameter einstellen.

Im Grunde genommen gibt es ein zweites Problem, nämlich dass der Prozess und das Managementsystem das erste überhaupt erst zugelassen haben. Das Problemlösungsteam stellt den gesamten Prozess in Frage und bringt nacheinander das Prozesslayout, das durchgeführte Training, die Standards, die Zielvorgaben und die Indikatoren auf den Prüfstand.

Bei der kritischen Bewertung der Indikatoren stellt sich auch gleich die zweite Frage. Warum wurde das Problem nicht schon während der Entstehung erkannt bzw. wie kann dieses in Zukunft geschehen? Die Prozessindikatoren und Audits oder die Freigabeprüfungen in der Produktion hätten doch das Problem anzeigen sollen. Ist vielleicht gar kein Indikator oder keine Ergebnisprüfung festgelegt, die das Problem hätte aufzeigen können, so sollte das Problemlösungsteam darüber nachdenken.

Hier sollen jedoch nicht zusätzliche Prüfschritte in den Prozess eingebaut werden, sondern die Prozessbedingungen, die vom Standard abweichen, sollen bereits erkannt werden, um eingreifen zu können, bevor das Problem entsteht. In Frage kommt hierfür eine Selbstprüfung, die bereits ausgeführt wird, während der Prozess noch läuft.

Eine Prüfung an den Ergebnissen entspricht nicht dem Ideal, da die Fehler oder Probleme erst vollständig entstehen müssen, bevor sie entdeckt werden können. Außerdem ist ein Prüfschritt selbst nicht wertschöpfend und sollte somit vermieden werden. Die Kunden zahlen schließlich für die Produktion hervorragender Ergebnisse und nicht für die Durchführung umfangreicher Prüfungen, außer, wenn der Lieferant ein Prüflabor ist.

Gab es bereits eine Entdeckungsmaßnahme für die entstandene Situation, dann muss analysiert werden, warum sie offensichtlich nicht funktioniert hat. Im Prinzip muss hierfür ein weiterer Problemlösungsplan gestartet werden.

Im dritten Schritt identifiziert das Problemlösungsteam die Kernpunkte der gelernten Lektion und hält sie schriftlich im Problemlösungsplan fest. Die Schriftform soll hier keine zusätzliche bürokratische Hürde sein, sondern führt zur Konzentration auf das Wesentliche und bringt zumeist zusätzliche Klarheit. Ein Dokument hat noch dazu den unschätzbaren Vorteil, dass es abgelegt und wieder hervorgeholt werden kann, wenn es benötigt wird.

Wird der Wissenstransfer nicht auf diese Art und Weise formalisiert und erfolgt er nicht nach festgelegten Regeln, geht die erworbene Erkenntnis im täglichen Kampf genauso schnell wieder verloren, wie sie erworben wurde. In einer fortschrittlichen Organisation erfolgt die Erfassung des Berichts elektronisch in einer Datenbank und sie wird unter entsprechenden Schlagwörtern abgelegt. Anhand der Schlagwörter lassen sich die gelernten Lektionen später wiederfinden und auf ähnliche Situationen anwenden.

Bevor Empfehlungen für andere Prozesse formuliert werden, wird vor der eigenen Haustür gekehrt und es werden vergleichbare Ergebnisse und Abläufe im eigenen Prozess identifiziert. Ist der eigene Prozess sauber, so wird festgehalten, an welcher Stelle die Erkenntnisse noch angewendet werden können. Nach erfolgreichem Abschluss der Problemlösung geht der Bericht an den Programmbeauftragten und steht somit für das gesamte Unternehmen zur Verfügung.

Dieses Vorgehen unterstreicht noch einmal die gewünschte Problemlösungskultur. Erst durch das Übertragen der gefundenen Lösungen auf andere Prozesse und ähnliche Situationen entfaltet sich die volle Kraft der systematischen und prozessorientierten Vorgehensweise. Der bereits erwähnte Problemlösungsreflex soll nicht nur bewirken, dass man sich fast über ein neues Problem freut und umgehend mit der Beseitigung beginnt. Sondern der Reflex bewirkt auch, dass die Wiederkehr des Problems mit allen Mitteln verhindert wird. Dies bezieht sich nicht nur auf den eigenen Prozess, sondern auch die Wiederkehr des Problems in ähnlicher Gestalt an einer anderen Stelle oder in einem anderen Prozess soll unterbunden werden. Wie alle anderen Reflexe auch wird dieser am besten durch ständigen Gebrauch trainiert.

Werkzeug 12: Problemlösungsplan

1. Sobald die Prozessindikatoren ein Problem anzeigen oder sich auf sonst eine Weise etwas andeutet, stellen sie das Problem sofort ab. Ist das nicht möglich, wird ein **Problemlösungsteam** beauftragt und eine Maßnahme in das Feld Hindernisse und Schwierigkeiten im A3-Bericht eingetragen. Der Prozessbesitzer ernennt einen Teamleiter und beauftragt ihn, ein Team zusammenzustellen und einen Problemlösungsplan zu starten.
2. Das Problemlösungsteam besteht aus Mitgliedern des Prozessteams und verfügt somit über ausreichende Prozess- und Produktkenntnisse. Nehmen Sie eventuell noch weitere Mitarbeiter aus Kunden- oder Lieferantenprozessen und Experten für bestimmte Themenbereiche wie z.B. Kostenrechnung, IT-Systeme oder Produktionstechnik hinzu. Der Teamleiter lädt zur ersten Sitzung ein und beginnt den **Problemlösungsplan.** Dieses Ereignis kennzeichnet das Startdatum am Anfang des Plans.
3. Das erste Treffen dient der **Problembeschreibung.** Werten Sie zunächst die vorhandenen Unterlagen aus und dann berichten alle, was sie bereits über das Problem wissen. Formulieren Sie jetzt das Problem in einem prägnanten Satz. Beschreiben Sie sogleich die Details für das Was, Wo, Wann und Wie viel und klären Sie die entsprechende Eingrenzung, indem Sie die „Was-ist"- und „Was-ist-nicht"-Aussagen in den Problemlösungsplan eintragen. Hierdurch wird klar, welche Daten fehlen. Legen Sie fest, woher die fehlenden Daten kommen sollen und wer sie bringen soll.
4. Ist das Problem klar umrissen, werden jetzt alle möglichen Ursachen aufgelistet. Entwerfen Sie dazu ein **Ursache-Wirkungs-Diagramm** auf einem Flipchart oder einem großen Stück Packpapier. Die einzelnen Ideen sollen nicht gleich wieder klein diskutiert werden. Halten Sie daher die Teilnehmer an, sich zunächst mit Kritik etwas zurückzuhalten, denn es geht um die kreative Breite möglicher Lösungen. Ist das Diagramm fertig, können Sie über die Richtigkeit diskutieren. Überprüfen Sie, ob die möglichen Ursachen die Ist- und Ist-nicht-Aussagen erklären können. Übertragen Sie die übrig gebliebenen Ursachen in den Problemlösungsplan in die erste Zeile der **Ursachenanalyse.**
5. Als Nächstes wenden Sie das 5W-Werkzeug an und tragen die Ergebnisse direkt in den Problemlösungsplan ein. Wenn Sie die **5W-Analyse** bei einem zweiten Treffen anwenden, kann in der Zwischenzeit jeder über die Ursachenkette nachdenken. Es ist auch möglich, die verschiedenen Themen auf das Team zu verteilen, und beim zweiten Treffen werden dann die gefundenen Lösungen vorgetragen.
6. Jetzt werden die aufgestellten Ursache-Wirkungs-Hypothesen überprüft. Bestehen die gefundenen Ursachen nicht den **Wenn-Dann-Test,**

werden sie aus der Liste gestrichen. Für die restlichen Hypothesen werden zur Bestätigung Beobachtungen herangezogen, Aufschreibungen ausgewertet oder Experimente durchgeführt. Verteilen Sie wieder die Aufgaben und klären Sie, wer welche Hypothesen bestätigen bzw. verwerfen soll. Lässt sich die Angelegenheit sofort klären, wird das gleich erledigt. Eventuell kann das ganze Team eine kurze Besichtigung durchführen oder der Prozessablauf wird einfach direkt im IT-System bewertet.

7. Sind die Ursachen klar bestätigt, so stellen Sie einen **Maßnahmenplan** auf und tragen ihn in den Problemlösungsplan ein. Dafür wird auch festgelegt, wer die Maßnahme bis wann umsetzt und wie die **Wirksamkeit** festgestellt werden soll. In der Fortschrittsspalte wird der **Status der Maßnahme** festgehalten. Ist das Fortschrittsfenster zu einem Viertel gefüllt, bedeutet dieses, dass die Maßnahme geplant wurde. Zwei Viertel zeigen an, dass mit der Umsetzung begonnen wurde. Bei drei Vierteln ist die Maßnahme abgeschlossen und wenn das gesamte Fenster ausgefüllt wurde, ist die Wirksamkeit nachgewiesen. Sie können auch genauere Maßnahmenpläne schreiben, bis wann die Maßnahme geplant wurde, wann sie umgesetzt wurde, für wann der Wirksamkeitsnachweis geplant ist, wann er wirklich durchgeführt wurde usw. Beschreiben Sie aber nicht zu viel Papier oder E-Mails und lassen Sie die Berichterstattung nicht zum Problem werden. Das wirkliche Problem besteht ja schon im eigentlichen Prozess und soll gelöst werden. Der Teamleiter führt den Bericht und holt sich dafür die benötigten Informationen direkt von den Teammitgliedern ab.
8. Am Schluss werden die **gewonnenen Erkenntnisse** ausgewertet und in das entsprechende Feld eingetragen. Behandeln Sie dabei die folgenden drei Bereiche. Wie kann dem Auftreten eines ähnlichen Problems vorgebeugt werden, wie kann ein ähnliches Problem in Zukunft erkannt werden und welche Erkenntnisse lassen sich auf andere Situationen oder Prozesse übertragen? Sobald dieses geschehen ist, tragen Sie das Abschlussdatum in den Plan ein und verteilen Sie ihn wie vorgegeben.
9. Der Problemlösungsplan wird genutzt, um bei jedem Treffen des Prozessteams Bericht über den Status zu erstatten. Hier gilt das Gleiche wie für den A3-Bericht selbst. Er beinhaltet bereits alle erforderlichen Informationen und es sind keine weiteren Präsentationen und Vorbereitungen notwendig. Weitere Verbesserungsmöglichkeiten für den eigenen Prozess werden direkt in den **Ideenspeicher** geschrieben. Verallgemeinerte Erkenntnisse werden im **Steuerkreis** besprochen. Eventuell stellt der Leiter des Problemlösungsteams die geleistete Arbeit dort vor.

Eine Vorlage für einen Problemlösungsplan steht Ihnen elektronisch zur Verfügung (Werkzeug_12_Problemlösungsungsplan).

Das Wichtigste in Kürze

- Der Steuerkreis sollte gemeinsam mit den Prozessbesitzern klären, was verbessert werden soll und welche Prozesse sich in welche Richtung bewegen sollen. Die Prozessziele sollten den internen Unternehmenszielen entsprechen und die Kundenerwartungen erfüllen. Die Maßnahmenpläne müssen also sowohl die Unternehmensziele als auch die Anforderungen der Kunden berücksichtigen. An den Übergängen zwischen den einzelnen Prozessen sollten Nahtstellenvereinbarungen getroffen werden. Durch Prozessaudits können systematische Abweichungen von den internen Vorgaben und den Kundenanforderungen ermittelt werden.
- Werden Abweichungen erkannt, ermittelt das Prozessteam die Ursachen und führt Korrekturmaßnahmen durch. Abweichungen können durch die Audits ermittelt oder durch Prozessindikatoren angezeigt werden. Es besteht auch Handlungsbedarf, wenn die Maßnahmen zur Zielerreichung nicht wirksam sind oder wenn die Kundenanforderungen nicht erfüllt werden.
- Leistungs- oder Prozessindikatoren zeigen den Prozessstatus auf und weisen bei negativem Verlauf auf Verbesserungsbedarf hin. Dabei handelt es sich um Kennzahlen, die die Wirksamkeit und Effizienz der Prozesse anzeigen. Werden diese regelmäßig ermittelt, so ist erkennbar, wann in den Prozess eingegriffen werden muss und ob sich die festgelegten Verbesserungsmaßnahmen auf die Ergebnisse auswirken.
- Mithilfe von Trendkarten werden Trends und Abweichungen erkennbar, Höchst- und Tiefststände können bewertet sowie Zeiträume gleichzeitig ausgewertet werden (Werkzeug 7: Trendkarten).
- Die Kunst ist, einzugreifen, bevor es zu ernsthaften Störungen kommt. Für die Bestimmung der Eingriffsgrenzen und das Festlegen der maximal akzeptierten Länge eines negativen Trends gibt es allerdings keine feststehenden Regeln oder statistischen Verfahren. Hier helfen der gesunde Menschenverstand, der Geschäftssinn und die Wettbewerbsposition.
- Der Hoshin-Kanri-Prozess bestimmt systematisch, welche Verbesserungsziele der Prozess im laufenden Jahr erfüllen soll. Diese Zielplanungsmethode berücksichtigt sowohl die Maßnahmenplanung als auch die Sichtweise der Kunden und besteht aus vier Phasen:
  - Durchbruchsziele festlegen
  - Jahresziele und Maßnahmenpläne abstimmen (Werkzeug 8: X-Matrix)
  - Maßnahmen durchführen (Werkzeug 9: A3-Prozessbericht)
  - Planung verbessern
- Als Nahtstelle wird die Stelle bezeichnet, an der der Lieferantenprozess seine Ergebnisse an den Kundenprozess übergibt. Nahtstellen sind kritische Punkte, da an ihnen häufig Informations-, Zeit- und Reibungsverluste auftreten. Durch eine Nahtstellenvereinbarung können diese Verluste vermieden und der Übergang optimiert werden. Anhand einer Nahtstellen-

vereinbarung kann die Prozessleistungen an den Anforderungen der Kunden gespiegelt werden (Werkzeug 10: Nahtstellenvereinbarung).

- Ein Audit ist ein systematisches, unabhängiges und dokumentiertes Verfahren zur Erlangung von Nachweisen und deren Auswertung. Gegenstand eines Audits kann ein Produkt, ein Managementsystem oder ein Prozess sein. Audits zeigen die Abweichung vom festgelegten Standard an und geben Empfehlungen für Verbesserungen (Werkzeug 11: Prozessaudit).
- Zur Problemlösung bietet sich ein Vorgehen in sechs Schritten an (Werkzeug 12: Problemlösungsplan):
  - Probleme beschreiben
  - Ursachen analysieren
  - Analyseergebnisse bestätigen
  - Korrekturmaßnahmen einführen
  - Wirksamkeit überprüfen
  - Erkenntnisse verallgemeinern

Literatur

Drucker, P. F.: The Practice of Management. New York 1954. Als deutsche Ausgabe: Die Praxis des Managements. Düsseldorf 1956

Drucker, P. F.: Was ist Management?. München 2002

Einstein, A.: Zitiert nach http://www.tausend-zitate.de/probleme-1.php; abgerufen am 14. 3. 2014

Füermann, T.; Dammasch C.: Prozessmanagement. München 2008

Hummel, T.; Malorny, C.: Total Quality Management. In: Kamiske, G. F.: Handbuch QM-Methoden: Die richtige Methode auswählen und erfolgreich umsetzen. München 2012

Kepner, C. H.; Tregoe, B. B.: The Rational Manager. Princeton 1965

Kudernatsch, D.: Hoshin Kanri: Unternehmensweite Strategieumsetzung mit Lean-Management-Tools. Stuttgart 2013

Lee, R. G.; Dale, B. G.: Policy deployment: an examination of the theory. In: International Journal of Quality and Reliability 15(1998)5, S. 520 - 540

Meister, U.; Meister H.: Prozesse kundenorientiert gestalten. München 2010

Ohno, T.: Das Toyota-Produktionssystem. Frankfurt 2009

Parasuraman, A.; Zeithaml, V.; Berry, L.: SERVQUAL: A Multiple-Item Scale for Measuring Consumer Perception of Service Quality. In: Journal of Retailing, 64(1988)1, S. 12 - 40

Roethlisberger, F. J.; Dickson, J. W.: Management and the Worker. An Account of a Research Program Conducted by the Western Electric Company. Cambridge 1939

Schmelzer, H. J.; Sesselmann, W.: Geschäftsprozessmanagement in der Praxis. München 2013

Shook, J.: Toyota's Secret: The A3 Report. In: Sloan Management Review 50(2009)4, S. 30 - 34

5 Prozesse verbessern

Denken ist die schwerste Arbeit, die es gibt. Das ist wahrscheinlich auch der Grund, warum sich so wenige Leute damit beschäftigen.
Henry Ford

Das Bessere ist der Feind des Guten. Dies ist nicht die Überschrift des neuesten Managementkonzepts, sondern es bezeichnet eine schlichte Erkenntnis, die schon seit langer Zeit Gültigkeit hat. Die Lehrer in den Schulen können zu dieser Erkenntnis sogar noch etwas hinzufügen. Lernen ist wie schwimmen gegen den Strom. Wer aufhört, treibt zurück. Im Wirtschaftsleben bedeutet dies, dass Kunden immer mehr verlangen, Wettbewerber aufholen und wenn man nicht aufpasst, ziehen sie davon.

Wer es etwas fundierter bevorzugt, dem sei hier ein wahrer Klassiker ans Herz gelegt: Noriaki Kano, der schon in den1980er-Jahren diskutiert wurde und auch heute noch gerne zitiert wird. Er war Professor an der Universität Tokio und hat sich mit der Messung von Kundenzufriedenheit beschäftigt und damit, wie sich das Erfüllen verschiedener Anforderungen darauf auswirken. Er unterschied dabei drei grundsätzliche Arten von Anforderungen oder Faktorarten, wie Bild 5.1 zeigt (Kano 1984).

Die erste Art sind die Basisfaktoren, die so selbstverständlich und grundlegend sind, dass sie dem Kunden erst bei Nichterfüllung bewusst werden. Sind die Grundforderungen nicht erfüllt, entsteht Unzufriedenheit, werden sie erfüllt, entsteht jedoch keine Zufriedenheit! Als Nächstes beschreibt Kano die Leistungsfaktoren. Sie sind dem Kunden bewusst und beseitigen Unzufriedenheit oder schaffen Kundenzufriedenheit, je nach Ausmaß der Erfüllung. Schließlich gibt es Begeisterungsfaktoren. Das sind Nutzen stiftende Merkmale, mit denen der Kunde nicht unbedingt rechnet, sie heben das Produkt gegenüber der Konkurrenz ab und rufen Begeisterung hervor. Eine kleine Leistungssteigerung kann zu einem überproportionalen Nutzen führen.

Im Zusammenhang mit der Verbesserung der Prozesse ist ein weiterer von Kano beschriebener Effekt noch wichtiger. Über die Zeit gesehen verändern sich die Eigenschaften, da ein Gewöhnungseffekt entsteht. Wie durch den Pfeil in Bild 5.1 dargestellt, wird ein Begeisterungsfaktor mit der Zeit zu einem Leistungsfaktor und später zu einem Basisfaktor. Dieser Effekt hat zur Folge, dass die Kundenzufriedenheit über die Zeit weiter abnimmt, wenn das Unternehmen seine Leistungen nicht ständig verbessert.

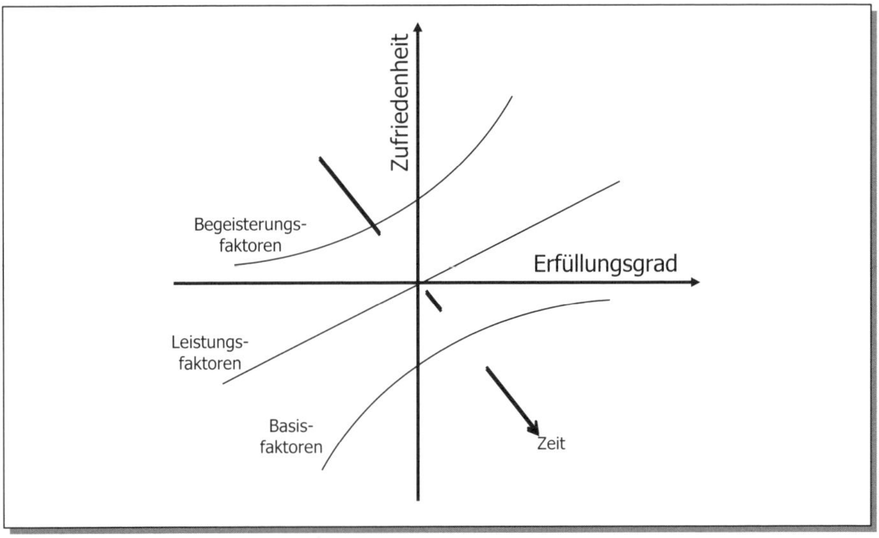

Bild 5.1 Kano-Modell

So weit, so gut, doch was macht man nun dagegen? Die Antwort kommt ebenfalls aus Japan und heißt Kaizen. Das bedeutet auf Deutsch die Veränderung zum Besseren und bezeichnet die Denkweise der ständigen Verbesserung.

Diese Denkweise ist nicht über Nacht entstanden, sondern hat sich langsam entwickelt und die Wurzeln haben sich lange vor Kano in den 1950er-Jahren gebildet. Damals war die Wirtschaft in Japan kaum konkurrenzfähig und lag nach dem zweiten Weltkrieg am Boden. Sie fiel international nicht weiter ins Gewicht und noch Anfang der fünfziger Jahre hatte die japanische Industrie mit erheblichen Qualitätsproblemen zu kämpfen. Um diesen Mangel zu beheben, förderte die JUSE (Union of Japanese Scientists and Engineers)[1] systematisch qualitätsorientierte Konzepte, lud seit 1950 wiederholt amerikanische Experten zu Lehrvorträgen ein und zeichnete seit 1951 erstmals die besten Unternehmen in diesem Bereich aus. Diese Auszeichnung sollte auf vorbildliche Unternehmen aufmerksam machen und zum Nachahmen anregen. Aufgrund des großen Erfolgs und der internationalen Beachtung wird sie noch heute verliehen (Bewertungskriterien etc. siehe Hompage der JUSE). Dieses Konzept ging also scheinbar auf. So gelten die Japaner schon lange nicht mehr als rückständig und haben in vielen Bereichen, zum Beispiel in der Halbleiterproduktion, der Unterhaltungselektronik oder der Automobilindustrie, Spitzenpositionen eingenommen.

Einer der Qualitätsexperten, der dem Ruf der JUSE nach Japan folgte, war W. Edwards Deming, dessen Name noch heute mit der ständigen Verbesserung in einem Atemzug genannt wird. Er begann 1950 seine berühmt gewordenen Vortragsserien in Japan. Zur Ehrung seiner Verdienste um die japanische Industrie wird der erwähnte japanische Preis für Qualität Deming-Preis genannt. Deming selbst wurde, wie auch später Peter F.

[1] Siehe auch in Kapitel 7 in der Liste der empfohlenen Internetseiten unter dem Stichwort Juse.

Drucker, mit dem Orden „Order of the Sacred Treasure“ ausgezeichnet.[2] Es mussten jedoch noch dreißig Jahre vergehen, bis seine Lehren auch in seinem eigenen Land oder in Europa bekannt wurden. Im Dezember 1993 verstarb Deming, wird jedoch in Fachkreisen immer noch bewundert und verehrt. Er betonte in seinen Seminarreihen zunächst die Wichtigkeit der Statistik für die industrielle Qualitätssicherung und die sogenannte wissenschaftliche Methode. Später widmete er sich auch dem allgemeinen Management. Der Kern seiner Botschaft war jedoch zu jeder Zeit die ständige Verbesserung (Kamiske/Füermann, ohne Jahresangabe). Jede Tätigkeit kann als ein Prozess aufgefasst und ständig weiter verbessert werden.

Um sein Anliegen etwas griffiger zu gestalten und eine klare Handlungsanweisung zu geben, formulierte er den PDSA-Zyklus, der heute allgemein als Deming-Kreis bekannt ist und in Bild 5.2 gezeigt wird. Er selbst wurde sehr stark vom Gedankengut Walter A. Shewharts beeinflusst und nannte ihn daher Shewhart-Zyklus.[3] Das „study“ - auf Deutsch analysiere - wurde später zu „check“ - auf Deutsch überprüfe.

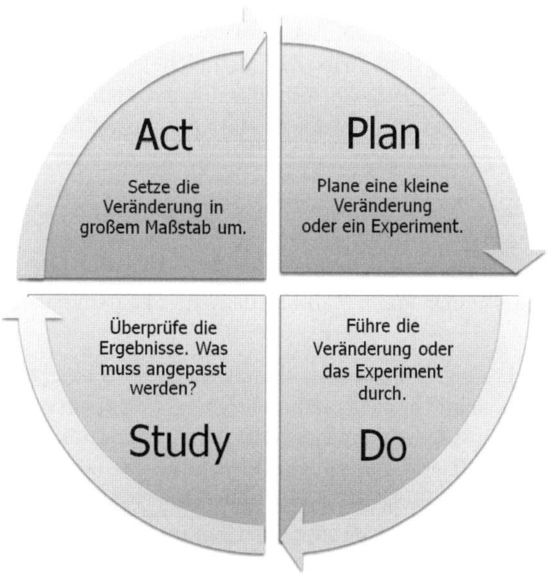

Bild 5.2 Deming-Zyklus (plane, führe aus, analysiere, handle)

---

[2] Peter F. Drucker war später an ähnlichen Seminarreihen wie Deming beteiligt und hat ebenfalls den Orden „The Order of the Sacred Treasure“ erhalten. Deming erhielt den Orden in der zweiten von damals acht Klassen.

[3] Der Physiker Walter A. Shewhart ist wahrscheinlich für den fachkundigen Leser auch kein Unbekannter. Er gilt als Erfinder der statistischen Prozesslenkung. Daher wird die gebräuchlichste Art der Regelkarte auch Shewhart-Karte genannt. In den 1930er-Jahren beschäftigte er sich mit der Fehlerfortpflanzung in physikalischen, wissenschaftlichen Analysen und den statistischen, wissenschaftlichen Methoden an sich und beeinflusste damit Deming maßgeblich. Beide arbeiteten in den folgenden Jahren gemeinsam an der Weiterentwicklung des entsprechenden Gedankenguts.

Nach Deming ist dieses Vorgehen direkt einleuchtend, es wird in der Praxis aber häufig missachtet. Oft wird nach seinen Beobachtungen ein Plan erstellt und auch gleich umgesetzt. Es fehlt aber an einer tieferen Analyse und an Anpassungsmaßnahmen. Wird der Plan nicht erreicht, so kommt gleich der nächste auf den Tisch. Im Deming-Zyklus werden die Anpassungsmaßnahmen zum Ausgangspunkt für den nächsten Durchlauf des Verbesserungszyklus. Die Phasen sollen nun kurz erläutert werden (Deming 2000, S. 87 f).

Planen (plan)

Im ersten Schritt wird ein Problem definiert oder der gewünschte Zustand beschrieben. Um dann auf eine Lösung zu kommen, wird der Prozess genau beobachtet und man überlegt, welche verschiedenen Möglichkeiten es gibt, um das gesetzte Ziel zu erreichen. Es werden Hypothesen formuliert wie beispielsweise: Wenn die Maschine jeden Tag gereinigt wird, entstehen nicht mehr so viele Fehler, wenn die Rüstzeit verkürzt wird, lassen sich die Bestände senken. Wenn die Intensität der Korona-Vorbehandlung erhöht wird, löst sich die Beschichtung nicht mehr ab. Wenn es jeden morgen eine halbstündige Besprechung gibt, sparen wir unter dem Strich Zeit, weil nicht jeder nach den Informationen fragen muss, usw. Sind die Hypothesen formuliert, so wird ein Test, ein Vergleich, ein Experiment oder ein Versuchslauf in der Produktion geplant, um die Hypothesen zu bestätigen.

Ausführen (do)

Im zweiten Schritt werden die Hypothesen getestet oder der Plan wird probeweise umgesetzt. Dies geschieht vorzugsweise in kleinem Maßstab, da es hier erst einmal um die Überprüfung der Annahmen geht.

Für technische Prozesse mit vielen Einflussfaktoren und klar logischen Eingabe-Ergebnis-Zusammenhängen ist es leicht ersichtlich, dass die beschriebene Vorgehensweise vernünftig ist. Um zu zeigen, dass sie auch im organisatorisch-administrativen Bereich anwendbar ist, soll im Folgenden ein einfaches Beispiel für die ständige Verbesserung beschrieben werden. Angenommen, die Verbesserungsmöglichkeit bestand darin, Werkzeuge nicht in einer Werkzeugkiste im Meisterbüro aufzubewahren, sondern die wichtigsten Werkzeuge direkt an der Maschine zu positionieren. Eventuell wird dafür eine Werkzeugwand eingerichtet, die durch Schatten oder Piktogramme zeigt, was wohin gehört. Hierfür ist kein Experiment mit statistischer Auswertung möglich oder gar nötig. Der Versuch könnte darin bestehen, die neue Anordnung mit einfachen Mitteln für einen Arbeitsplatz einzurichten und für eine gewisse Zeit auszuprobieren.

Dieser zweite Schritt wird häufig übersprungen. Es wird zwar überlegt, was man machen könnte, und einiges wird geplant, aber die Schlussfolgerungen und Annahmen, die während der Planung getroffen wurden, werden nicht überprüft. Daher bleiben die Auswirkungen auf den Prozess unbekannt, Probleme werden häufig nicht wirklich beseitigt und Ziele nicht erreicht. Ein übereilter Start bzw. die vorschnelle Umsetzung eines theoretischen Plans kann unwirksam, kostspielig und frustrierend sein. Der hier beschriebene zweite Schritt – das Do – wird häufig als „setze den Plan aus dem ersten Schritt um" interpretiert. Das ist aber etwas kurzatmig und voreilig.

Letztendlich ist dieses genau das Vorgehen, das Deming kritisiert hat und als Herumpfuschen bezeichnet.

Analysieren (study bzw. check)

Im dritten Schritt werden die Ergebnisse des Tests analysiert und die Hypothesen bestätigt.[4] Erfüllen sie die Erwartungen? Und falls sie dies nicht tun, muss geklärt werden, woran es gelegen hat und was schief ging. Wann immer es möglich ist, sollten solche Bestätigungen nicht aus dem Bauch heraus geschehen, sondern anhand von Zahlen, Daten und Fakten vollzogen werden.

Wenn es einen Probelauf für den veränderten Prozess gab, dann werden die Ergebnisse des Prozesses beobachtet und Daten werden aufgezeichnet. Nach der Beendigung des Probelaufs wird eine systematische Auswertung vorgenommen. Haben sich die Hoffnungen nicht bestätigt und mussten die Hypothesen verworfen werden, so bedeutet dieses, dass der Zyklus erneut durchlaufen wird, möglicherweise unter veränderten Bedingungen, mit anderem Material, anderen Mitarbeitern oder anderen Regeln.

Handeln (act)

Konnten die Hypothesen hingegen bestätigt werden, wird die entsprechende Veränderung im vierten Schritt eingeführt, Parameter an den Maschinen werden neu festgesetzt und neue Abläufe werden standardisiert. Im erwähnten Werkzeugbeispiel wird das provisorische Werkzeugbrett durch ein haltbares ersetzt und der gesamte Bereich wird an allen Arbeitsplätzen umgestaltet.

Es geht immer um das Planen und Überprüfen von Maßnahmen. Es wird nicht versucht, Ideen auszudiskutieren, sondern es geht immer um einen zupackenden Ansatz und um gezieltes Experimentieren am Ort der Wertschöpfung.

HINWEIS: Der PDSA-Zyklus (bzw. PDCA-Zyklus) liegt nicht nur der ständigen Verbesserung zu Grunde, sondern findet auch beim Durchführen von Korrekturmaßnahmen Anwendung.

Der Unterschied zwischen Korrekturmaßnahme und Verbesserung ist lediglich der Bezugspunkt. Korrekturmaßnahmen bringen den Prozess zurück auf den vorher bereits erreichten Normalwert. Verbesserungen heben den bestehenden Normalwert an.

Kaizen, Prozess-Re-Engineering und Six Sigma

Inzwischen hat sich auch im Westen die Erkenntnis durchgesetzt, dass nicht allein die fleißigen Arbeiter und die langen Arbeitszeiten den japanischen Erfolg erklären können. Heute wird allgemein anerkannt, dass das Streben nach ständiger Verbesserung hinter

[4] Bei der strengen wissenschaftlichen Vorgehensweise können Hypothesen nur widerlegt, aber nie bewiesen werden. Ein Beispiel reicht aus, um eine Annahme zu widerlegen, doch niemand kann sagen, wie viele positive Beispiele notwendig sind. Das nächste Beispiel könnte stets zum Verwerfen der Hypothese führen. Daher spricht der Wissenschaftler auch nur von bestätigten oder vorläufig bewährten Hypothesen.

der Entwicklung steckt. Auch im Westen wurde schon immer verbessert und man war ständig damit beschäftigt, sich gegenseitig in der Ingenieurskunst zu übertreffen. Doch irgendetwas machten die Japaner anders. Die Frage war nur, was?

Da kam ein Buch mit dem Titel Kaizen von Masaaki Imai auf den Markt und erklärte das japanische Geheimnis (Imai 1986). Es traf genau den Nerv der Zeit. Imai zeigte dem Westen, dass Kaizen mehr eine Philosophie als eine Methode ist, die sich erlernen und anwenden lässt. Verbesserungen durchzuführen, ist nicht allein die Aufgabe der Ingenieure, sondern alle Mitarbeiter japanischer Unternehmen können und sollen einen Beitrag leisten. Für den Erfolg ist ein langer Atem notwendig und man muss auch bereit sein, kleine Schritte zu machen. Jede noch so winzige Verbesserung zählt und summiert sich am Ende auf.

Es kann als Laune des Schicksals betrachtet werden, dass die Ideen des prozessorientierten Denkens und der ständigen Verbesserung ursprünglich von Deming und Shewhart in Amerika entwickelt wurden, aber von den Japanern besonders emsig umgesetzt und zur Blüte gebracht wurden. Und von dort kamen diese Ideen, sozusagen auf Umwegen, in den Westen zurück. Ryuji Fukuda, ein japanischer Unternehmensberater, berichtet in einem 1983 veröffentlichten Aufsatz. „In den 50er-Jahren, als Dr. Deming und Dr. Juran erstmals Quality Control nach Japan brachten, waren wir schockiert über die Unterschiede zwischen Japan und den Vereinigten Staaten. Seither haben wir ziemlich hart gearbeitet, um aufzuholen. Seltsamerweise wurden unsere Bemühungen durch ein Missverständnis beflügelt. Wir dachten, dass die Konzepte, die uns Dr. Deming und die anderen Berater aus den USA lehrten, wirklich von amerikanischen Unternehmen praktiziert wurden, und nicht, dass es sich hierbei um ein eher wissenschaftliches Konzept handelte. Faktisch eine Illusion." (Fukuda 1983, S. 163). Ob nun durch ein Missverständnis oder nicht, die Lehren von Deming wurden in Japan bereitwillig aufgenommen und perfektioniert.

Parallel zur Diskussion, die später in den USA um Kaizen entstand, reifte in den USA noch eine andere Idee heran. Sie ist innerhalb eines Forschungsprogramms Ende der 1980er-Jahre am MIT entstanden, das unter dem Titel „Management in the 1990s" geführt wurde (Scott Morton 1991; Short/Venkatraman 1992). Ziel dieses Programms war es, herauszufinden, wie sich der Einsatz moderner Informationstechnologien auf die Organisation auswirkt. Als ein Ergebnis der Studie wurde gezeigt, dass die Produktivitätssteigerungen am größten sind, wenn neue Prozesse und neue Informationstechnologien gleichzeitig geplant werden, da so Organisationsprinzipien angewendet werden können, die sich ohne IT-Unterstützung nicht realisieren lassen (Davenport/Short 1990; Venkatraman 1991).

Diese Vorgehensweise wurde als Re-Engineering bekannt und steht im Gegensatz zu der zumeist praktizierten Vorgehensweise, bei der erst die Prozesse optimiert und anschließend die nötige Informationstechnologie aufgesetzt wurde.

Die Idee des Re-Engineering wurde erstmals 1990 von Michael Hammer, einem Informatikprofessor am MIT, im Rahmen eines Artikels in der Harvard Business Review vorgestellt (Hammer 1990). Gemeinsam mit dem Unternehmensberater James Champy verallgemeinerte er später die ursprünglichen Vorgehensweisen zu einem generellen Konzept der prozessorientierten Reorganisation, bei dem der Einsatz der Informationstechnologie nur ein Merkmal neben anderen ist. Mit der Veröffentlichung des Konzepts unter dem Titel „Re-Engineering the Corporation" trat es seinen Siegeszug rund um die Welt an (Hammer/Champy 1993).

Ein drittes, ebenfalls prozessorientiertes Verbesserungsprogramm hatte in den 1990er-Jahren seine Hochzeit und konnte sich bis heute auf den vorderen Beliebtheitsplätzen halten: Six Sigma. Es wurde Ende der 1980er-Jahre erstmals von Motorola angewendet und später mit großem öffentlichem Interesse auch bei General Electric eingeführt und dort zur Unterstützung einer groß angelegten Restrukturierung eingesetzt. Six Sigma zielt genauso wie Prozess-Re-Engineering auf sprunghafte Verbesserungen ab. Gerade durch das Durchführen eines Projekts und das Ernennen eines Projektleiters, der nicht ohnehin im Prozess arbeitet, wird klar gemacht, dass etwas Besonderes passiert, was das Prozessteam nicht auch noch, zusätzlich zum Tagesgeschäft, erledigen muss.

HINWEIS: Während das japanische Kaizen überwiegend mit der ständigen Verbesserung in kleinen Schritten gleichgesetzt wird, stehen die westlichen Konzepte Prozess-Re-Engineering und Six Sigma für sprunghafte, innovative Prozessverbesserungen.

In der Literatur und auch unter Praktikern wird viel diskutiert, welches der drei Konzepte nun am besten ist. Diese Debatte lässt sich wohl nicht eindeutig entscheiden, aber vieles spricht dafür, dass alle drei Vorgehensweisen sowohl Vor- als auch Nachteile haben und dass sie sich nicht gegenseitig ausschließen. Es dürfte wohl jedem klar sein, dass man durch die ständige Verbesserung eines Holzofens nicht zur Gaszentralheizung gelangt. Andererseits scheint es wenig sinnvoll, ein großes Prozess-Re-Engineering-Projekt zu starten, um den Verbrauch an Büroklammern zu senken. Schließlich ist jede Organisation überfordert, wenn ständig die wichtigsten Kernprozesse durcheinandergebracht und grundlegend neu strukturiert werden, und dies eventuell sogar ohne große Not.

Ständige Verbesserung ist nicht das Gegenstück zur Innovation, sondern die Ergänzung. Durch Innovationen wird der Prozess auf ein neues Niveau gehoben. Durch Kaizen wird dieses Niveau stabilisiert und ständig weiter verbessert, bis der nächste innovative Schritt vollzogen wird. So scheint es heute in der Praxis eine stillschweigende Übereinkunft zu geben, dass alle Vorgehensweisen, ob nun sprunghaft oder kontinuierlich, ihre Berechtigung haben.

Der gleitende Übergang wird auch dadurch sichtbar, dass in letzter Zeit Six Sigma mit den Methoden der ständigen Verbesserung kombiniert und als Lean Sigma oder Lean Six Sigma bezeichnet wird. So zeigte die Internetsuchmaschine Google im Mai 2013 für den Suchbegriff Six Sigma 18 600 000 Treffer. Davon zeigten 11 400 000 gleichzeitig den Begriff Lean an. Es liegt auf der Hand, dass die erfolgreiche Anwendung bei der Prozessverbesserung von der schlauen Kombination beider Prinzipien abhängt. Es fehlt lediglich eine Herangehensweise, die klar aufzeigt, welcher Prozess auf welche Weise verbessert werden soll. Auch in der Prozessmanagementliteratur ist derzeit wenig darüber zu lesen, obwohl diese Entscheidung gar nicht so kompliziert ist, wie bereits im Abschnitt 4.2 über Hoshin Kanri ausgeführt wurde.

HINWEIS: Jeder Prozess, der nicht fähig ist, die Vorgaben der strategischen Planung zu erfüllen, und auch nicht zur Kundenzufriedenheit beitragen kann, sollte einem Re-Engineering unterzogen werden. Durch die Ergebnisse der Nahtstellenvereinbarungen, der Indikatoren und der internen Audits sind diese Prozesse bereits bekannt.

Dort, wo die Vorgaben im Grundsätzlichen erfüllt werden, es aber große Potenziale zu heben gibt oder wo größere Störungen auftreten, wird ein Six-Sigma-Projekt gestartet.

Alle anderen Prozesse werden ständig weiter verbessert.

Tabelle 5.1 fasst die vorgestellten Konzepte der Prozessverbesserung noch einmal zusammen.

Tabelle 5.1 Verschiedene Konzepte für die Prozessverbesserung

	Ständige Verbesserung	Six Sigma	Prozess-Re-Engineering
Schrittweite	kleine Schritte	sprunghaft	sprunghaft
Vorgehensweise	während der Tagesarbeit	Projekt	Projekt
Systembezug	bestehende Prozesse	bestehende Prozesse	Veränderung des Systems
Änderungshäufigkeit	ständig	gelegentlich	einmalig
Methoden	Problemlösung, Gruppenarbeit	Statistik, Projektmanagement	divergentes Denken, Change Management

Während die ständige Verbesserung auf ein Vorgehen in vielen kleinen Schritten setzt, die jeder jeden Tag an seinem Arbeitsplatz durchführen kann, zielen Six Sigma und Re-Engineering auf möglichst große Veränderungen, die in einem Projekt durch Experten umgesetzt werden. Nach dem Projektabschluss soll eine signifikante Verbesserung erreicht, ein gebrochener Prozess repariert oder eine vollkommen neue Technologie eingeführt worden sein, wohingegen bei der ständigen Verbesserung kleinste Einzelverbesserungen aufsummiert werden. Durch die Methoden der ständigen Verbesserung und durch Six Sigma werden bestehende Prozesse im bestehenden System optimiert. Das Re-Engineering stellt hingegen die bestehenden Prozesse grundsätzlich in Frage und ersetzt sie durch neue. Die Arbeit geschieht also am System und berücksichtigt daher die strategische Komponente. Die Umgebung, in der die Prozesse ablaufen, wird mit verändert.

Wie der Name es schon verrät, läuft die ständige Verbesserung ununterbrochen. Six-Sigma-Projekte werden gelegentlich durchgeführt und beim Re-Engineering handelt es sich um einen einmaligen Vorgang. Das Kriterium der Einmaligkeit ist gegeben, weil jeder Prozess neu ausgerichtet wird und hinterher ein anderer ist. Somit kann der genau gleiche Prozess nicht noch einmal einem Re-Engineering unterzogen werden. Aber das ist eine akademische Diskussion und hier soll lediglich angezeigt werden, dass das Re-Engineering eine Ausnahmesituation darstellt und nicht beliebig oft durchgeführt werden kann.

Schließlich unterscheiden sich die Konzepte noch in den eingesetzten Methoden. Bei der ständigen Verbesserung werden überwiegend Methoden zur Problemlösung und zur Unterstützung der Gruppenarbeit angewendet. Bei Six Sigma stehen die statistischen Methoden und das Projektmanagement im Mittelpunkt und beim Re-Engineering kommt schließlich dem divergenten Denken und dem Change Management besondere Aufmerksamkeit zu.

5.1 Ständige Verbesserung

Am Anfang dieses Kapitels wurde bereits erläutert, dass seit Mitte der 1980er-Jahre der ständigen Verbesserung auch im Westen immer mehr Aufmerksamkeit geschenkt wurde. Zunächst wurde sie von Spezialisten mit Blick auf Japan und als Bestandteil des TQM diskutiert. Durch sein Buch machte Imai das Konzept dann einem breiten Publikum außerhalb Japans bekannt.

Ursprünglich war Imai Berater für ausländische Firmen, die in Japan investieren wollten. Dabei merkte er, dass sich Europäer und Amerikaner sehr für Kaizen interessieren und er konzentrierte sich darauf, was die Ausländer von japanischen Firmen lernen konnten. Langsam begannen die westlichen Unternehmen zu verstehen.

Dann ertönte ein Weckruf, der auf der ganzen Welt zu hören war. Das Massachusetts Institute of Technology (MIT) in Cambridge veröffentlichte eine vergleichende Studie, die den damals stattfindenden Strukturwandel in der Automobilindustrie erklären und wissenschaftlich belegen sollte. Das Urteil der Autoren lautete: Wenn die Automobilhersteller in Nordamerika und Europa so weitermachen wie bisher und sich auf Handelsbeschränkungen und Fördermaßnahmen für die eigene Industrie verlassen, hätten sie keine Zukunft mehr und würden innerhalb von zehn Jahren untergehen.

Die Studie, die unter dem Namen International Motor Vehicle Program (IMVP) durchgeführt wurde, lief von 1985 bis 1991 und verglich die Herstellungsprozesse in der Automobilindustrie in 15 Ländern. Alle damals großen Automobilkonzerne der Welt waren einbezogen. Insgesamt wurden 90 Montagewerke und Hunderte von Zulieferbetrieben untersucht.

Der Abschlussbericht wurde nicht nur den Kreisen der Fachwissenschaft zugänglich gemacht, sondern wurde auch für das allgemein interessierte Publikum unter dem deutschen Titel: Die zweite Revolution in der Autoindustrie veröffentlicht (Womack/Jones/Roos 1990). Das Buch erschütterte die westliche Autoindustrie in ihren Grundfesten. In Japan gab es nicht nur die ständige Verbesserung, wie es Imai bereits beschrieben hatte, sondern es gab ein dazu passendes Produktionssystem. Die Wissenschaftler tauften dieses Produktionssystem Lean Production, was zu Deutsch die schlanke Produktion bedeutet.

Während man im Westen noch auf Arbeitsteilung, große Fertigungstiefe und Fließbandfertigung setzte, wie sie Anfang des letzten Jahrhunderts bei Ford eingeführt wurde, konzentrierte man sich in Japan auf Wertschöpfungsoptimierung mit den Lieferanten von der Entwicklung bis zur Anlieferung. So ließen sich Flexibilität und Wirtschaftlichkeit auch bei kleinen Produktionsmengen erzeugen. Im Westen konzentrierte man sich auf Volumenmodelle, die sich erst ab einer gewissen Stückzahl rentabel produzieren ließen, während die Japaner mit Nischenmodellen wie Geländewagen, Roadster und Coupés auf den Markt drängten. Die Produkte, speziell aus den Toyota-Werken, warteten zusätzlich mit einer bisher nicht gekannten Qualität und Zuverlässigkeit auf. Bei Toyota waren kaum Nachbesserungen nötig. Die Autos wurden „first time right" gebaut, also von Anfang an ohne Fehler. Die Bandarbeiter durften sich selbst organisieren. Jeder war für die Qualität seiner Arbeit selbst verantwortlich und alles wurde ständig weiter verbessert. Tritt ein Problem auf, zieht der Arbeiter an einer Reißleine und hält das Band an. Erst wenn das Problem behoben ist, läuft die Fertigung weiter.

HINWEIS: In Japan konzentrierte man sich auf die Wertschöpfungsoptimierung von der Entwicklung bis zur Anlieferung und ermöglichte die Selbstorganisation der Mitarbeiter. Ergebnis waren hohe Flexibilität, Wirtschaftlichkeit, exzellente Qualität und Zuverlässigkeit sowie ein hohes Verantwortungsbewusstsein und Engagement seitens der Mitarbeiter. ■

5.1.1 Prinzipien der ständigen Verbesserung

Inzwischen ist die zweite Revolution auch im Westen angekommen und die Grundsätze der schlanken Produktion werden auch hier befolgt. Porsche senkte z. B. die Fertigungstiefe auf unter 20 Prozent. Das und viele andere Prinzipien der schlanken Produktion machten den Automobilbauer zum profitabelsten Hersteller der Welt. Auch andere Unternehmen haben ihre Hausaufgaben gemacht und die Prinzipien, nach denen sich die ständige Verbesserung organisieren lässt, wurden klar herausgearbeitet. Diese Prinzipien, die auch die schlanke Produktion tragen, sind in Bild 5.3 dargestellt.

Für die erfolgreiche Anwendung der ständigen Verbesserung ist es in erster Linie wichtig, das Wissen und die Kreativität aller am Prozess beteiligten Mitarbeiter zu nutzen. Um die volle Wirkung aller Konzepte, Methoden und Werkzeuge zu entfalten, braucht es eine Veränderung in der Denkweise der Mitarbeiter und, was noch viel wichtiger ist, der Unternehmensleitung. Dieses zu bewerkstelligen, ist die Herausforderung aller ernst gemeinten Ansätze zur ständigen Verbesserung und nicht das Entdecken der einen Methode, die allein erfolgreich macht. Es geht darum, eine Organisationsform zu finden, die es den Mitarbeitern ermöglicht, an der Gestaltung des Arbeitsplatzes mitzuwirken. Und damit ist nicht gemeint, darüber zu entscheiden, ob es Blumen im Büro geben soll, welche Kaffeesorte gewählt wird oder ob die Maschinen grün bzw. beige sein sollen.

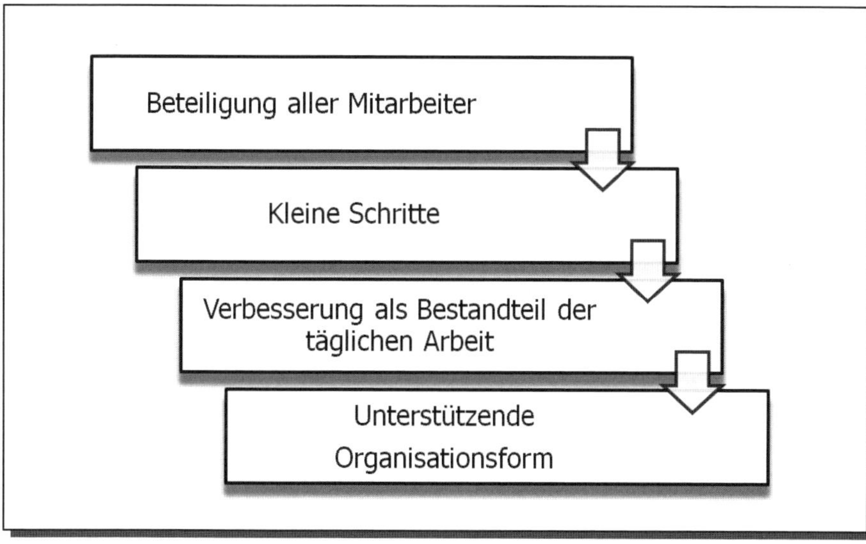

Bild 5.3 Prinzipien der ständigen Verbesserung

Gemeint ist eine Mitsprache bei den wertschöpfenden Prozessschritten und das Mitwirken bei der Planung von Maßnahmen und nicht das bloße Recht, Vorschläge zu unterbreiten. Es geht darum, umzusetzen, Vertrauen entgegengebracht zu bekommen und Ressourcen zur Verfügung zu haben. Das beschriebene Organisationsprinzip beinhaltet aber nicht nur das Recht, mitwirken zu dürfen, sondern auch die Pflicht, umsetzen zu müssen. Es gibt nicht für alles einen Spezialisten von außerhalb des Prozesses, der kommt und alles macht. Die Vorgesetzten sind auch nicht die alleinigen Verbesserer, die Vorschläge entgegennehmen und alles andere regeln, während die Mitarbeiter ihre Standardtätigkeiten auszuführen haben.

HINWEIS: Das Konzept der ständigen Verbesserung kann nur gelingen, wenn eine Organisationsform implementiert wird, die es ermöglicht, dass die Mitarbeiter die wertschöpfenden Prozessschritte und die Planung von Maßnahmen aktiv beeinflussen können. Neben dem Recht, mitwirken zu dürfen, besteht die Pflicht, umsetzen zu müssen.

Zum Symbol für diese neue Art der Organisation wurde das Andon. Dieses japanische Wort bezeichnet eine Reißleine oder einen Knopf, der Hilfe holt, wenn das Prozessteam nicht mehr alleine weiterkommt. Die Arbeiter entscheiden selbst, ob das Produkt den Qualitätsanforderungen entspricht, und nicht die Qualitätskontrolle am Ende der Fertigungslinie. Ein erkanntes Problem wird sofort selbst beseitigt und notfalls haben die Arbeiter sogar die Befugnis, das Band anzuhalten. Statt stupider Wiederholungen immer des gleichen Handgriffs wurde von den Arbeitern plötzlich Mitdenken gefordert.

Allgemein und auch auf die Bereiche außerhalb der Fertigung übertragen heißt das, das Prozessteam ist nicht nur für die Tätigkeiten im Prozess verantwortlich, sondern auch für die Ergebnisse. Es bestimmt daher mit, wie der Prozess gestaltet wird, und es verfügt auch über ein eigenes Budget, um kleinere Maßnahmen direkt umzusetzen. Das soll jedoch nicht heißen, dass das Geld auch ausgegeben werden muss. Oft kosten die besten Lösungen überhaupt nichts.

Damit die Beteiligung kein Lippenbekenntnis bleibt, ist eine Organisationsform notwendig, die das Arbeiten an der Prozessverbesserung ermöglicht. Es muss die Möglichkeit geben, über den Prozess zu sprechen, Ideen auszutauschen, Maßnahmen auszuprobieren, die Auswirkungen zu beurteilen und Erfolge zu standardisieren. Um das alles hinzubekommen, arbeiten die Mitarbeiter in den Prozessen als Arbeitsgruppen zusammen. Dies gilt jedoch nicht nur für die Fertigung, sondern auch für das Großraumbüro und die Mitarbeiter, die Tür an Tür auf dem gleichen Flur sitzen.

Wenn immer die Möglichkeit besteht, teilen sich mehrere Personen dieselben Aufgaben. Wer welche Tätigkeit wann genau ausführt, bestimmen die Mitglieder der Arbeitsgruppe selbst. Wenn es nicht möglich ist, ständig zusammenarbeitende Gruppen einzurichten und die Aufträge gemeinsam zu erledigen, dann sollte es zumindest regelmäßige Treffen geben, um über die anliegenden Dinge zu entscheiden. Solche Treffen können beispielsweise täglich als Lagebesprechung zu Beginn der Arbeitszeit in der Nähe eines Anschlagbretts, in einer bestimmten Ecke des Großraumbüros oder in einem Gruppenraum stattfinden. Die Anschlagbretter können gleichzeitig zur Visualisierung der Indikatoren und bestehender Probleme dienen.

Wenn in der Produktion der Takt eingehalten werden muss oder man im Callcenter am Telefon klebt, dann besteht die Möglichkeit, die Schichten und tägliche Arbeitszeiten überlappend zu planen, so dass am Anfang oder Ende der Schicht noch Zeit bleibt.

Die kurzen Treffen sollen möglichst effektiv gestaltet werden und fast ohne besondere Vorbereitung der Teilnehmer stattfinden. Nur an wenigen Arbeitsplätzen ist es möglich, Präsentationen vorzubereiten, umfangreiche Informationen zu beschaffen und bunte Diagramme zu erstellen. Stattdessen werden Visualisierungsmethoden und Standardberichte verwendet, die es erlauben, alle notwendigen Informationen schnell zu erfassen. Außerdem muss es eine Möglichkeit geben, Verbesserungsideen zu sammeln, zu bewerten und dann umzusetzen. Bei der Verbesserung muss nicht sofort die perfekte Lösung angestrebt werden.

HINWEIS: Perfektion ist bei der ständigen Verbesserung zwar das endgültige Ziel, es kann aber niemals in einem Schritt erreicht werden. Es sollen wieder und wieder schnelle, kleine Änderungen durchgeführt werden und jede Änderung zieht eine weitere nach sich. Somit wird eine positive Dynamik erzeugt, die den Verbesserungszyklus ins Rollen bringt und nur schwer wieder aufzuhalten ist.

5.1.2 Werkzeuge der ständigen Verbesserung

Es gibt viele Werkzeuge, die zur Unterstützung der ständigen Verbesserung eingesetzt werden können. Obwohl es hilfreich ist, das geeignete Werkzeug für den richtigen Zweck zu finden, sind Geisteshaltung und die beschriebenen Prinzipien viel wichtiger. Die Werkzeuge entstammen auch keiner Geheimwissenschaft, sondern sind seit Jahren aus dem Qualitätsmanagement, Innovationsmanagement, Projektmanagement oder ähnlichen Anwendungsbereichen bekannt. Bild 5.4 zeigt eine Übersicht über gängige Werkzeuge.

Bild 5.4 Werkzeuge der ständigen Verbesserung

Das Wichtigste ist, dass das Unternehmen seine Lieblingswerkzeuge aussucht und für die richtige Situation standardisiert. Einige sollen feststehen und in den Trainingsplan aufgenommen werden. Wenn alle Beteiligten die Methode bereits kennen, hat das viele Vorteile, insbesondere wenn es um Berichte und Entscheidungen geht. Müsste sich jedes Prozessteam einzeln mit der Auswahl und Einführung der richtigen Methode auseinandersetzen, dann ginge viel Effizienz verloren. Das vorhandene Wissen der Gruppe kann besser für die Prozessverbesserung eingesetzt werden als zur Ausarbeitung des optimalen Werkzeugs. Diese Gedanken sollen aber auch keine Aufforderung zum Schaffen einer Werkzeugpolizei sein. Es empfiehlt sich, hier vorzugehen wie bei der ständigen Verbesserung an sich. Eine gute Idee wird ausprobiert, wenn sie etwas bringt, wird sie beibehalten, und wenn nicht, wird sie schnell wieder vergessen.

Bevor sich das Prozessteam jedoch mit vollem Gewicht in den Ring schwingt und mit der neuen Aufgabe beginnt, soll erst einmal geklärt werden, was Verbesserung bedeutet. Kurz zusammengefasst sind das alle Maßnahmen, die entweder die Wirksamkeit oder die Effizienz der Prozesse erhöhen.

Die Wirksamkeit zu erhöhen, bedeutet, näher an den Kern der Anforderungen heranzukommen und die Streuung darum herum beziehungsweise die Fehlerraten zu reduzieren. Liegt eine technische Spezifikation für den Prozess vor, so ist das einfach zu verstehen. Der Mittelwert der produzierten Ergebnisse soll auf dem Zielwert der vom Kunden gewünschten Spezifikation liegen. Liegt der Mittelwert noch nicht ganz auf dem Zielwert, so bedeutet jede Annäherung eine Verbesserung. Außerdem soll jedes einzelne Ergebnis möglichst nahe am Zielwert liegen. Obwohl die Toleranz eine gewisse Abweichung zulässt, stellt es eine Verbesserung dar, wenn die Streuung um den Mittelwert reduziert wird. Zur Verdeutlichung seien hier zwei Beispiele aus dem Alltag genannt. Wer hatte nicht schon einmal Schuhe, Hemden, Blusen oder andere Kleidungsstücke, die zwar die richtige Größe auf dem Etikett tragen, aber doch ein wenig zwicken. Besser wäre es, wenn alle Einzelteile doch genau die Größenangaben treffen. Nach dem erfolgreichen Einkaufszug belohnen sich viele mit einem Cappuccino oder Espresso auf der Terrasse des italienischen Stammcafés. Der Espresso ist zwar heute gut, aber sonst ist er noch besser. Eine Qualitätsverbesserung wäre es, wenn die Espressoqualität nicht mehr so schwanken würde.

In der Sprache der Prozesse bedeutet die Wirksamkeitsverbesserung also das Erhöhen der Kundenzufriedenheit, das Verbessern der Ergebnisqualität, das Reduzieren der Fehlerrate, das Erhöhen der Termintreue, das Beseitigen von Ungereimtheiten und Schwachstellen, das Zusammenbinden von losen Enden oder das Aufdecken von Fehlerursachen.

HINWEIS: Prozessverbesserung beinhaltet alle Maßnahmen, die entweder die Wirksamkeit oder die Effizienz der Prozesse erhöhen. ■

Eine Effizienzverbesserung bedeutet, noch sparsamer mit den zur Verfügung stehenden Mitteln umzugehen. Das schlägt mit kürzeren Durchlaufzeiten, höheren Ausbeuten und verringertem Ressourcenverbrauch zu Buche. Effizienzverbesserung bedeutet die Konzentration auf die wertschöpfenden Tätigkeiten. Ein optimierter Prozess zeichnet sich nicht dadurch aus, dass nichts mehr hinzugefügt, sondern dadurch, dass nichts mehr weggelassen werden kann. Jede Tätigkeit, die nicht direkt oder zumindest indirekt zur Wertschöpfung beiträgt, stellt letztendlich eine Verschwendung von Ressourcen und Zeit dar. Gerade das Aufspüren und Beseitigen von Verschwendungen ist in kleinen Schritten möglich und benötigt keine großen Projekte und umfassenden Analysen.

Die sieben Verschwendungsarten

Es gibt etliche Beiträge in der Fachliteratur, die sich damit beschäftigen, in welche Kategorien Verschwendungen eingeteilt werden können, wie sie entstehen und woran man sie leicht erkennt. Der bekannteste dieser Beiträge stammt von Taiichi Ohno und ist unter dem Namen „Die Sieben Verschwendungsarten“ bekannt. Ohno war von 1950 bis 1982 maßgeblich an der Entwicklung des Toyota-Produktionssystems beteiligt und entwickelte neben den „Sieben Verschwendungsarten“ insbesondere die heute in der Logistik bekannten Prinzipien der Kanban-Steuerung und der Just-in-time-Produktion (Ohno

1993). Bild 5.5 zeigt die sieben Verschwendungsarten, die im Folgenden kurz erläutert werden. In der ursprünglichen Darstellung beziehen sie sich auf Produktionsprozesse. Hier werden die Ausführungen jedoch allgemeiner dargestellt, sodass sie auch die Prozesse außerhalb der Produktion mit abdecken.

1. Überproduktion
2. Wartezeit
3. Unnötige Transporte
4. Ungünstige Prozessgestaltung
5. Überhöhte Bestände
6. Unnötige Tätigkeiten
7. Fehlerhafte Ergebnisse

Bild 5.5 Die sieben Verschwendungsarten nach Ohno

- **Überproduktion**

  Überproduktion liegt immer dann vor, wenn mehr produziert wird, als der interne oder externe Kunde aktuell bereit ist abzunehmen.

  Bei der Überproduktion werden zwar wertschöpfende Schritte ausgeführt, es ist aber nicht sicher, ob die erzeugten Ergebnisse jemals abgerufen werden. Die Ursache liegt oft in einer starren Losgröße in der Fertigung, die nicht an den Bedarf angepasst wird. Ein anderer Grund ist die Konzentration auf die Auslastung der Produktionsanlagen. Man ist bestrebt, die teuren Maschinen immer laufen zu lassen und vermeidet Stillstand, auch wenn keine Bestellungen vorliegen. Und der dritte Grund ist häufig das Sicherheitsdenken. So wird beispielsweise von vornherein mit einer gewissen Ausschussquote und einem Schwund im Lager gerechnet. Das Sicherheitsdenken lässt sich jedoch nicht nur bei der Fertigungsplanung beobachten, sondern taucht in allen Prozessen auf. Interne Aufträge werden bereits ausgelöst, obwohl noch kein Bedarf vorliegt. So werden Statistiken, Auswertungen und Laborprüfungen in Auftrag gegeben, um Daten vorliegen zu haben, falls mal einer fragt. Instandhaltungsaufträge werden vorsichtshalber ausgelöst, weil gerade an anderer Stelle etwas zu Bruch ging. Das Angebot wird in möglichst vielen Varianten erstellt, damit der Kunde etwas zum Aussuchen hat, und es sollen möglichst viele Produkte im Katalog erscheinen, falls ein Kunde danach fragt. Das Auslösen solcher internen Sicherheitsaufträge belastet die Prozesse und führt dazu, dass notwendige interne Aufträge in der Warteschlange hängen und nur zeitverzögert weiterbearbeitet werden.

- **Wartezeit**

  Das ruft gleich die zweite Art der Verschwendung auf den Plan, nämlich Wartezeit. Das ist der Zeitraum, in dem keine Aktivität stattfindet. Entweder der Mitarbeiter wartet auf den nächsten Auftrag oder ein Auftrag wartet in der Warteschlange, bis ein Mitarbeiter oder eine Anlage wieder frei wird.

  Solche Warteschlangen lassen sich sogar sehen. Sie bilden sich in der Fertigung vor den Anlagen oder sogar in separaten Wartezonen für nicht beendete Aufträge. In Büros lassen sich Warteschlangen eher an dem Stapel im Eingangskorb erkennen, bei dem der nächste Auftrag immer oben aufgelegt wird. Heute gibt es solche Eingangskörbe nur noch in den seltensten Fällen. Das heißt jedoch nicht, dass die Warteschlangen im Bürobereich verschwunden sind, sie wurden nur in den elektronischen Posteingangskorb der E-Mail-Programme verschoben.

  So stellt die Wartezeit den größten Anteil an der Durchlaufzeit für die Herstellung eines Produkts oder die Erledigung eines Auftrags dar. Sie entsteht, wenn Mitarbeiter zum Beispiel auf fehlende Informationen aus anderen Prozessen, auf Materialnachschub oder auf das Ende eines Bearbeitungszyklus einer Maschine warten müssen, wenn also die Kapazitäten der einzelnen Prozesse nicht aufeinander abgestimmt sind oder wenn ungeplante Tätigkeiten wie Rückfragen oder Nacharbeit auftauchen. Werden also z.B. viele fehlerhafte Produkte zu den Kunden gesendet und es gibt nur wenige Mitarbeiter, die die Reklamationen bearbeiten, oder werden die Produkte per Internetplattform angeboten und liegen viele Bestellungen vor, aber die Versandkapazitäten können nicht schritthalten, so kommt es zu Wartezeiten. Weitere Gründe sind ein zu hoher Grad der Arbeitsteilung, zu lange Rüstzeiten und Vorbereitungszeiten oder das ständige Auftreten von Eilaufträgen.

  Neben den langen Durchlaufzeiten haben Wartezeiten gleich noch eine Reihe anderer negativer Auswirkungen. Es entstehen Bestände, die Kapital und flüssige Mittel binden, die Kunde erhalten ihre Leistungen erst verspätet und es wird generell schwierig, Termine einzuhalten.

- **Unnötige Transporte**

  Die dritte Art der Verschwendung sind unnötige Transporte. Transportiert wird so ziemlich alles, was sich transportieren lässt, wie zum Beispiel Rohmaterial, Werkstücke, Werkzeuge, Fertigprodukte oder Betriebsmittel. Durch den Transport werden Ressourcen für nicht wertschöpfende Tätigkeiten gebunden, die anderweitig eingesetzt werden könnten. Außerdem kann es leicht passieren, dass benötigte Werkzeuge oder andere Hilfsmittel nicht vor Ort zur Verfügung stehen, sondern sich gerade woanders befinden und erst geholt werden müssen.

  Ein werkstattorientiertes Produktionslayout, das sich nicht an den einzelnen Wertschöpfungsschritten orientiert, kann leicht zu erhöhtem Bedarf an innerbetrieblichen Transporten führen. Zentrale, große Lager tun ihr Übriges. Aber auch Warenmuster, Büroausstattung, Prüfmittel usw. werden durch das Unternehmen bewegt und auch außerhalb der Fertigung ist der unnötige Transport ein großes Problem, nämlich wenn Aufträge durch zu viele unterschiedliche Bereiche und Abteilungen wandern müssen, da die Arbeitsgruppen nicht entlang des Prozesses organisiert sind. Hierdurch ergeben sich jedoch nicht nur die Probleme des physischen Transports, sondern es kommt zu Informationsverlust, unklaren Zuständigkeiten und den langen Durchlaufzeiten.

- **Ungünstige Prozessgestaltung**

  Als Nächstes soll auf die Verschwendungsart der ungünstigen Prozessgestaltung eingegangen werden. Sie liegt vor, wenn der Prozess nicht für die Erzeugung der gewünschten Prozessergebnisse geeignet ist oder nur unter besonderer Anstrengung und Konzentration das Ergebnis erreicht werden kann.

  Bei Fertigungsprozessen liegt es auf der Hand, dass unangemessene Fertigungsverfahren zu Effizienzverlusten führen, bei administrativen Prozessen wird dieser Effekt z. B. durch unangemessene Arbeitsanweisungen oder Prozessbeschreibungen, durch mangelnde Software oder durch unzureichende Hilfsmittel verursacht. Wenn die Prozesse unnötig komplex ausfallen, zu viele oder zu wenig Kontrollen haben, ungünstige Bedienelemente oder Nutzerschnittstellen aufweisen oder unverständliche Formulare bzw. Eingabemasken genutzt werden müssen, so handelt es sich ebenfalls um ungünstige Prozessgestaltung. Sogenannte Schattenprozesse weisen ebenfalls darauf hin. Das heißt, der einmal festgelegte Prozess ist zu umständlich und wird daher umgangen und die Mitarbeiter versuchen, das erwünschte Ergebnis auf eine andere Weise zu erreichen.

  Als Ursachen für die ungünstige Prozessgestaltung müssen zumeist Planungsfehler angeführt werden. Eventuell haben sich aber auch die Anforderungen verändert oder die eingesetzten Mittel und die Technologie wurden mit der Zeit weiterentwickelt, der Ablauf und die Organisation des Prozesses wurden aber nicht in geeigneter Weise mit verändert.

- **Überhöhte Bestände**

  Die fünfte Art der Verschwendung stellen überhöhte Bestände dar. Sie existieren häufig als sogenannte Angstbestände, die nur deshalb gehalten werden, weil irgendwann an irgendeiner Stelle etwas fehlen könnte. Oder die Bestände verdecken nicht abgestimmte Kapazitäten, schlecht geplante Abläufe und Probleme in Prozessen. Hohe Rohmaterialbestände verdecken unzureichende Liefertreue von Lieferanten, hohe Bestände an Halbfertigware verdecken den fehlenden Fluss und nicht aufeinander abgestimmte Kapazitäten oder sie sollen eventuelle Maschinenausfälle kompensieren. Hohe Fertigwarenbestände sollen trotz langer Durchlaufzeiten schnelle Lieferungen ermöglichen und Schwankungen auf dem Absatzmarkt ausgleichen.

  Wenn die Prozesse also verbessert werden, können auch die Bestände gesenkt werden und das gebundene Kapital wird wieder frei und kann an anderer Stelle eingesetzt werden.

- **Unnötige Tätigkeiten**

  Als Sechstes sind unnötige Tätigkeiten zu nennen. Dazu zählen auch kleinere Bewegungen wie das Reichen von Werkzeugen oder das Hinlangen zu unnötig weit entfernt angeordneten Komponenten. Aber auch der Gang zur zentralen Werkzeugausgabe ist hier zu nennen. Die Verschwendung liegt nicht in der Bewegung an sich, sondern in der Tatsache, dass die Mitarbeiter häufig ihre Arbeit unterbrechen müssen, weil

Dinge fehlen, die sie dringend zum Weiterarbeiten benötigen, oder dass sich kein harmonischer Arbeitsfluss einstellt. In diese Kategorie gehört auch die ungünstige oder fehlende Arbeitsplatzergonomie, die nicht nur die Effizienz des Mitarbeiters einschränkt, sondern auch zu Arbeitsunfällen oder Fehlern führen kann.

Führt man hier eine etwas weitere Betrachtung durch, so gelten alle Tätigkeiten als Verschwendung, die nicht direkt oder zumindest indirekt zur Wertschöpfung beitragen. Tätigkeiten tragen dann direkt zur Wertschöpfung bei, wenn sie ein Ergebnis erzeugen, das Voraussetzung dafür ist, dass der Kunde kauft, oder für das der Kunde bereit ist zu zahlen. So erwartet der Kunde vielleicht eine schnelle Lieferung innerhalb von zwei Tagen, aber nicht unbedingt am nächsten Tag. Der Kunde zahlt für ein fehlerfreies Produkt, er zahlt jedoch nicht dafür, dass alle zwei Stunden die Fertigungsanlagen angehalten, gesäubert und überprüft werden, außer, wenn dadurch der Wert des Produkts erhöht wird. Das mitgelieferte Datenblatt soll die wichtigsten technischen Daten wiedergeben, aber nicht eine lange Kolonne aller erdenklichen Werte enthalten. Die Oberfläche eines Produkts soll vielleicht glatt und frei von Graten sein, aber es ist nicht nötig, sich spiegeln zu können. Indirekt tragen Tätigkeiten zur Wertschöpfung bei, wenn sie zwar nicht direkt den Wert eines Prozessergebnisses für den Kunden steigern, aber indirekt andere wertschöpfenden Tätigkeiten effizienter machen. In diese indirekte Kategorie fallen im Prinzip alle Tätigkeiten der Planung, Lenkung und Überwachung. Sie sind aber nicht automatisch indirekt wertschöpfend, weil sie nun einmal da sind, sondern es bedarf noch einer plausiblen Begründung der Effizienzsteigerung.

- **Fehlerhafte Ergebnisse**

  Als Letztes seien noch fehlerhafte Ergebnisse genannt. Dass Ausschuss oder Nacharbeit, Rückfragen und Doppelarbeit generell der Verschwendung zuzuordnen sind, ist nachzuvollziehen. Die Prozessschritte wurden durchgeführt, aber nicht mit dem geplanten Ergebnis und ohne Wertschöpfung. Die bereits geleistete Arbeit ist zumindest teilweise Verschwendung und muss korrigiert oder wiederholt werden.

  Ursachen für fehlerhafte Ergebnisse gibt es reichlich: schlecht gewartete Maschinen, unvollständige oder fehlerhafte Informationen, unzureichend geschulte Mitarbeiter, fehlerhafte Rohmaterialien, nicht kalibrierte Messmittel, ungeeignete Arbeitsmittel und Software usw. Verallgemeinert man die Beispiele, so entstehen Fehler aufgrund von unzureichenden Prozesseingaben oder aufgrund unzureichender Verarbeitung der Eingaben. Fehlen Prozesseingaben gänzlich, so führt dies zwangsläufig zu Fehlern. Bei Fertigungsprozessen ist es teilweise nicht möglich, die Produktion durchzuführen. Bei anderen Prozessen, wie zum Beispiel Angebotserstellung, Produktionsplanung oder Produktentwicklung, ist es jedoch häufig nur schwierig zu erkennen, ob alle benötigten Eingaben vorliegen. Mangelhafte Eingaben sind noch schwieriger aufzuspüren als fehlende. Gemeint sind hier solche Eingaben, die zwar augenscheinlich vorliegen, aber deren Informationsgehalt unrichtig oder unvollständig ist.

5.1.3 Wertstromanalyse

Einem besonderen Werkzeug der ständigen Verbesserung soll hier doch noch etwas intensivere Aufmerksamkeit geschenkt werden: der Wertstromanalyse. Sie nimmt eine Sonderstellung unter allen anderen Werkzeugen ein, da sie sich reibungslos in den Ablauf des Prozessmanagements einordnet und in besonderer Art und Weise die Prinzipien der ständigen Verbesserung unterstützt. Sie fördert gleichzeitig die Arbeit in Gruppen, hilft, Ideen zur Prozessverbesserung zu finden, visualisiert den Prozessablauf und startet den Problemlösungsprozess.

HINWEIS: Bei der Wertstromanalyse geht es darum, den Prozess bildlich darzustellen und anschließend zu analysieren, wo es Möglichkeiten zur Verbesserung gibt. Der Prozess wird systematisch durchleuchtet, Daten werden aufgenommen und es wird festgestellt, wo der Prozess Verschwendungen aufweist oder fehlerhafte Ergebnisse produziert.

Die Grundprinzipien der Wertstromanalyse sind, dass das Prozessteam sich selbst von dem Zustand des Prozesses überzeugt, sein Wissen in die Verbesserung einbringt und die für gut befundenen Verbesserungsmöglichkeiten selber umsetzt. ■

Dieses Werkzeug ist nicht darauf ausgelegt, dass Externe den Prozess analysieren und Verbesserungsvorschläge machen. Daher sind die Visualisierung und die Diskussion in der Gruppe sehr wichtig.

Die Prozessdaten werden nicht im Besprechungsraum diskutiert und aus der Theorie abgeleitet oder aus Arbeitsanweisungen abgelesen. Der Prozess soll selbst für sich sprechen. Dazu begibt sich das Wertstromteam direkt an den Ort des Geschehens, führt eine Prozessbegehung durch und nimmt in vorab festgelegter Weise die Prozessdaten auf. Bei der Begehung hilft das festgelegte Ablaufdiagramm und es wird bei der Gelegenheit gleich auf Richtigkeit und Vollständigkeit überprüft.

Handelt es sich nicht um einen Fertigungsprozess und läuft er überwiegend in Büros und im IT-System des Unternehmens ab, dann wird eine systematische Durchsprache vorgenommen. Dazu wird ein Konferenzraum gebucht, in dem das Wertstromteam sein Lager aufschlägt. Von hier aus folgt es dem Prozess nacheinander in die verschiedenen Büros und an die Arbeitsplätze. Die Daten können nicht alle durch Beobachten ermittelt werden, sondern es werden eher Interviews durchgeführt und es wird Einblick in Datenbank- und Workflow-Systeme genommen.

Je nach verfügbarem Platz und nach Praktikabilität kann nicht immer das ganze Team zu den Mitarbeitern in die Büros gehen, sondern ein oder zwei Vertreter des Teams übernehmen diese Aufgabe. Die anderen warten so lange im Basislager und erledigen von dort aus Auswertungen oder Recherchearbeiten am Computer oder Telefon.

Von den Interviews werden im Prozess benutzte Formulare und Screenshots mitgebracht. Umfangreiche Vorbereitungen und Zeitpläne sind kaum notwendig, da die Beobachtungen und Interviews überwiegend bei den Kollegen aus dem eigenen Arbeitsbe-

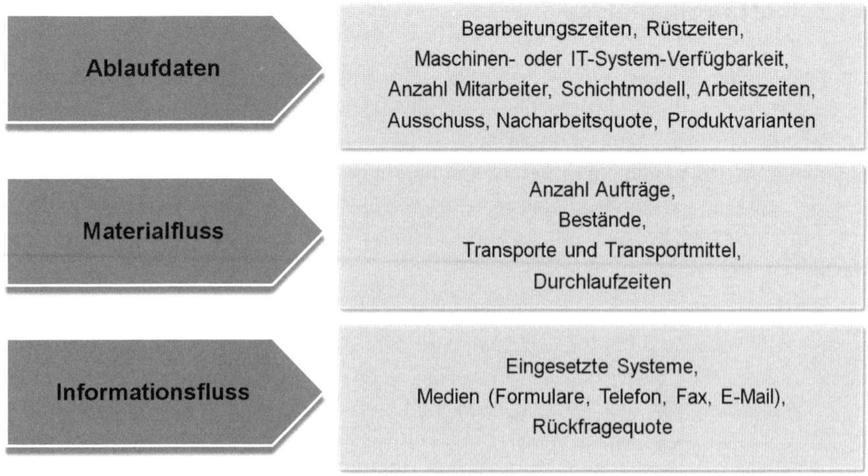

Bild 5.6 Typische Prozessdaten für die Wertstromanalyse

reich stattfinden. Bild 5.6 zeigt typische Prozessdaten, die während der Begehung oder Durchsprache aufgenommen werden.

Nach der Datenaufnahme wird der Wertstrom wie im Bild 5.7 dargestellt und die erhobenen Daten werden eingetragen. Die Ergebnisse werden diskutiert. Durch sogenannte Kaizen-Blitze werden Stellen gekennzeichnet, die nicht rund laufen und an denen es immer wieder zu Problemen und Fehlern kommt.

Die Prozessdaten und die darauf aufbauende Analyse der sieben Verschwendungsarten zeigen Möglichkeiten zur Prozessverbesserung an. Sind diese identifiziert, so lassen sich Maßnahmen ableiten. Kleinere Verbesserungen, die eine offensichtliche Wirkung entfalten, werden sofort umgesetzt, erst in kleinem Maßstab und nicht ohne die Ergebnisse zu beobachten. Die umfangreicheren Vorhaben werden in den Ideenspeicher geschrieben und gemeinsam mit allen anderen Verbesserungsvorschlägen bewertet. So wird sichergestellt, dass auch wirklich die lohnendsten Maßnahmen mit dem geringsten Risiko zuerst umgesetzt werden.

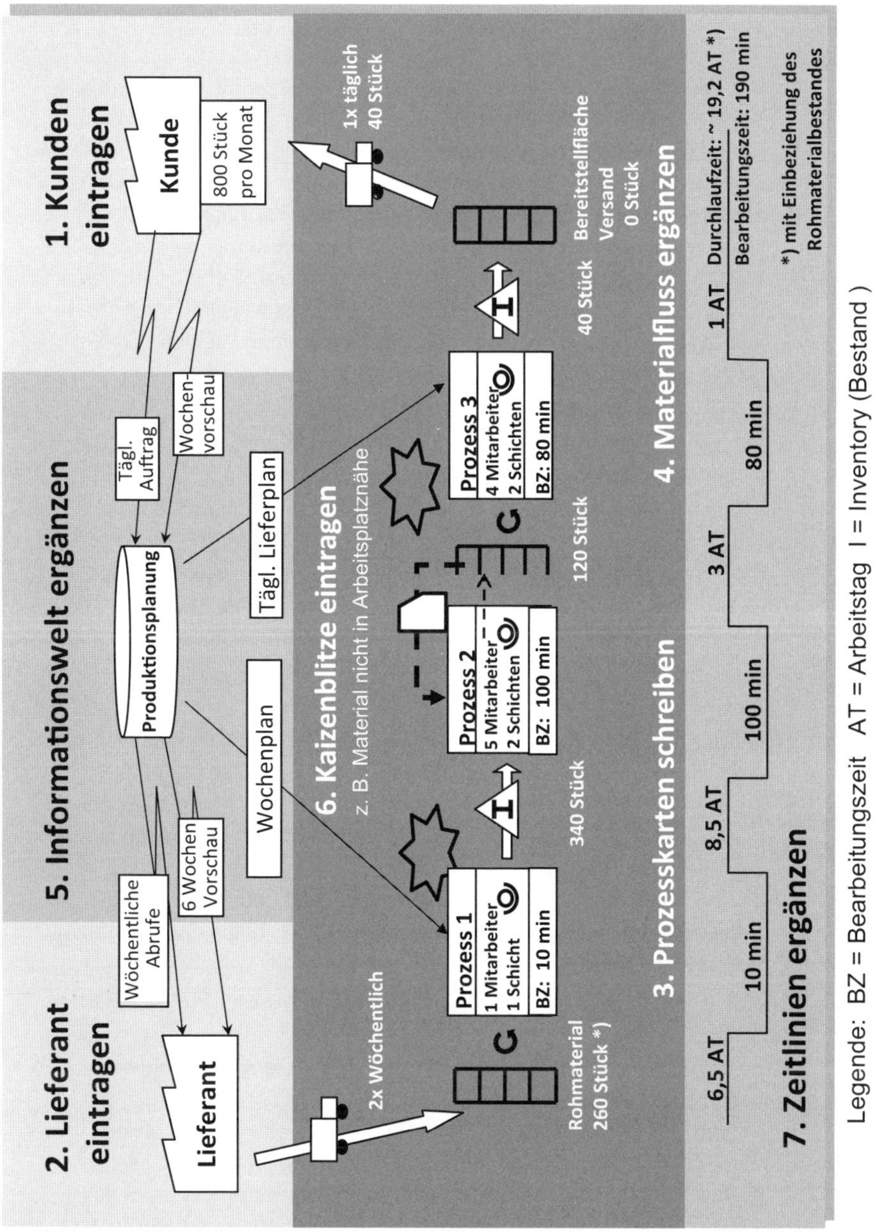

Bild 5.7 Wertstromdiagramm (Lindner/Becker 2013, S. 301)

Werkzeug 13: Wertstromanalyse

1. Die **Wertstromanalyse** ist ein Werkzeug, welches im Prozessteam durchgeführt wird. Einigen Sie sich zunächst darauf, ob der gesamte Prozess in einem Durchgang analysiert werden soll oder ob Sie Teilprozess für Teilprozess vorgehen möchten, und stecken Sie den **Zeitplan** ab. Es bietet sich an, einen **Workshop für mehrere Tage** anzusetzen. Lässt sich das im ausgewählten Prozess nicht realisieren, so kann die Wertstromanalyse auch während mehrerer kurzer Treffen durchgeführt werden. Entscheiden Sie, ob noch weitere Experten oder ein Moderator hinzugezogen werden sollen, und bestimmen Sie eine Person, die die weitere Vorbereitung übernimmt.
2. Nachdem der Prozess oder Teilprozess ausgewählt wurde, bestimmen Sie das **Objekt**, an dem die Analyse durchgeführt werden soll. Das kann z. B. eine Anfrage oder ein Auftrag sein, den Sie durch die Organisation verfolgen. In der Fertigung bietet es sich an, ein Produkt auszuwählen, das Sie über alle Wertschöpfungsstufen analysieren. Sammeln Sie im Vorfeld **Daten und Unterlagen**, die den Prozess beschreiben. Das können Turtle-Diagramme, Ablaufdiagramme, Arbeitsanweisungen, Prozessbeschreibungen, Indikatoren oder Ähnliches sein.
3. Bevor das Prozessteam die erste Wertstromanalyse durchführt, sollte es eine grundlegende **Einführung in die Thematik** erhalten. Diese Einweisung sollte die Regeln für das Arbeiten in Gruppen, eine Übersicht über die **Verschwendungsarten** und das Werkzeug der Wertstromanalyse enthalten. Haben Sie einen mehrtägigen Workshop geplant, so kann die Einweisung zu Beginn der Veranstaltung stattfinden. Eventuell kann die Wertstromanalyse auch vom Programmleiter und seinem Stab unterstützt werden. Diese können als interne Berater auftreten und die Einweisung und Moderation übernehmen oder bei der Vorbereitung unterstützen.
4. Jede Wertstromanalyse bedarf einer **Vorbesprechung**, um die vorhandenen Unterlagen zu sichten, festzulegen, welche Daten aufgenommen werden, und die **Aufgabenverteilung für die Analysephase** zu besprechen. Verteilen Sie folgende Aufgaben im Analyseteam: a) Abweichungen zwischen Ablaufdiagramm und tatsächlichem Prozess notieren, b) Problembereiche, Schwachstellen und Fehlermöglichkeiten notieren. Hieraus ergeben sich anschließend die Kaizen-Blitze: c) den Informationsfluss und die eingesetzten Medien notieren, d) die Fotografenrolle übernehmen. Das heißt nicht unbedingt nur zu fotografieren, sondern auch Ausdrucke von Bildschirmmasken und Kopien von Formularen und Unterlagen zu sammeln. e) Daten sammeln, f) Interviews führen. Nehmen Sie hierzu auch das Bild 5.6 zu Hilfe und entscheiden Sie, welche Daten in der aktuellen Situation relevant sind. Bedenken Sie bei der Rollenverteilung auch, dass nicht das gesamte

Team bei der Analyse jedes Teilschritts anwesend ist, insbesondere bei einer **Prozessdurchsprache**, die in den Büros stattfindet.

5. So vorbereitet gehen Sie nun den gesamten Teilprozess in einem Stück durch bzw. sprechen Sie ihn durch. Dabei erheben Sie die Daten und protokollieren Sie die Interviews, wie in der Vorbereitung besprochen. Alle Beteiligten, die nicht im **Analyseteam** sind, sollten vorher informiert werden. Direkt bevor die Beobachtungen und Interviews durchgeführt werden, sollten Sie für die Beteiligten, die nicht aus dem Wertstromteam stammen, noch einmal kurz den Zweck der Wertstromanalyse erläutern. Dies sollte auch beinhalten, was **protokolliert** wird und aus welchem Grund das geschieht.
6. Nun wird es spannend. Fassen Sie die Ergebnisse **bildlich** zusammen und stellen Sie **Material- und Informationsflüsse** so dar, wie in Bild 5.7 gezeigt. Die Nummerierung im Bild gibt die Reihenfolge an, in der der Wertstrom am besten dargestellt wird. Zunächst werden die Kunden und Lieferanten in die oberen rechten und linken Ecken eingetragen. Das können auch interne Kunden und Lieferanten sein. Dann schreiben Sie als Drittes die einzelnen Prozessschritte auf **Pappkarten** auf und befestigen Sie sie in der richtigen Reihenfolge an der großen Pinnwand. Auf die Karten werden direkt die erhobenen Daten geschrieben. Im Beispiel sind das die Anzahl der Mitarbeiter und der Schichten sowie die **Bearbeitungszeit** pro Schritt. Je nachdem, was Sie hier am meisten interessiert, könnte das aber auch die Losgröße, die Anzahl an Varianten oder die Rückfragequote sein. Reicht der Platz auf der Pappkarte nicht aus, so wird eine zweite darunter angebracht, eventuell in einer anderen Farbe. Das **Dreiecksymbol** bedeutet Puffer und zeigt entweder physische Bestände oder wartende Aufträge in der Warteschlange an. Das **Regalsymbol** am Anfang und Ende zeigt den Bestand an Rohmaterial bzw. Fertigwaren an. Als Viertes wird der Materialfluss bzw. der logische Prozessablauf ergänzt. Im fünften Schritt wird die Informationswelt ergänzt. Durch **Pfeile** wird die Richtung der Information beschrieben und die Beschriftung gibt den Informationsinhalt wieder. Informationspfeile können nicht nur zwischen Arbeitsschritt und Datenbank, sondern auch zwischen den Arbeitsschritten auftauchen. Als Sechstes werden die **Kaizen-Blitze** eingetragen, die während der Beobachtung und der Interviews bereits ermittelt wurden, und im siebten Schritt wird die **Zeitlinie** ergänzt.
7. Die **Zeitlinie** nimmt eine besondere Stellung in der Wertstromanalyse ein. Sie gibt pro Schritt die reine **Bearbeitungszeit** und die gesamte **Durchlaufzeit** an. Aus diesen Angaben wird für den gesamten Prozess der Flussgrad = Bearbeitungszeit/Durchlaufzeit errechnet. Dies macht verschiedene Prozesse untereinander vergleichbar und zeigt die erreichte Güte des Prozesses an. Der Quotient wird zu eins, wenn die gesamte Durchlaufzeit durch die Bearbeitungszeit bestimmt wird und

das Flussprinzip zu 100 % umgesetzt ist. Je weiter das Ergebnis an null heranreicht, desto länger ist die Wartezeit im Vergleich zur Durchlaufzeit.

8. Als Nächstes werden die erhobenen Daten ausgewertet, die direkt unter den Prozessschritten zu sehen sind. Die Daten werden mit den sieben **Verschwendungsarten** in Verbindung gebracht und wenn sich daraus weitere **Verbesserungsmöglichkeiten** ergeben, so werden wiederum Kaizen-Blitze verteilt. Sollte es sich nun ergeben, dass einige Daten doch fehlen oder dass es widersprüchliche Auffassungen darüber gibt, so werden die fehlenden Angaben beschafft und nachträglich ergänzt. Alle Prozessblitze werden durchnummeriert, mit einem knappen Satz näher beschrieben und auf ein separates Blatt übertragen.
9. Nun beginnt die kreative Phase der Wertstromanalyse und für jeden Kaizen-Blitz wird überlegt, wie man den **Prozess** an dieser Stelle **verbessern** könnte bzw. wie das Problem gelöst werden kann. Solche Vorschläge sind nur die ersten Ideen und geben eine Richtung an, in der die Lösung erwartet wird. Die Details werden erarbeitet, sobald die Prioritäten vergeben wurden. Die Vorschläge könnten zum Beispiel wie folgt lauten. An Maschine A kommt es immer wieder zu Störungen, dazu soll ein Problemlösungsplan erstellt werden. In Prozess B fehlen immer wieder wichtige Informationen, diese sollten als Pflichtfelder in den elektronischen Workflow eingearbeitet werden. Prozess C dauert immer so lange, weil erst die Genehmigung abgewartet werden muss, bevor der Auftrag ausgelöst wird. Es sollten klare Kriterien für Vorgänge festgelegt werden, die keine Genehmigung benötigen, usw.
10. Sind die **Verbesserungsvorschläge** aufgelistet, so werden sie gemeinsam mit allen anderen bestehenden Vorschlägen aus dem Ideenspeicher bewertet und in eine **Reihenfolge** gebracht, sodass die besten Vorschläge auch als Nächstes umgesetzt werden. Einige der Verbesserungsvorschläge benötigen zumeist nur ein paar Handgriffe und die Ursache-Wirkungs-Zusammenhänge sind vollkommen klar, z. B. hat der Wischeimer einen Riss und es tropft immer Wasser heraus. Die Frage ist hier nur, warum sich noch keiner darum gekümmert hat. Tun Sie sich in solchen Fällen selbst einen Gefallen und kümmern Sie sich sofort um die Angelegenheit. Fügen Sie nicht noch zusätzliche Verschwendung hinzu, indem Sie Vorschläge machen, diese aufschreiben, mit allen anderen bewerten, ein Team bilden und die Maßnahmen für nächsten Sommer planen.

Eine Vorlage für eine Wertstromanalyse steht Ihnen elektronisch zur Verfügung (Werkzeug_13_Wertstromanalyse).

5.1.4 Verbesserungen umsetzen

Viele Werkzeuge zur ständigen Verbesserung verfolgen das Ziel, einen kontinuierlichen Nachschub an Ideen zur Verbesserung zu liefern. So wird im Prozessmanagement zum Beispiel die Nahtstellenvereinbarung genutzt, um die Prozessleistungen an den Anforderungen der Kunden zu spiegeln. Der Hoshin-Kanri-Prozess bestimmt systematisch, welche Verbesserungsziele der Prozess im laufenden Jahr erfüllen soll, Leistungsindikatoren zeigen den Prozessstatus auf und weisen bei negativem Verlauf auf Verbesserungsbedarf hin, Audits zeigen die Abweichung vom festgelegten Standard an und geben Empfehlungen für Verbesserungen. Durch die Wertstromanalyse werden weitere Möglichkeiten zur Verbesserung offen gelegt und letztendlich bieten die regelmäßigen Treffen der Prozessteams die Möglichkeit, zusätzliche Vorschläge zu besprechen. Alle gesammelten Ideen werden im Prozessteam bewertet und anschließend nach Priorität umgesetzt.

Um dem Grundsatz des Prozessmanagements zu folgen, dass alle Prozesse des Unternehmens auf den Kunden ausgerichtet werden sollen, ist das erste Bewertungskriterium der Einfluss auf die Zufriedenheit des Prozesskunden. Dementsprechend können Verbesserungsmaßnahmen, die die internen und externen Kunden nicht bemerken und die somit auch nicht wertschöpfend sind, auch keine hohe Bewertung für dieses Kriterium erhalten.

HINWEIS: Die gesammelten Ideen werden hinsichtlich ihres Einflusses auf die Zufriedenheit des Prozesskunden, ihres Einflusses auf die Prozesseffizienz bewertet sowie hinsichtlich Kosten und Umsetzbarkeit.

Als Zweites wird der Einfluss auf die Prozesseffizienz bewertet. Je größer der Einfluss ist, desto höher fällt die Bewertung aus. Neben die Anforderungen der Kunden treten nun auch interne Anforderungen nach möglichst hoher Wirtschaftlichkeit, die sich aus der Unternehmensstrategie und somit aus den Anforderungen der übrigen Interessengruppen ergeben. Zusätzlich muss noch davon ausgegangen werden, dass keine unerschöpflichen Kapazitäten für Verbesserungsmaßnahmen zur Verfügung stehen. Die vorhandenen Mitarbeiter, die benötigte Zeit und die zur Verfügung stehenden finanziellen und anderen Mittel bilden eine natürliche Beschränkung. Daraus ergeben sich die zusätzlichen Kriterien Kosten und Umsetzbarkeit.

Die Umsetzbarkeit soll anzeigen, ob sich der Vorschlag leicht oder schwer umsetzen lässt. In der idealen Welt ist die Konsequenz dieses Vorgehens, dass genau die Maßnahmen ausgesucht werden, die auch den größten Einfluss auf die Prozessziele haben. Dieser Gedankengang bewahrheitet sich allerdings nur dann, wenn die festgelegten Ziele und Indikatoren für die Wirksamkeit bzw. die Kundenzufriedenheit und die Prozesseffizienz den Prozess vollständig beschreiben und wenn die Abschätzung für Kosten und Erfolgswahrscheinlichkeit zutreffend sind. Ob das im speziellen Einzelfall zutrifft, mag jeder selbst entscheiden. Die Bewertung im Prozessteam stellt in den meisten Anwendungsfällen keine präzise Kalkulation dar, jedoch strukturiert sie die Grup-

Ideenspeicher
Prozess: Mechanische Fertigung
Datum: 15.06.2014

#	Vorschlag	Einfluss auf interne/externe Kundenzufriedenheit	Einfluss auf Prozessziele	Einfluss auf Prozesseffizienz	Geringe Investitionen/Kosten	Leicht umzusetzen	Bedeutung	Bis wann?	Zuständigkeit	Kommentar	Umsetzung
		25	25	20	20	10					
1	Stückzahl als Pflichtfeld im Auftragsformular	9	9	3	3	3	600	KW 40	B.H.	Mit IT-Abteilungen Auftragsabwicklung besprechen	◔
2	Automatisches Etikettendrucken bei Auftragserteilung, alle Daten sind vorhanden und müssen beim Verpacken nicht neu eingegeben werden.	3	9	9	3	3	570	KW 54	Six Sigma	Black-Belt-Projekt	
3	Anschlag zur Begrenzung des Vorschubs	3	9	9	3	3	570	KW 43	K.K.		●
4	Schieblehre als Ersatz, wenn Messmonitor nicht arbeitet	3	3	3	9	9	480	KW 39	T.G.		◕
5	Ausschussrate nicht nur in Datenbank, sondern in Schichtreport	1	3	3	9	9	430	KW 39	T.H.		◕
6	Zähler für Stanzhübe, um den Werkzeugaustausch vorherzusagen	1	1	3	3	3	200	nicht			
7	Jeweils ein freigegebenes Teil als Aussehensbeispiel an der Maschine						0				
8	Schattenwand für Werkzeuge für jede Arbeitsgruppe						0				
9	Kompetenz- und Trainingsmatrix direkt an den Linien aushängen						0				
10	Alarm für Druckabfall anbringen						0				
11	Werkstückkontur in Werkzeugträger gravieren = Dimensionskontrolle						0				
12	Vorspannen ist nur einmal pro Charge notwendig						0				
13	Reinigungsrhythmus verringern, tägliche Reinigung ist nur an Dosiereinheiten notwendig						0				
14	Werkzeug und Material mit Barcode, das mit Barcode auf dem Auftrag verglichen wird						0				
15	Arbeitsschritt 17 und 18 vertauschen, dann passen mehr Streifen auf einen Hub						0				
16	Riemenwechsel und Schmiernippel als autonome Instandhaltung durch die Werker, nicht Instandhaltungsgruppe						0				
17	Drehzahl als Überprüfung beim Einrüsten						0				
18	Standard auf plus 2 mm auslegen, um Schrumpf auszugleichen						0				
19	Maschine A in das Sichtfeld von Arbeitszentrum B rücken						0				
20	Arbeitszentrum A, C, X und Z in Fertigungsreihenfolge aufstellen						0				
	...										

Bild 5.8 Ideenspeicher

pendiskussion, führt sie auf nachvollziehbare Kriterien zurück und hilft Entscheidungen zu treffen. Da die ständige Verbesserung auch selbst der Verbesserung unterliegt, werden die Indikatoren die Prozesse über die Jahre immer genauer abbilden und das Prozessteam wird immer besser im Verbessern.

Liegen alle Verbesserungsvorschläge in bewerteter Form vor, müssen nur noch Maßnahmen ergriffen werden, um die Verbesserungsvorschläge umzusetzen. Dabei können sich zwei Situationen ergeben. Entweder, die Maßnahmen lassen sich leicht, parallel zu den übrigen Verantwortungen im Prozess umsetzen oder es ergeben sich umfangreichere Projekte und Maßnahmenbündel.

Für die einfachen Vorschläge werden die Zuständigkeiten und Zeitvorstellungen festgelegt. Eventuell muss ein Problemlösungsteam eingesetzt werden, das einen Problemlösungsplan erarbeitet, wie er in Abschnitt 4.5 mit dem entsprechenden Werkzeug beschrieben wurde. Die Maßnahmen werden zunächst in kleinem Maßstab ausprobiert und es wird sorgsam auf die Auswirkungen geachtet, bevor sie endgültig in großem Maßstab eingeführt werden. Eventuell kann auch ein kleines Experiment durchgeführt werden.

Um die umfangreicheren Maßnahmen kümmert sich der Prozessbesitzer. Er stellt die Vorschläge im Steuerkreis vor und versucht die Mitglieder zu überzeugen, zusätzliche Projektressourcen bereitzustellen, z. B. für ein Six-Sigma-Projekt. Jetzt muss der Steuerkreis jedoch zwischen mehreren Projektvorschlägen aus verschiedenen Prozessen abwägen. Dabei hilft es, die Bewertungen der einzelnen Vorschläge zu vergleichen. Die Gewichtungen der einzelnen Prozessteams mögen zwar sehr unterschiedlich sein, doch die Rückführung auf die zu Grunde liegenden Kriterien hilft bei der Entscheidung. Sollte der Steuerkreis keine zusätzlichen Ressourcen bereitstellen können, so werden die neuen Vorschläge mit den bereits bestehenden Maßnahmen abgestimmt, die während des Hoshin-Kanri-Prozesses geplant wurden. Eventuell müssen die Maßnahmen nochmals neu bewertet und der A3-Bericht entsprechend aktualisiert werden.

Werkzeug 14: Ideenspeicher

1. Tragen Sie alle **Verbesserungsideen** in den **Ideenspeicher** (Bild 5.8) in die entsprechende Spalte ein, so verfügt das Prozessteam jederzeit über einen **Vorrat an Ideen zur Prozessverbesserung.** Wenn der Speicher jederzeit prall gefüllt ist, dann lassen sich einfach und schnell gute Verbesserungsvorschläge auswählen.
2. Erschaffen Sie aber keinen Papiertiger. Der Ideenspeicher ist **nicht für die vielen kleinen Maßnahmen geeignet,** die alle jeden Tag selber durchführen könnten. Ist das Kopierpapier ständig verbraucht, so werden regelmäßig etwas größere Mengen bestellt. Hat sich ein Fehler in eine Berechnungsformel eingeschlichen, so wird sie sofort korrigiert, kaputte Glühlampen werden ausgetauscht usw. Setzen Sie solche Maßnahmen sofort um und berichten Sie es einfach an die anderen. Überlegen Sie, was einfacher ist: etwas sofort zu erledigen oder sich die Maßnahme zu merken, in den Ideenspeicher einzutragen, ihn zu

bewerten, dann Zuständigkeiten zu vergeben und sie erst dann umzusetzen. Alle umfangreicheren Vorschläge werden bei den regelmäßigen Treffen des Prozessteams besprochen.

3. Einigen Sie sich zunächst auf die **Gewichtungsfaktoren** bezüglich der einzelnen Bewertungskategorien. Möchten Sie einer **Kategorie** ein größeres Gewicht geben, so tragen Sie dieses in der entsprechenden Zeile ein. Da alle Kategorien gemeinsam 100% der Bewertung ausmachen, hat es sich eingebürgert, dass alle Gewichte zusammengezählt 100 ergeben. Sollte es weitere **Kriterien** geben, die Sie zur Bewertung heranziehen möchten, so fügen Sie diese einfach an. Es ist jedoch zu empfehlen, die Kategorien nicht fortwährend zu ändern. Eventuell können **einheitliche Bewertungsmaßstäbe** für das gesamte Unternehmen festgelegt werden. So wird die Vergleichbarkeit der verschiedenen Bewertungen untereinander erhöht.
4. Nun **bewerten** Sie die aufgelisteten Ideen bezüglich des **Einflusses auf die Bewertungskategorien.** Eine Null bedeutet, dass es keinen Einfluss gibt, bei eins besteht ein indirekter Einfluss, bei drei ein direkter Einfluss und bei neun ein starker direkter Einfluss. Zwischenwerte sind nicht erlaubt. Die **exponentielle Bewertungsskala** soll zu klaren Prioritäten führen und verhindern, dass zu lange über die richtige Einstufung diskutiert wird. Als Daumenregel sollen folgende Bewertungsregeln gelten. Sind sich nicht alle einig, so reicht es maximal zu einer Drei und müssen zusätzliche Annahmen getroffen werden, so existiert nur ein indirekter Einfluss, was einer Bewertung mit eins entspricht.
5. **Ordnen** Sie jetzt die Verbesserungsvorschläge **entsprechend der Bedeutung,** sodass der Vorschlag mit der höchsten Bedeutung oben steht. Diskutieren Sie der Reihenfolge nach, ob der Vorschlag im Prozessteam umgesetzt werden kann, ob ein Problemlösungsplan gestartet werden soll oder ob zusätzliche Ressourcen notwendig sind und z. B. ein Six-Sigma-Projekt gestartet werden soll. Achten Sie bei dieser Diskussion darauf, dass die Aktionen nicht auf andere außerhalb des Prozesses abgeschoben werden und dass das Prozessteam nicht in eine „Das-geht-nicht"- oder „Das-hat-noch-nie funktioniert"-Haltung fällt. Fragen Sie daher nicht, „was hindert uns daran, den wünschenswerten Zustand zu erreichen?", sondern schlicht „Wie kommen wir dort hin?".
6. Für alle Vorschläge, die direkt im Prozessteam umgesetzt werden können, werden als Nächstes die **Zuständigkeiten** festgelegt, die **Zeitvorstellungen** besprochen und entsprechend in den Ideenspeicher eingetragen. Der Speicher dient gleichzeitig dazu, die Umsetzung der Maßnahmen zu verfolgen, sodass keine weiteren Pläne notwendig sind. Auf den regelmäßigen Treffen des Prozessteams berichten die Verantwortlichen jeweils über den Stand der Maßnahmen. Anschlie-

ßend wird der Status in der **Statusspalte** geändert. Ist das Fortschrittsfenster zu einem Viertel gefüllt, bedeutet dies, dass die Maßnahme geplant wurde. Zwei Viertel zeigen an, dass mit der Umsetzung begonnen wurde. Bei drei Vierteln ist die Maßnahme abgeschlossen und wenn das gesamte Fenster ausgefüllt wurde, ist die Wirksamkeit nachgewiesen.

7. Umfangreichere Maßnahmen bespricht der Prozessbesitzer im **Steuerkreis** und aktualisiert dementsprechend den A3-Bericht.

Eine Vorlage für einen Ideenspeicher steht Ihnen elektronisch zur Verfügung (Werkzeug_14_Ideenspeicher).

Sollte einmal der Fall eintreten, dass keine Verbesserungsideen mehr vorliegen und somit auch keine Maßnahmen zur ständigen Verbesserung laufen, dann ist es Zeit, eine neue Wertstromanalyse zu planen und die Nahtstellenvereinbarungen zu aktualisieren. Die Aufgabe des Prozessbesitzers ist etwas weitreichender, als einfach nur den Prozess zu besitzen. Es wird erwartet, dass die Werkzeuge des Prozessmanagements aktiv angewendet werden und dass somit der Ideenspeicher jederzeit gefüllt ist.

Eventuell gibt es ja tatsächlich einen Prozess, bei dem wirklich nichts mehr zu verbessern ist. Dann sollten aber auch alle Prozessindikatoren oberhalb der Zielmarke liegen und einen positiven Trend aufweisen. Die Nahtstellenvereinbarungen sollten alle erfüllt sein und wahrscheinlich sind die Prozesskunden voll des Lobs. Der Prozessbesitzer und sein Team werden in einer solchen Situation die gebührenden Ehrungen empfangen, sie werden von nun an aber wenig Zeit haben, da alle wissen wollen, wie sie das angestellt haben, und um Gespräche bitten.

Der Steuerkreis wird nicht nur alle besonders guten Prozessteams ehren, sondern im Laufe des Jahres auch alle Prozesse mindestens einmal bewerten. Aus diesem Anlass erläutert der Prozessbesitzer mit Hilfe des A3-Berichts, wie es gerade um den Prozess steht. Wurden geeignete Maßnahmen durchgeführt, um den Widerständen und Hindernissen zu begegnen und bleiben die Indikatoren trotzdem hinter den Zielen zurück, dann sollte der Umgang mit dem Ideenspeicher zum Thema werden.

5.2 Six Sigma

Six Sigma wurde 1986 erstmals von Motorola in den USA angewendet. Dabei stammt der Begriff Six Sigma ursprünglich aus dem statistischen Umfeld und ist die Maßzahl für die Fähigkeit eines Prozesses. Sigma bezeichnet die Standardabweichung einer Wahrscheinlichkeitsverteilung. Six Sigma, auf Deutsch also plus/minus sechs Sigma, bedeutet, dass der entsprechende Prozess so weit optimiert ist, dass sechs Standardabweichungen in die Toleranz des Prozesses passen. Dabei wird angenommen, dass die

Prozessergebnisse der gaußschen Normalverteilung entsprechen. Das entspricht einer Fehlerrate von 3,4 ppm. Es sei noch angemerkt, dass dieser Wert so allerdings nicht in den statistischen Tabellen zu finden ist, denn Six Sigma stellt einen noch viel kleineren Wert dar. Motorola ging im ursprünglichen Konzept davon aus, dass Prozesse in der Regel keinen stabilen Mittelwert haben, und rechnete bereits eine Mittelwertschwankung von 1,5 Sigma mit in die Berechnungen ein. Damit ist das Wesentliche von Six Sigma auch schon zusammengefasst.

HINWEIS: Bei Six Sigma handelt es sich um eine Methode zur Prozessverbesserung, die mit Hilfe statistischer Methoden die Prozessstreuung auf ein Minimum reduziert.

Das Ziel von sechs Sigma und die damit verbundene extrem geringe ppm-Rate deuten bereits darauf hin, dass es sich hier nicht um kleine Verbesserungen handelt, sondern dass es um große Schritte geht. In der Sprache der Six-Sigma-Fachleute wird dies häufig auch als Quantensprung bezeichnet.

Die größte Popularität erlangte der Verbesserungsansatz durch General Electric. Die entsprechende Erfolgsgeschichte ist stark mit dem Namen Jack Welch verbunden. Er war Chairman von General Electric und führte 1995 unter dem Banner von Six Sigma öffentlichkeitswirksam ein groß angelegtes Veränderungsprogramm durch, in dem es nicht nur um Statistik ging, sondern vielmehr darum, radikale Ideen umzusetzen. Im Jahr 2002 wurde er dafür mit dem Premier Leader Award der International Society of Six Sigma Professionals ausgezeichnet. Viele weitere Unternehmen folgten dem Beispiel von Motorola und General Electric und trugen zur Steigerung der Popularität des Konzepts bei, sodass heute eine regelrechte Six-Sigma-Industrie mit Trainingsveranstaltungen, Büchern und Beratungsleistungen existiert. Die Töchter amerikanischer Unternehmen brachten Six Sigma nach Europa, sodass das Konzept seit 2000 zunehmend auch in Deutschland Verbreitung findet. Unternehmen wie Bosch, Deutsche Bahn oder Deutsche Bank stehen auf der Liste der Six-Sigma-Unternehmen (Töpfer 2004).

Inzwischen hat sich die Aufregung wieder etwas gelegt und Six Sigma wird als wirksames Konzept für die Planung und Umsetzung von Prozessverbesserungen angesehen und gehört in das Repertoire eines jeden prozessorientierten Unternehmens.

5.2.1 Erfolgsfaktoren

Auch wenn Six Sigma von einigen als Trendkonzept der Jahrtausendwende angesehen wird, stellt es kein völlig neues Instrumentarium dar. Es handelt sich vielmehr um einen gut abgestimmten Cocktail aus bekannten und bewährten Zutaten, wie z. B. die statistischen Methoden. Der Erfolg lässt sich dadurch aber nicht allein erklären, sondern beruht eher auf der konsequenten Fokussierung auf den Kunden und der straffen Projektorganisation.

HINWEIS: Typisch für Six Sigma sind klare Projektaufträge, Ziele, Zeitpläne und Phasenabläufe. Durch den gezielten Einsatz festgelegter Werkzeuge, durch das Ermitteln umfangreicher Daten und das systematische Überprüfen von Hypothesen wird sichergestellt, dass faktenbasierte Entscheidungen getroffen und wirksame Maßnahmen umgesetzt werden. Emotionen, Bauchgefühle und voreilige Schlüsse sollen somit auf ein Minimum reduziert werden.

Außerdem leisten die Erkenntnisse aus dem Bereich des Innovations- und Veränderungsmanagement einen großen Beitrag. Dies gilt insbesondere für das Promotorenkonzept, also die Aufgaben- und Rollenverteilung innerhalb des Projekts und im unterstützenden Management. Die kulturellen Änderungen, die durch die Einführung des Prozessmanagements im Unternehmen bewirkt werden, begünstigen gleichzeitig auch das Six-Sigma-Konzept.

Zusätzlich zu den kontinuierlichen Prozessverbesserungen in kleinen Schritten gibt es nun ein effektives Projektmanagement für größere Verbesserungsmöglichkeiten. Durch die Prozessanalysen, die Nahtstellenvereinbarungen und letztendlich durch die regelmäßigen Bewertungen im Prozessteam werden genügend Ansatzpunkte für Verbesserungen zu Tage gefördert. Durch die umfassende Verwendung von Indikatoren fällt es leicht, messbare Projektziele zu definieren und die Projekte auszuwählen, die sich am meisten lohnen.

HINWEIS: Den vollen Erfolg mit Six Sigma kann man dann erzielen, wenn die Rollen und Verantwortungen für den zu verbessernden Prozess klar festgelegt sind, der Prozessablauf transparent ist und der Umgang mit Leistungsindikatoren zur Routine gehört – also genau dann, wenn das Prozessmanagement eine gewisse Reife erreicht hat.

Zu ähnlichen Erkenntnissen ist auch General Electric gelangt. Dort wird erst einmal überprüft, ob der Prozess reif genug für ein Verbesserungsprojekt ist, und nötigenfalls wird ein neun Schritte umfassendes Modell angewendet, um erst einmal die Voraussetzungen herzustellen (Magnusson/Bergman/Kroslid 2004, S. 108 f.).

Doch das alles erklärt noch nicht, warum sich Six Sigma so großer Beliebtheit erfreut. Auch die finanzielle Orientierung hilft und macht das Konzept im Management beliebt. Dadurch, dass Ergebnisse in finanzielle Größen übertragen werden, lässt sich ablesen, welchen Beitrag ein Projekt zu den jeweiligen Abteilungszielen leistet, und es ist offensichtlich, wie die Verbesserungen dem entsprechenden Bereich helfen. Hat die Unternehmensleitung erst einmal zusätzliche Ressourcen zur Projektabwicklung freigestellt, bemühen sich alle, ein Projekt im eigenen Bereich zu starten, um die Kosten zu senken, Mittel für andere Investitionen flüssig zu machen oder den Umsatz zu steigern.

Im Projekt selbst geht es um Fehlerraten, Fähigkeitsindikatoren, Risikoprioritätszahlen, Wiederhol- und Vergleichspräzision, Signifikanzniveaus usw. Diese schwierigen Wörter wurden auch schon in den letzten Jahrzehnten bei unterschiedlichen Gelegenheiten benutzt und auch bisher nie richtig verstanden. Sie kamen und gingen mit den unterschiedlichen Trendkonzepten. Doch bei Six Sigma geht es jetzt um Dollar und Euro. Das ist eine Sprache, die der Manager versteht und die geeignet ist, um die richtigen Prioritäten zu diskutieren. Die Tatsache, dass andere erfolgreiche Unternehmen es ebenso tun und dass die ausgewählten Maßnahmen auf Fakten beruhen und statistisch abgesichert sind, tut ihr Übriges. Zudem werden viele durch die Hoffnung angetrieben, radikale Verbesserungen zu erreichen, statt nur in kleinen Schritten voranzukommen. Im Bild 5.9 werden die Erfolgsfaktoren noch einmal zusammengefasst.

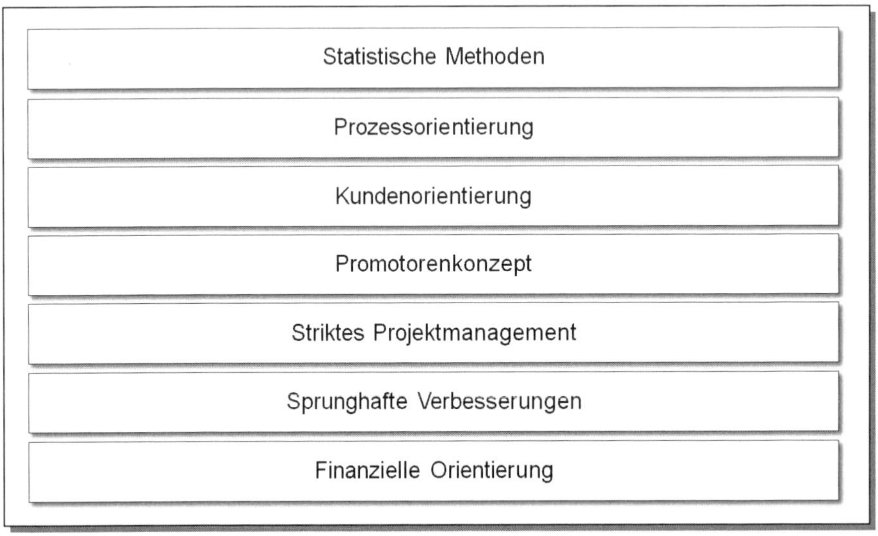

Bild 5.9 Das Six-Sigma-Erfolgsrezept

5.2.2 Promotorenkonzept

Dem Six-Sigma-Projektleiter steht ein prall gefüllter Werkzeugkasten zur Verfügung. Aber das garantiert noch lange keinen erfolgreichen Projektablauf. So wie ein Haus nicht durch die Maurerkelle und das Senklot gebaut wird, sondern von Handwerkern und Ingenieuren, so werden Projektideen auch von Personen umgesetzt. Es lohnt sich also, sich etwas intensiver mit der Aufgabenverteilung zu beschäftigen.

Im Six-Sigma-Umfeld werden zumeist verschiedene Rollen definiert, die alle notwendig sind, um das Programm erfolgreich zu machen. Die Zuständigkeiten reichen von der Auswahl geeigneter Themen, über die Teilnahme an Projekten, bis hin zur Projektleitung. Außerdem wird geklärt, wer fachlich unterstützt und wer der Machtpromotor auf Geschäftsleitungsebene ist, der Widerstände aus dem Weg räumen kann.

In der deutschen Betriebswirtschaft werden solche Rollenkonzepte nach Eberhard Witte als Promotorenmodelle bezeichnet. Witte untersuchte 16 Jahre lang in seinem umfangreichen Forschungsprojekt Columbus, welchen Einfluss die Zusammenarbeit verschiedener Menschen auf den Erfolg von Innovationsprojekten hat (Witte 1973). Er legte bereits 1973 seine Ergebnisse vor, die seither großen Einfluss auf die deutschsprachige Innovationsforschung ausüben.

Besteht bereits eine Prozessorganisation, so sind die wichtigen Rollen schon festgelegt. Möchte sich hingegen ein Unternehmen mit Six Sigma beschäftigen, ohne vorher ein Konzept für das Prozessmanagement entwickelt zu haben, so müssen die entsprechenden Rollen erst einmal festgelegt und verankert werden, bevor es mit den Verbesserungsprojekten losgehen kann. Dies dauert einige Zeit.

Es gibt jedoch viele Unternehmen, die nicht lange warten mögen und gleich mit der Verbesserung beginnen möchten. Somit werden schnell einige Mitarbeiter in der Methodik trainiert und beginnen danach sofort mit Verbesserungsprojekten. Bei dieser etwas übereilten Vorgehensweise besteht die Gefahr, dass zwar der Six-Sigma-Werkzeugkasten eingeführt wird, sich aber keine rechte Verbesserungsdynamik entwickeln möchte. Denn für einen wirklich durchschlagenden Erfolg ist nicht nur der Projektleiter zuständig, sondern die tatkräftige Unterstützung des Managements ist zusätzlich notwendig.

Die Ziele für Six Sigma sollen den Unternehmenszielen entsprechen, der Projekterfolg soll gemessen und entsprechend anerkannt werden und schließlich muss Six Sigma bei der Ressourcen- und Personalplanung berücksichtigt werden.

Folgt man dem Prozessmanagement, so gestaltet sich die Arbeit jetzt leicht. Die Prozessorganisation steht bereits und ein paar alte Bekannte kommen vorbei. Sie haben in ihrer Rolle bereits die Verantwortung für die Verbesserung der Prozesse übernommen:

- Der Steuerkreis vereinbart Ziele, setzt Prioritäten, stellt Ressourcen zur Verfügung und entscheidet in wichtigen Situationen, die nicht auf den Ebenen darunter entschieden werden können.
- Der Programmleiter koordiniert und leitet ohnehin alle Maßnahmen des Prozessmanagements. Er war bisher mit dem Aufbau der prozessorientierten Organisation beschäftigt. Ist diese realisiert und tritt in die Stabilisierungsphase ein, so ändert sich auch sein Aufgabenschwerpunkt. Nun steht die Prozessverbesserung im Fokus.
- Schließlich sind da noch die Prozessbesitzer, die den Verbesserungsbedarf ermitteln und entsprechende Projekte vorschlagen. Sie leisten einen entscheidenden Beitrag zur Projektdefinition und zur Ermittlung des Erfolgs. Nachdem das Projekt abgeschlossen wurde, übernehmen sie das Ergebnis und beobachten die langfristigen Auswirkungen. Bei Bedarf treffen sie weitere Korrekturmaßnahmen.

Jetzt fehlen nur noch die Personen, die die Verbesserungsprojekte durchführen. Tabelle 5.2 zeigt eine Übersicht über die verschiedenen Rollen und weist auch auf die Tiefe der benötigten Methodenkompetenz hin. Die üblichen Rollenbezeichnungen entstammen dem asiatischen Kampfsport und bezeichnen die Gürtelfarbe des Kämpfers. Diese Farbe gibt wiederum den Entwicklungsgrad des Kämpfers an.

Um die Ausführungen in diesem Buch leichter mit der weiteren Literatur vergleichen zu können oder Trainingsunterlagen besser einschätzen zu können, werden im Folgenden diese Bezeichnungen ebenfalls verwendet. Wer es jedoch nicht so martialisch mag oder deutsche Ausdrücke bevorzugt kann auch andere Benennungen festlegen. Letzten Endes sollte nicht nur das Konzept, sondern auch die Sprache zur Unternehmenskultur passen. Obwohl bei den beschriebenen Bezeichnungen die Meisterschaft, das harte Training und der Wille zu Veränderungen mitschwingen, spricht nichts dagegen, Projektleiter anstelle von Black Belt zu sagen.

Wie sich ein Unternehmen auch entscheiden mag, es wird nicht darum herum kommen, die Zuständigkeiten und Verantwortlichkeiten zu bedenken und ein umfangreiches Training durchzuführen, bevor die Six-Sigma-Methoden wirksam eingesetzt werden können. Einige sind einfach und dienen der Entscheidungsfindung oder geben eine Übersicht über einen Sachverhalt. Andere Methoden sind hingegen komplex und es kann nicht empfohlen werden, diese ohne gründliche Vorbereitung anzuwenden. Das soll nicht bedeuten, dass alle Beteiligten die Methoden in der ganzen Tiefe beherrschen müssen. Doch eine generelle Übersicht und ein Grundverständnis sollten auf allen Ebenen vorhanden sein.

Das langfristige Ziel ist es, alle Mitarbeiter in den Grundlagen des Prozessmanagements und Six Sigma zu trainieren. Somit sickern das prozessorientierte Denken und die Prinzipien der Prozessverbesserung langsam in die DNS des Unternehmens ein. Solche Grundlagentrainings für alle Mitarbeiter bieten auch gleich eine gute Möglichkeit, das Leitbild des Unternehmens zu kommunizieren. Durch den finanziellen Gegenwert der Prozessverbesserungen werden die Kosten für das umfangreiche Training leicht aufgewogen.

Tabelle 5.2 Promotorenkonzept

Steuerkreis	Prozessbesitzer	Programmleiter
▪ Stellt Ressourcen bereit ▪ Beseitigt Hindernisse ▪ Gibt Meilensteine frei ▪ Strategieplanung	▪ Verantwortlich für Prozess ▪ Schlägt Projekte vor ▪ Beobachtet Indikatoren ▪ Stabilisiert Ergebnisse	▪ Leitung des Programms ▪ Auswahl von Personen für Schlüsselpositionen ▪ Bewertung der Meilensteine ▪ Projektergebnisse abnehmen
Green Belt	**Black Belt**	**Master Black Belt**
▪ Six-Sigma-Teilzeit-Mitarbeiter ▪ Mitarbeit in Black-Belt-Projekten ▪ Leitet kleine Projekte	▪ Six-Sigma-Vollzeit-Mitarbeiter ▪ Leitet Six-Sigma-Projekte ▪ Coach der Green Belts	▪ Six-Sigma-Vollzeit-Mitarbeiter ▪ Trainiert Black Belts und Green Belts ▪ Coach der Black Belts ▪ Statistikexperte

Green Belt

Green Belts sind Mitarbeiter des Unternehmens, die in Six-Sigma-Projekten zusätzlich zu ihrer normalen Tätigkeit mitarbeiten. Üblicherweise sind sie nicht der Six-Sigma-Organisation zugeordnet, sondern irgendwo in den Prozessen eingesetzt, die verbessert werden sollen. Sie profitieren also in ihrer täglichen Arbeit vom reibungslosen und verbesserten Prozess. Damit die Green Belts wirksam mitarbeiten können und die allgemeine Vorgehensweise klar ist, erhalten sie ein grundlegendes Training. Ein solches Training ist dann am effektivsten, wenn der Green Belt während des Trainings bereits einem Projekt zugeordnet wurde und somit das Erlernte gleich anwenden kann. Kleinere Projekte im eigenen Arbeitsbereich kann ein erfahrener Green Belt auch als Projektleiter durchführen. Zu größeren Projekten tragen Green Belts bei, indem sie die Anwendung der Methodik unterstützen, Teilprojekte leiten, Daten sammeln und erste Analysen oder spezielle Experimente durchführen. Durch die wiederholte Mitarbeit in Projekten werden die Green Belts immer erfahrener in der Anwendung des Konzepts, was zu einer Effektivitätssteigerung des gesamten Programms führt.

Obwohl die Green Belts üblicherweise nur teilweise für Six Sigma eingesetzt werden, kann es in Ausnahmefällen, für besonders wichtige Projekte, auch sinnvoll sein, einen oder mehrere Green Belts Vollzeit einzusetzen. Dies ist insbesondere dann angeraten, wenn das Projekt zeitkritisch ist und es einen fixen Fertigstellungstermin gibt.

Black Belt

Black Belts sind die Projektleiter und wurden intensiv in der Methodik trainiert. Sie müssen sich sehr gut mit Problemlösungstechniken, statistischen Methoden und den anderen Six-Sigma-Werkzeugen auskennen, sollen zusätzlich aber über Führungsqualitäten verfügen, um komplexe Projekte auch in einem schwierigen Umfeld umsetzen zu können. Der sichere Umgang mit statistischer Software und Kenntnisse über das Projektmanagement runden das Profil ab. Lässt man diese Aufzählung auf sich wirken, so wird schnell klar, dass Black Belts das Rückgrat von Six Sigma sind und ihre geschickte Auswahl über den Erfolg entscheidet. Teilweise übernehmen die Black Belts auch noch eine Rolle im Green-Belt-Training oder sie beraten und beaufsichtigen weitere Green-Belt-Projekte.

Diese umfangreichen Anforderungen bringen es mit sich, dass ein Black Belt zu 100% für Six Sigma arbeiten sollte. So wird es zumindest in den meisten Fallbeispielen beschrieben und in der Literatur dargestellt.

Die Black Belts stellen auch außerhalb von Six Sigma ein erhebliches Potenzial für das Unternehmen dar. Daher ist es ratsam, eine Verbindung zur Karriereplanung herzustellen und Six Sigma nicht zur Einbahnstraße werden zu lassen.

Der Black Belt verlässt seinen bisherigen Bereich, sammelt Erfahrungen in einem anderen Bereich und steht nach der aktiven Black-Belt-Zeit für neue Aufgaben zur Verfügung. Er kann zum Beispiel Prozessbesitzer in dem Bereich werden, in dem er als Black Belt eingesetzt wurde.

Nicht wer übrig ist und Zeit hat, sollte zum Projektleiter werden, sondern die besten aus dem Unternehmen. Aus der Praxis wird jedoch berichtet, dass viele Black Belts weit davon entfernt seien, sich zu 100% Six Sigma zu widmen (Gamweger/Jöbstl 2013, S. 244). Es scheint wohl etliche Unternehmen zu geben, die zwar den Vorteil einer erprobten Systematik nutzen wollen, jedoch die letzte Konsequenz scheuen. Eine solche Haltung nehmen viele Unternehmen nicht nur Six Sigma gegenüber ein, sondern gegenüber dem gesamten Prozessmanagement. Der Werkzeugkasten, der beispielsweise in diesem Buch beschrieben wird, soll genutzt werden, um den einen oder anderen Prozess zu optimieren oder ausgewählte Schnittstellen zu klären. Das Gedankengut des Prozessmanagements, nach der alle Prozesse des Unternehmens in Frage gestellt, systematisch in der Wertschöpfung verbessert und auf den Kunden ausgerichtet werden, wird aber nicht verinnerlicht. Hier soll jedoch keine Wertung vorgenommen werden, denn beide Ansätze haben ihre Berechtigung. Läuft das Unternehmen gut und die Mitarbeiter und Eigentümer sind zufrieden, so ist es nicht ratsam, grundlegende Änderungen mit dramatischen Maßnahmen über das Knie zu brechen. Neue Methoden und Werkzeuge werden ausprobiert, um das Unternehmen noch besser zu machen, auch wenn sie nur in einem engen Rahmen eingesetzt werden. Tut jedoch eine umfassende Veränderung Not und redet das Unternehmen bereits viel über Prozessverbesserung, so ist eine Strategie des Kleinklein wohl eher als Feigheit zu bezeichnen oder im besten Fall als halbherzig.

Master Black Belt

Die Master Black Belts organisieren gemeinsam mit dem Programmleiter den gesamten operativen Anteil. Sie bereiten die Entscheidungen für den Steuerkreis vor und sorgen gemeinsam mit den Prozessbesitzern für die Übersetzung der Strategie in konkrete Six-Sigma-Projekte.

In manchen Unternehmen werden die Master Black Belts, genau wie die Black Belts, nur für eine bestimmte Zeit eingesetzt, bevor sie dann einen anderen Job übernehmen. Es ist aber genauso gut möglich, die Master-Black-Belt-Position dauerhaft zu besetzen.

Obwohl sie ein noch umfangreicheres Training als die Black Belts absolvieren und über umfassende Methodenkenntnisse verfügen, sind sie nur indirekt in die Projekte eingebunden und arbeiten überwiegend mit den sogenannten weichen Faktoren. Sie unterstützen die Prozessbesitzer beim Identifizieren geeigneter Projekte und geben Empfehlungen an den Steuerkreis. Außerdem organisieren sie das gesamte Training und berichten über den Status von Six Sigma. Sie schlagen auch geeignete Black Belts vor und leiten diese bei ihren Projekten an. Gibt es methodische Fragen, Probleme in der Organisation oder sind Streitigkeiten zu schlichten, so hilft der Master Black Belt und übernimmt die Verbindung zum Steuerkreis. In größeren Unternehmen kann es auch mehrere Master Black Belts geben, die jeweils für bestimmte Prozesse oder Geschäftsbereiche zuständig sind.

5.2.3 DMAIC

Am Montagmorgen kommt Matthias Hahne, der Geschäftsführer der Hahne Industrieanlagen GmbH, in den Betrieb und ruft das Management zusammen. In letzter Zeit habe man immer mehr Marktanteile an die Mitbewerber aus Fernost verloren – speziell im Bereich Handhabungsmaschinen und Manipulatoren. Mit nur sehr wenigen Vertriebsingenieuren vor Ort könne die Konkurrenz sehr umfangreiche Projekte abwickeln. Außerdem habe Hahne gehört, dass der Kundenservice viel flexibler und reaktionsschneller sei, obwohl er nur über ein beauftragtes Callcenter abgewickelt werde.

Man müsse etwas tun. Nach einer hitzigen Diskussion einigt man sich schnell auf folgendes Vorgehen. Der Gruppenleiter der Konstruktion für die Handhabungsmaschinen soll ein Verbesserungsprojekt durchführen. In einem Monat soll er mögliche Maßnahmen vorstellen und dann innerhalb der nächsten zwölf Monate umsetzen. Der Gruppenleiter gilt als sehr zielorientiert und sucht nach Möglichkeiten zur weiteren persönlichen Entwicklung. Nach Beendigen des Projekts winkt eine Beförderung zum Abteilungsleiter.

Es ist nicht überliefert, ob das Projekt erfolgreich abgeschlossen wurde. Die Wahrscheinlichkeit dafür ist jedoch gering. Obwohl Matthias Hahne und seine Industrieanlagen GmbH frei erfunden sind, entspricht die Art und Weise der Projektdefinition der häufig angetroffenen Realität. Es ist nicht ganz klar, ob dieses Projekt relevant für die Unternehmensstrategie ist, ob der Bereich Handhabungsmaschinen überhaupt relevant für die Zukunft des Unternehmens ist und ob der Kundenservice oder die Vertriebsingenieure etwas ausrichten können. Wer sagt denn, dass es nicht noch viel wichtigere Projekte gibt. Und wer bestimmt, was die Erwartungen an das Projektergebnis sind. Auf den Projektleiter kommen harte Zeiten zu. Er weiß nicht wirklich, was das Problem ist und wie sich die Situation darstellt. Es gibt keine messbaren Fakten und keine Vorgaben, was genau er wie weit verbessern soll. Zum Abschluss des Projekts wird der Erfolg wahrscheinlich subjektiv vom Management bewertet. Das flaue Gefühl, das der Projektleiter in der Magengegend hat, kommt wahrscheinlich daher, dass er noch nicht weiß, welche Prozesse betroffen sind und wie er an die Sache rangehen soll. Welche Analysen soll er betreiben und welche Werkzeuge einsetzen, was muss bis wann fertig sein, um das Projekt in einem Jahr abschließen zu können. Wer hilft, wenn er nicht weiterkommt?

Six Sigma hat eine Lösung für diese Probleme parat. Vor dem Projektstart wird ein detaillierter Projektauftrag geschrieben und zwischen dem Auftraggeber, dem Projektleiter und den unterstützenden Funktionen vereinbart. Der Projektauftrag enthält bereits die Problembeschreibung, die erwarteten Ergebnisse und Vorstellungen zum zeitlichen Ablauf. Nachdem der Startschuss gefallen ist, wird das Projekt nach einem festgelegten Fünf-Phasen-Modell, dem sogenannten DMAIC-Schema (Define, Measure, Analyse, Improve, Control; auf Deutsch plane, miss, analysiere, verbessere, lenke), abgewickelt. Bild 5.10 zeigt, welche Phasen dies sind und welche Werkzeuge dabei eingesetzt werden.

Hat sich das Unternehmen erst einmal an diese Art der Projektabwicklung mit Projektauftrag und Fünf-Phasen-Modell gewöhnt, kann sie nicht nur für Verbesserungsprojekte, sondern für jegliche Art von Projekten, wie zum Beispiel Restrukturierungen, Einführen von IT-Systemen oder Planung von neuen Produktionsanlagen verwendet werden.

Grob zusammengefasst geht es zunächst darum, das Problem oder den angestrebten, verbesserten Zustand eines Prozesses zu definieren. Der Ausdruck Problem ist hier weiter gefasst als im umgangssprachlichen Gebrauch und schließt alle Vorkommnisse ein, die den Prozess davon abhalten, die Erwartungen des internen oder externen Kunden zu erfüllen, zum Beispiel das Versagen, die Produkte pünktlich zum Kunden zu schicken oder eine zügige Antwort zu geben.

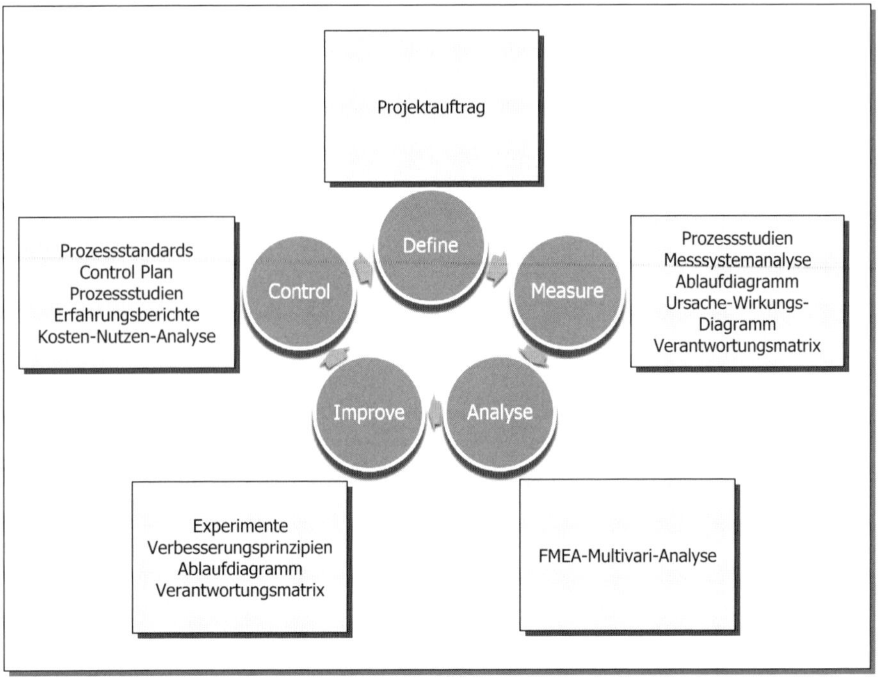

Bild 5.10 DMAIC-Schema

Ist das Projekt definiert, werden die Einflussfaktoren identifiziert, die sich auf das angestrebte Ergebnis auswirken. In der Six-Sigma-Sprache wird das Projektergebnis auch als Y bezeichnet und die Einflussfaktoren als X. Dies entspricht der mathematischen Schreibweise, in der Y eine Funktion von X ist. Mit Formelzeichen ausgedrückt sieht das dann so aus:

$$Y = f(X_1, X_2 \ldots X_n)$$

Sind die Ursache-Wirkungs-Zusammenhänge aufgezeigt, geht es nach dem Pareto-Prinzip darum, die wenigen wichtigen X zu finden, die sich wesentlich auf Y, das Ergebnis, auswirken. So kann der Durchsatz Y an einer Produktionsanlage beispielsweise von den X der Rotationsgeschwindigkeit des Mischers, dem Druck, der Umgebungstemperatur, der Rauheit der Umwälzrolle, dem Mahlgrad usw. abhängen.

In technischen Projekten geht es nun mathematisch, statistisch weiter. Bei anderen Prozessen aus dem eher kaufmännischen Bereich sind den mathematischen und statistischen Modellen zwar gewisse Grenzen gesetzt, die Denkweise und Methodik lässt sich aber analog anwenden. Ist Y beispielsweise der Anteil verlorener Anfragen, die nicht in einen Auftrag umgewandelt werden, so können beispielsweise Faktoren wie Trainingsstand der Mitarbeiter im Callcenter, Reaktionszeiten bei der Kalkulation, Datenverlust in der Anfragedatenbank oder die Übersichtlichkeit der Preisgestaltung die X darstellen. Sind die kritischen, also die wenigen wichtigen X erst identifiziert und ist der angenommene Zusammenhang bestätigt, so können die optimalen Einstellungen und Abläufe bestimmt werden.

Abschließend werden der Verbesserungssprung und die Fähigkeit des veränderten Prozesses nachgewiesen und ein Steuerungskonzept entworfen, mit dem der Prozessbesitzer auch langfristig den optimierten Zustand halten kann. Im Folgenden soll das DMAIC-Schema detaillierter beschrieben werden.

Define

In der Define-Phase wird ein geeignetes Projekt ausgewählt und der Projektauftrag geschrieben. Da sich Six Sigma auf die Auswahl von Projekten mit hohem Einfluss auf den Unternehmenserfolg konzentriert, richtet sich die Projektdefinition in den meisten Fällen an der generellen strategischen Planung des Unternehmens aus. In einigen Fällen werden unternehmensweite Y, also generelle Verbesserungsanforderungen, für das ganze Unternehmen vorgegeben. Solche unternehmensweiten Y können beispielsweise Senken der Bestände, Reduzieren der Forderungsausstände, Steigerung der Kundenzufriedenheit oder Verkürzen der Durchlaufzeit sein. Diese Y entsprechen den Durchbruchszielen des Hoshin-Kanri-Prozesses und werden zur Richtschnur für die Y der einzelnen Projekte. Im Verlauf der Jahresplanung werden entsprechende Projekte vorgeschlagen und Projektaufträge geschrieben, so lange, bis die Summe der Y der einzelnen Projekte das Unternehmen Y ergeben.

Hat der Steuerkreis mehrere Projektaufträge im Entwurf vorliegen, so kann er über die Projekte entscheiden, die sich am meisten lohnen. Die Vorschläge werden von den Prozessbesitzern gemeinsam mit den Master Black Belts und dem Programmleiter formuliert. Nach der Entscheidung wird dem Projekt ein Black Belt oder Green Belt zugeordnet und der Projektauftrag wird vervollständigt. Bild 5.11 zeigt einen solchen Auftrag.

Projektauftrag

Projektname:	**Lagerbestände**
Datum, Revisionsnummer:	**13.08.2014, Rev. 2**
Erstellt von:	**H.H.**
Freigegeben von:	

Geschäftsvorfall

Rahmenbedingungen und Hintergründe des Projekts

Die Lagerbestände ergeben sich aus dem Zusammenspiel von Portfolio- und Absatzplanung auf der einen Seite und Kapazitätsquerschnitt und Flexibilität der Produktionsprozesse auf der anderen Seite. Die fehlende Optimierung und Abstimmung dieser beiden Bereiche wurde in den letzten Jahren mehr und mehr durch Lagerbestände verdeckt. Im letzten Jahr wurde ein neues Lager am Standort unseres Stammwerks in Betrieb genommen und in diesem Jahr sind die Kapazitäten schon fast wieder erschöpft. Die umfangreichen Lager erklären zum Teil unsere hohen Logistikkosten und andererseits bedeuten die Lagerbestände große Mengen an gebundenem Kapital, was an anderer Stelle für profitable Investitionen fehlt.

Verbesserungsmöglichkeit

Beschreibung des Prozesses und der Verbesserungsmöglichkeit

Betroffen sind die Prozesse der Absatzplanung, der Auftragsabwicklung und der Produktion. Untersucht werden sollen die vielfältigen Einflüsse auf die Lagerbestände. Dieses Projekt soll die betreffenden Prozesse untersuchen und darauf aufbauend die Bestände senken.

Prozessdefekte

Zu hohe Bestände, zu geringer Lagerumschlag

Verbesserungsziel

Messbare Indikatoren

Erhöhen des Lagerumschlags von 7 auf 11

Reduzieren des Anteils nicht bewegter Produktnummern von 10% auf 4% (in den letzten 12 Monaten)

Nicht quantifizierbare Ziele

Einfachere Planung der Sicherheitsbestände und der internen Mindestbestellmengen für die Lagerauffüllung

Finanzielle Ziele in EUR

Senken der bewerteten Lagerbestände von 6,5 Mio. EUR auf 4,8 Mio. EUR

Randbedingungen (Welche Indikatoren sollen sich nicht ändern?)

93% Lieferpünktlichkeit (vollständig und pünktlich)

Projektumfang

Gestaltungsbereich (Was soll im Projekt verändert werden?)

Produktportfolio, Prozessorganisation in den Produktionsprozessen, Absatzplanung, Sicherheitsbestände

Ausschlüsse (Was soll nicht verändert werden?)

Sonderlagerstandort Bremen, Sicherheitsbestände, die mit Großkunden vereinbart wurden, Bestände an Rohmaterialien und Halbfertigwaren

Projektplan

Projektphase	Startdatum	Enddatum	Enddatum
Define	Sep 14	Okt 14	
Measure	Okt 14	Jan 15	
Analyse	Jan 15	Mrz 15	
Improve	Apr 15	Jul 15	
Control	Jun 15	Aug 15	
Vorläufiger Abschluss		Sep 15	
Projektabschluss		Mrz 16	

Projektteam

Name	Rolle	Verpflichtung
H.P.	Black Belt	30%
K.L.	Green Belt, Teilprojekt Absatzplanung und Portfolio	20%
T.B.	Green Belt, Teilprojekt flexible	20%
R.K.	Teilnehmer	10%
D.O.	Teilnehmer	10%
L.H.	Teilnehmer	10%
T.J.	Prozessbesitzer	
K.U.	Prozessbesitzer	

Bild 5.11 Projektauftrag

Werkzeug 15: Projektauftrag

1. Im Prinzip kann sich jeder, der einen **Projektvorschlag** hat, an den Programmleiter wenden, um den Vorschlag **schriftlich zu fixieren.** In der Praxis werden die meisten Vorschläge aber von den Prozessbesitzern kommen. Füllen Sie zunächst den Kopf des Formulars aus und lassen Sie das Freigabefeld offen. Dieses Feld wird vom Programmleiter nach der Festlegung der Prioritäten zum Start des Projekts ausgefüllt.
2. Beschreiben Sie nun die **Rahmenbedingungen** und den Hintergrund des Vorschlags und tragen Sie ihn in das Feld Geschäftsvorfall ein. Ergänzen Sie nun rechts daneben die Verbesserungsmöglichkeiten und die heutigen Prozessdefekte, die es zu beseitigen gilt.
3. Als Nächstes geht es um die messbaren **Projektziele,** also die Projekt Y. Das können zum Beispiel Durchlaufzeit, Lieferrückstände, Forderungsausstände, Lagerbestände, Fertigungsdurchsatz, Fehlerraten und so weiter sein. Eine besondere Rolle spielen in diesem Zusammenhang auch die **Prozesskosten.** Das Ermitteln der eingesparten Kosten stellt einen Zusammenhang mit den betriebswirtschaftlichen Unternehmenszielen her und erlaubt es, verschiedene Projekte untereinander zu vergleichen. Werden die Einsparungen über alle Projekte hinweg ermittelt und mit den Ausgaben für Six Sigma verglichen, so lässt sich daran die Wirksamkeit des gesamten Programms ablesen. Mit den Projektzielen sind hier nicht nur die Indikatoren gemeint, die verbessert werden sollen, sondern auch der konkrete Zielwert sowie der heutige Status. Insgesamt könnte der Eintrag im Feld Ziele und Randbedingungen dann folgendermaßen aussehen:

   Y1: Durchlaufzeit von 16 Tagen auf sieben Tage verkürzen
   Y2: Fehlerrate von 0,8 % auf 0,1 % reduzieren

   Darüber hinaus ist es ratsam, sogenannte **Randbedingungen** festzulegen, also **messbare Indikatoren** zu definieren, die sich nicht verändern sollen. Wenn zum Beispiel die Produktverfügbarkeit für den Kunden erhöht werden soll, dann soll sich der durchschnittliche Lagerbestand dadurch nicht erhöhen. Für den erfolgreichen Projektabschluss muss also nachgewiesen werden, dass sich die Y wirklich verbessert haben, aber auch, dass die Randbedingungen eingehalten wurden. Bestimmen Sie außerdem, welche sonstigen, **nicht messbaren Vorteile** sich aus dem Prozess ergeben sollen, und tragen Sie diese in das entsprechende Feld ein.

4. Zu einer vollständigen Projektbeschreibung gehört es außerdem, zu klären, was **zum Projekt dazugehört und was gerade nicht berücksichtigt werden soll**. Wenn zum Beispiel der Lagerbestand an Produktionsmaterialien reduziert werden soll, so sind eventuell das Musterlager und das externe Lager außerhalb des Betriebsgrundstücks ausgenommen. Im Projekt berücksichtigt werden sollen aber alle anderen Rohmaterialien, Halbfertigprodukte und Fertigprodukte. Oder sollen beispielsweise die Vertriebsregionen neu aufgeteilt werden, so sind alle Länder zu berücksichtigen, eventuell ist jedoch das Hauptabsatzgebiet innerhalb Deutschlands ausgenommen. Die Vertriebskanäle und die Großhändler sollen in diesem Projekt ebenfalls nicht berücksichtigt werden. Tragen Sie den entsprechenden Gestaltungsbereich und die Projektausschlüsse im entsprechenden Feld rechts neben den Projektzielen ein.
5. Bestimmen Sie als Nächstes den zeitlichen Rahmen für das Projekt und tragen Sie den angestrebten **Beginn und das Ende** pro Phase ein. Hiermit ist jedoch nicht die detaillierte Projektplanung gemeint. Das erledigt der Projektleiter, sobald das Projekt begonnen hat.
6. Schließlich müssen Sie noch das **Projektteam** zusammenstellen. Tragen Sie alle Teilnehmer in die entsprechende Spalte ein und legen Sie die Rolle innerhalb des Projekts fest. Bestimmen Sie also, wer Black Belt, Green Belt, Teilnehmer oder Experte für bestimmte Themen ist, und schätzen Sie auch ab, welchen Anteil ihrer Arbeitszeit die einzelnen Teilnehmer in das Projekt einbringen sollen.

Eine Vorlage für einen Projektauftrag steht Ihnen elektronisch zur Verfügung (Werkzeug_15_Projektauftrag).

Measure

In der zweiten Projektphase, der Measure-Phase, geht es darum, die Basis zu legen. Dafür werden die derzeitigen Prozessleistungen ermittelt und als Ausgangswerte für die Prozessverbesserung angesetzt.

HINWEIS: In Six-Sigma-Projekten werden in der Regel umfangreiche statistische Werkzeuge eingesetzt. Alles, was man braucht, ist in den verschiedenen Standard-Softwarepaketen enthalten. Wer nicht über geeignete Software verfügt, für den bieten verschiedene Internetseiten einfache, aber gut einsetzbare Werkzeuge an. Teilweise handelt es sich um sogenannte Open-Source-Software, die ohne kommerziellen Hintergrund entwickelt wird und der Allgemeinheit zur Verfügung steht. Siehe die Liste der empfohlenen Internetseiten in Kapitel 7 unter dem Stichwort Wikipedia – Statistiksoftware.

Spiegeln sich die Projektziele nicht vollständig in den Indikatoren wider, so werden zusätzliche Messungen durchgeführt. Ist das Datenmodell klar, so wird überprüft, ob die Messsysteme überhaupt geeignet sind, um die Daten in der benötigten Qualität zu liefern. Für technische Messsysteme gibt es statistische Methoden, die in der Standard-Statistiksoftware enthalten sind. Für andere Bewertungs- und Ermittlungsverfahren, wie zum Beispiel für die Berechnung der Durchlaufzeit aus Werten in einer Datenbank, wird die Herkunft der Daten auf Vertrauenswürdigkeit und die Weiterverarbeitung schrittweise auf Plausibilität geprüft.

Sind die Messsysteme geeignet, so wird die Fähigkeit des Prozesses bezüglich dieser Größen ermittelt. Die Prozessfähigkeit gibt an, wie gut der Prozess die Vorgaben erfüllt. Als statistischer Kennwert dient hier der C_{pK}-Wert, der aus dem Verhältnis von Prozessstreuung zur Toleranz ermittelt wird. Ein zum positiven veränderter Mittelwert oder ein erhöhter C_{pK}-Wert weisen zum Projektabschluss die Prozessverbesserung nach. Ist der Zielwert bzw. das Projekt Y keine variable Größe und lässt es sich somit zwar zählen, aber nicht kontinuierlich messen, dann werden Fehlerraten ermittelt. Die Anzahl der beobachteten Fehler im Verhältnis zur Anzahl der möglichen Fehler ergibt die sogenannte ppm-Rate. Eine ppm-Rate entspricht einem bestimmten C_{pK} und kann mit Hilfe von Tabellen übertragen werden. Während der Messungen ergeben sich teilweise schon Hinweise auf spätere Lösungsansätze.

Außerdem wird die bestehende Prozessdokumentation mit dem tatsächlichen Prozess verglichen und eventuell aktualisiert. Das Prozessablaufdiagramm wird systematisch bewertet und Abweichungen werden dokumentiert. Diese Übung dient gleichzeitig der Einarbeitung des Projektleiters. In der Regel sind nur die Eingaben, die Ergebnisse und die einzelnen Prozessschritte dokumentiert. In einem Six-Sigma-Projekt werden aber zusätzlich die vielen kleinen Eingaben und Ergebnisse analysiert, die zwischen den einzelnen Prozessschritten ausgetauscht werden. Dafür ist das Werkzeug 3 SIPOC-Diagramm sehr hilfreich. Die Eingaben der einzelnen Prozessschritte stellen nämlich die Einflussgrößen, also die X, für das Projektziel dar.

Anschließend bewertet das Projektteam in einer Ursachen-Wirkungs-Analyse, ob die X wirklich einen Einfluss auf die Projektziele haben. Dafür leistet die Vorlage für das Werkzeug 13 Ideenspeicher in abgewandelter Form gute Dienste. In der Senkrechten werden die X aufgelistet und als Bewertungskriterien trägt man die Projektziele ein. Ist das Y beispielsweise die Zubereitung eines perfekten Espressos mit Geschmacksnote 1, so können als X z. B. Mahlgrad, Kaffeemenge, Korngrößenverteilung, Schichtung im Siebträger, Anpressdruck, Extraktionsdruck, -zeit und -temperatur eingetragen werden. Alle diese Einflussfaktoren sind wichtig, doch gibt es einige darunter, von denen das Ergebnis in besonderem Maße abhängt. In dem Beispiel könnten das beispielsweise die Kaffeemenge, der Mahlgrad und die Extraktionstemperatur sein.

In dieser frühen Phase des Projekts geht es noch nicht um statistische Methoden, sondern es wird Expertenwissen eingesetzt, um die Anzahl der vielen X auf wenige zu reduzieren. Ordnet man dann die verschiedenen X nach der Bedeutung, so ergeben sich drei Bereiche. Der erste umfasst die Einflussfaktoren, die sich sehr deutlich von den anderen abgrenzen. Diese werden im Verlauf des Projekts weiter untersucht. Der zweite Bereich vertritt die Faktoren mit einem mittleren Einfluss, die Faktoren aus diesem Bereich werden eventuell später weiter untersucht, wenn der erste Bereich keine annehmbaren Ergebnisse liefert. Der dritte Bereich wird in der Regel nicht weiter berücksichtigt.

Analyse

Die Analysephase hat die Aufgabe, diejenigen X herauszufiltern, die einen wirklich relevanten Einfluss auf Y haben. Werden diese X kontrolliert, eingestellt und auf das optimale Niveau gebracht, so wird dadurch Y verbessert. In der Ursache-Wirkungs-Analyse wurden bereits die X isoliert, die in Frage kommen. Aufgrund der eher intuitiven Experteneinschätzung liegen nun die ersten Hypothesen vor, die sich im weiteren Projektverlauf noch bewähren müssen oder wieder verworfen werden.

Das Projektteam überprüft nun einzeln, ob die identifizierten X wirklich einen großen Einfluss auf das Y haben. Dazu wird die Fehlermöglichkeits- und -einflussanalyse (FMEA), ein bereits seit langem bekanntes Werkzeug aus dem Qualitätsmanagement, benutzt.[5] Bei dieser Methode wird für jeden Prozessschritt analysiert, welche Fehler mit dem dazugehörigen X auftreten können. Pro Fehler werden Ursachen und Auswirkungen analysiert. Aus der Auftretenshäufigkeit, der Entdeckungswahrscheinlichkeit und der Bedeutung des Fehlers wird die sogenannte Risikoprioritätszahl (RPZ) ermittelt. Ist die RPZ gering, so hat das entsprechende X keinen großen Einfluss und die Hypothese wird verworfen. Wie bereits von der Ursachen-Wirkungs-Analyse bekannt, gibt es auch hier wieder keinen festgelegten Wert, ab dem eine Hypothese angenommen oder abgelehnt wird. Sortiert man die verschiedenen Fehler mit den dazugehörigen X in der Reihenfolge der ermittelten RPZ, so lässt sich wieder ein natürlicher Bruch zwischen den wenigen relevanten und den vielen übrigen Einflussfaktoren erkennen.

Jetzt bleibt nur noch eine Handvoll Einflussfaktoren übrig, die anhand von Daten aus dem Prozess überprüft werden. Zur Datengewinnung wird in der gleichen Weise vorgegangen wie schon mehrfach beschrieben. Der Prozess wird beobachtet, bestehende Prozessaufschreibungen werden ausgewertet, neue erstellt oder Daten werden per Interview bzw. Fragebogen ermittelt.

Jetzt wird es ernst und die ermittelten Datenreihen werden in sogenannten Multivari-Analysen einem statistischen Hypothesentest unterzogen. Wer nicht gleich die schweren Geschütze auffahren möchte, kann sich auch erst einmal die grafische Aufbereitung der Datenreihen ansehen. Dafür lassen sich bereits verschiedene Funktionen in den üblichen Programmen zur Tabellenverarbeitung einsetzen und es muss nicht unbedingt eine Statistiksoftware sein. Solche Grafiken oder statistischen Tests geben zum Beispiel Auskunft darüber, welches Behandlungsverfahren die besseren Ergebnisse erzeugt, wenn Gruppe A mit Verfahren eins und Gruppe B mit Verfahren zwei behandelt wird. Oder es wird zum Beispiel die Vermutung untersucht, dass die Kalkulation nach den Sommerferien immer wesentlich länger dauert als üblich. Schreibt man nun Werte auf und wertet die gewonnenen Daten aus, so lässt sich erkennen, ob es wirklich einen Unterschied zwischen den Monaten gibt. Insgesamt können folgende Leitfragen mit Hilfe der Multivari-Analysen beantwortet werden:

---

[5] FMEA-Formblätter lassen sich im Internet finden und leicht herunterladen. Siehe die Liste der empfohlenen Internetseiten in Kapitel 7 unter dem Stichwort DMAIC-Tools, Qualitätsforum oder Stangerweb.

- Hat X überhaupt einen signifikanten Einfluss auf Y?
- Sind die Ergebnisse aus zwei Datenreihen wirklich unterschiedlich?
- Unterscheiden sich die Mittelwerte oder die Standardabweichungen von zwei Datengruppen überhaupt?

Je nach Menge und Qualität der Daten lassen sich diese Fragen beantworten. Einige Methoden, wie z. B. die Regressionsanalyse, geben nicht nur Auskunft darüber, ob eine Hypothese verworfen wird oder nicht, sondern ermitteln bereits einen funktionalen Zusammenhang. Dies gibt eventuell schon Hinweise auf die Optimierungsrichtung.

Im Prinzip müssen die Daten nur in die Software eingetippt werden und man kann das Ergebnis ablesen. Aber Vorsicht, die Software erleichtert die Arbeit, denkt aber nicht mit. Der Nutzer muss vorher sicherstellen, dass die Daten bestimmte Voraussetzungen wie z. B. die Normalverteilung erfüllen. Man hat schon von Fällen gehört, bei denen im Eifer des Gefechts umfangreiche Schlüsse gezogen wurden, aber am Anfang hat man übersehen, dass die Werte nicht normalverteilt waren, und hatte somit das falsche statistische Modell gewählt. Hier wird klar, dass es nicht ohne einen trainierten Black Belt geht. Und wenn der Black nicht selbst die gesamte Statistik überblickt, sollte zumindest die Möglichkeit bestehen, einen Master Black Belt oder einen anderen Statistikexperten zu Rate zu ziehen. Ist beides nicht gegeben, kommen immer noch die grafischen Methoden in Frage, denn es geht ja nicht um Wissenschaft, sondern um Prozessoptimierung und da sind gewisse Risikoentscheidungen erlaubt. Es empfiehlt sich dann allerdings, die eher komplexen Fälle aus der Herstellprozessoptimierung oder der Produktentwicklung nicht in Angriff zu nehmen.

Improve

Nun werden die Prozesse verbessert und die X in den bestmöglichen Zustand gebracht, um einen Durchbruch in der Prozessleistung zu erzielen. Nach den intensiven und anstrengenden Analysen, die in der Measure- und der Analyse-Phase durchgeführt wurden, fällt es manchmal schwer, plötzlich umzuschalten und Verbesserungsmöglichkeiten festzulegen. Hier passiert es leicht, dass munter darauf los verbessert wird, ohne auf die Analyseergebnisse zurückzugreifen.

Da Six Sigma seit einigen Jahren mit dem Lean-Production-Ansatz zu Lean Six Sigma kombiniert wird, scheint es in der Improve-Phase nahezuliegen, verschiedene Werkzeuge aus dem Lean-Umfeld einzusetzen. Wenn man auf diese Art und Weise mit der ständigen Verbesserung beginnt, benötigt man allerdings vorher kein Six-Sigma-Projekt und keine umfangreichen Analysen oder statistischen Werkzeuge. Der Gedanke hinter Six Sigma ist, den Prozess durch ein Projekt sprunghaft zu verbessern und danach zurück an das Prozessteam zu geben. Erst dort geht es dann mit der ständigen Verbesserung weiter.

HINWEIS: Um die Verbesserungen sauber aus den Analyseergebnissen abzuleiten, wird ein Verbesserungsplan aufgestellt und das Six-Sigma-Team entscheidet für jedes X, welche Maßnahme notwendig ist, um es auf den optimierten Zustand zu bringen.

In vielen Projekten geht es um Herstellprozesse, bei denen die Parameter optimiert werden sollen. Ist beispielsweise aus der Analyse-Phase bekannt, dass die Temperatur einen großen Einfluss auf das Ergebnis hat, dann werden einige Versuche geplant, um die optimale Einstellung zu ermitteln. Ist die Verfügbarkeit der richtigen Informationen beispielsweise ein kritisches X, so kann man ein Anfrageformular für den Geschäftsvorfall etablieren, in dem diese benötigten Informationen Pflichtfelder sind. Oder ist das kritische X in einem anderen Beispiel die Fähigkeit eines Maschinenbedieners, so wird ein Trainingsprogramm aufgestellt, das erfolgreich durchlaufen werden muss, bevor man die entsprechende Maschine führen darf. Bild 5.12 zeigt fünf Verfahren, mit denen sich Verbesserungsmaßnahmen systematisch aus den Analyseergebnissen ableiten lassen:

- **Statistische Versuchsplanung**

  Die Methoden der statistischen Versuchsplanung werden für technische Prozesse eingesetzt, wenn es sich bei den X um kardinal skalierte Daten wie z. B. Temperatur, Umdrehungszahl oder Druck handelt oder zumindest um ordinal skalierte Daten wie aus dem Schulnotensystem bekannt. Nach den Regeln der Versuchsplanung werden zunächst verschiedene Experimente festgelegt, bei denen die zu optimierenden Größen auf verschiedenen Stufen eingestellt werden. Nachdem die Experimente durchgeführt wurden, überträgt man die Ergebnisse in das statistische Softwarepaket und aus den Ergebnissen lassen sich die optimierten Einstellungen ermitteln. Je nachdem, welche Daten in der Analysephase bereits vorlagen und welche Auswertungen gemacht wurden, kann der Aufwand eventuell reduziert werden. Grundsätzlich sollte jedoch gelten, dass in der Analysephase der Prozess nur beobachtet wird, um die kritischen X zu ermitteln. Erst wenn diese vorliegen, sollten gezielte Experimente durchgeführt werden, da der Aufwand für Versuche in den meisten Fertigungsprozessen groß ist. Wenn keine Laboranlagen für Experimente zur Verfügung stehen, ist die laufende Produktion unmittelbar betroffen.

- **Simulation oder mathematische Optimierung**

  Liegen zwar kardinal oder ordinal skalierte Werte vor, aber es lassen sich aus verschiedenen Gründen keine Experimente durchführen, so können die Prozesse teilweise in einer Software abgebildet werden und das optimale Ergebnis wird durch eine Simulation der Prozesse ermittelt. Solche Verfahren haben ihre Stärken, wenn es beispielsweise um die Festlegung von Lagerhaltungs- und Kommissionierstrategien, Verbesserung von Durchlaufzeiten, Wartezeiten, Warteschlangen oder Auslastung von Engpässen geht. Es existieren umfangreiche Marktstudien zu diesem Thema, die teilweise im Internet veröffentlicht wurden.[6] Neben der Simulation lassen sich einige Probleme auch mit den Verfahren der mathematischen Planungsrechnung lösen. Dafür wird das Prozessmodell in ein mathematisches Modell übertragen und dann mit Optimierungsalgorithmen oder Heuristiken gelöst. So lässt sich zum Beispiel der

[6] Die Bayrische Forschungsallianz forFLEX hat eine sehr umfangreiche Marktstudie zur Prozesssimulationssoftware im Internet veröffentlicht. Es existieren auch OpenSource-Softwarelösungen für die Simulation von Prozessen, die ohne kommerziellen Hintergrund entwickelt wurden und der Allgemeinheit zur Verfügung stehen. Außerdem gibt es auch leicht eingeschränkte Versionen bekannter Simulationswerkzeuge zur freien Nutzung. Siehe in Kapitel 7 unter dem Stichwort forFLEX, Process Maker oder Aris Community.

kürzeste Weg finden, der festgelegte Positionen umfasst, oder die optimale Ladung wird bestimmt, die möglichst viele Körper mit festgelegtem Gewicht und Volumen enthält. Weitere typische Einsatzgebiete sind die Lösung von Pack- und Zuschnittsproblemen, die Reihenfolgeplanung, etwa bei der Maschinenbelegung, das Festlegen der Umrüstreihenfolge bei Serienproduktion oder die optimale Losgröße.

Der deutsche Begriff dieser Planungswissenschaft konnte sich jedoch nie richtig durchsetzen, so wird üblicherweise auch in Deutschland von Operations Research gesprochen. Der Begriff stammt aus dem Englischen und wurde ursprünglich für Methoden verwendet, die für den Einsatz bei den britischen Streitkräften entwickelt wurden. Dort ging es um den optimalen Aufbau eines Radarüberwachungssystems.

Der Einsatz von Simulationssoftware oder der mathematischen Optimierung bedarf jedoch einer generellen Entscheidung. Ähnlich wie die statistischen Werkzeuge, gehört auch die Simulation oder die mathematische Optimierung in die Hand von Experten. Eventuell kann eine Stabsstelle oder ein Mitarbeiter aus dem Team des Programmleiters hier Unterstützung leisten. Solche Lösungen sind nur für größere Unternehmen praktikabel. Für mittlere oder kleine Unternehmen ist wohl eher der Kontakt zu spezialisierten Beratern oder zu Universitäten sinnvoll.

- **Teilgruppen vergleichen**

  Liegen keine metrischen, skalierbaren Variablen vor, aber die Daten konnten in der Analysephase in mehrere Gruppen eingeteilt werden, so kann hieraus auf Verbesserungsmaßnahmen geschlossen werden. Solche Gruppen können zum Beispiel verschiedene Arbeitsteams, Produktionsschichten, Behandlungsmethoden oder Vertriebsgebiete sein. Ist das untersuchte X in den Gruppen unterschiedlich ausgeprägt und führt es in einer Gruppe zu einem signifikant besserem Y, so wird einfach das X der besten Gruppe und für alle Prozesse standardisiert. Benutzen z. B. die Tag- und die Nachtschicht unterschiedliche Einstellparameter für die Fertigungsanlagen, so werden die Parameter standardisiert, die zu besseren Ergebnissen führen. Oder gehen die Mitarbeiter im Callcenter beispielsweise nach unterschiedlichen Checklisten zur Datenabfrage beim Kunden vor und war in einer Gruppe die Fehlerrate signifikant geringer, so kann die entsprechende Checkliste standardisiert werden. Ähnlich kann man vorgehen, um verschiedene Kalkulationsverfahren in unterschiedlichen Arbeitsgruppen, verschiedene Werbemaßnahmen in unterschiedlichen Vertriebsgebieten usw. zu vergleichen.

- **Eingaben spezifizieren**

  Handelt es sich beim kritischen X nicht um eine Größe aus dem untersuchten Prozess, sondern um eine Eingabe vom internen Lieferanten, so muss diese Eingabe auf dem gewünschten Niveau standardisiert werden. Folgendes Beispiel erläutert das Prinzip: Angenommen, das analysierte Y war die Anzahl der Wiederholfehler in der Fertigung. Als ein kritisches X wurde festgestellt, dass die Problembeschreibungen häufig mangelhaft sind und dass oftmals keine Reklamationsmuster in die Fertigung gelangen. Daher ist es nur schlecht möglich, die wirklichen Ursachen zu analysieren und nachhaltig zu beseitigen. Dieses Problem kann nicht von der Fertigung selbst korrigiert werden, sondern muss mit den entsprechenden Lieferantenprozessen abgestimmt werden. Wie man dabei vorgeht, wurde bereits im Werkzeug 9 Nahtstellenvereinbarung beschrieben. Die Lösung könnte in diesem Fall sein, dass der Kundenservice bei jeder Reklamation den Kunden anruft und nach weiteren festgelegten Informationen fragt. Diese Informationen gehen dann an die Fertigung. Außerdem wird jedem Versandkarton ein Rücksendeformular mit der Adresse des Produktionswerks beigelegt. Zusätzlich wurden Kriterien festgelegt, um zu entscheiden, ob ein Mitarbeiter des technischen Services den Kunden besuchen soll.

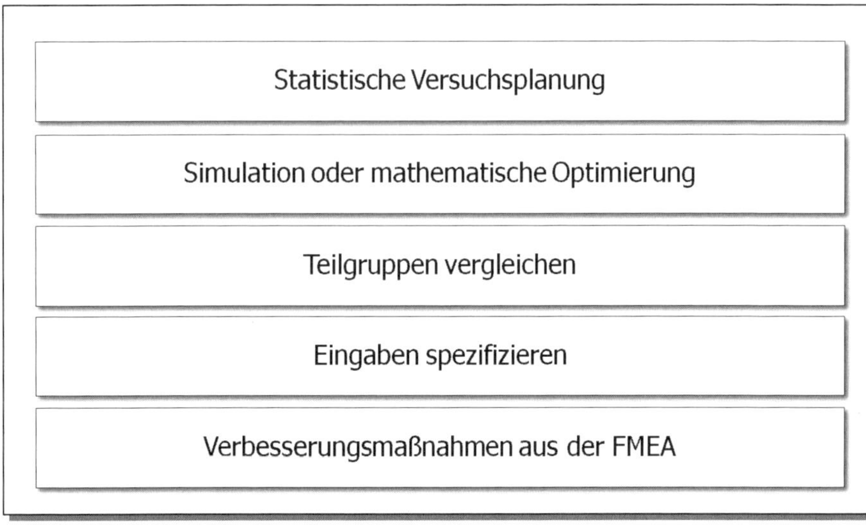

Bild 5.12 Erstellen des Verbesserungsplans

- **Verbesserungsmaßnahmen aus der FMEA**

  Waren die drei bisher beschriebenen Verfahren nicht erfolgreich, so lohnt sich ein Blick in die FMEA. In der Analyse-Phase wurde dieses Werkzeug bereits genutzt, um das Risiko zu ermitteln, das im Prozess vorhanden ist. Es wurde schon viel Zeit und Intelligenz aufgewendet, um diese Analyse zu erstellen und für jedes kritische X mögliche Fehler und Fehlerursachen zu identifizieren. Das Projektteam kann nun eine Abstellmaßnahme für die Fehlerursache festlegen und somit das X auf ein besseres Niveau bringen. Die Systematik der FMEA bietet an dieser Stelle noch einen entscheidenden Vorteil. Der mögliche Effekt der Maßnahme kann sofort eingeschätzt werden. Jeder Fehler wurde ja bezüglich Bedeutung, Auftretenshäufigkeit und Entdeckungswahrscheinlichkeit bewertet. Es kann nun abgeschätzt werden, wie sich diese drei Faktoren durch die Abstellmaßnahme ändern. So lässt sich daraus ableiten, ob die Maßnahme etwas bewirkt. Dieses Vorgehen ist ohnehin Bestandteil der FMEA-Systematik. Ursprünglich wurde sie auch nicht entwickelt, um kritische X in einem Six-Sigma-Projekt zu identifizieren, sondern um komplexe Systeme zu optimieren. Die Aufnahme in den Six-Sigma-Werkzeugkasten verhilft der FMEA allerdings zu zusätzlicher Stärke. In der herkömmlichen Anwendung verlässt man sich bei der Ursachenanalyse überwiegend auf eine Experteneinschätzung. Durch die statistische Überprüfung der X bekommt das Projektteam zusätzliche Informationen, wo sich eine Verbesserungsmaßnahme wirklich lohnt.

Das *Bestätigungsexperiment* ist der krönende Abschluss der statistischen Versuchsplanung. Nachdem die optimierten Einstellungen pro X gefunden wurden, wird am Ende noch ein Bestätigungsexperiment durchgeführt, bei dem alle X gleichzeitig auf das verbesserte Niveau eingestellt werden. Zeigen sich die gewünschten Ergebnisse, so werden die neu gefundenen Parameter standardisiert. Fertig ist der neue Produktionsstandard.

Bei Prozessen außerhalb der Fertigung gibt es verschiedene Möglichkeiten, ein X auf ein besseres Niveau zu bringen. Zunächst werden aus den verbesserten X verschiedene Prozessvarianten definiert und bezüglich Kosten und Nutzen bewertet. Die am besten geeignete Variante wird ausgewählt und einem Test unterzogen, der noch einmal alle Annahmen überprüft, die Schlussfolgerungen bestätigt und sicherstellt, dass der neu gestaltete Prozess praktikabel ist und akzeptiert wird. Erfüllt der Test noch nicht die Anforderungen, so wird noch eine Schleife gedreht. Erst nach erfolgreichem Abschluss wird der neue Prozess eingeführt.

Ein weiteres Überprüfungsverfahren ist das *Process-Prototyping*. Der Begriff Prototyping wurde aus der Produktentwicklung übertragen. Dort bedeutet er, dass möglichst schnell ein Muster des späteren Produkts erzeugt wird, das jedoch noch nicht von den Standardfertigungsanlagen stammt. Je nach Beschaffenheit des Musters lassen sich bereits bestimmte Eigenschaften bewerten. Genau darum geht es auch beim Process Prototyping.

Mit einfachen Mitteln wird das Muster eines optimierten Prozesses entworfen und dann durch das Prozessteam bezüglich der Tauglichkeit bewertet. Zu diesen einfachen Mitteln gehört auf jeden Fall das verbesserte Ablaufdiagramm. Außerdem sollten verbesserte Formulare und Eingabemasken für das IT-Systemen nicht fehlen. Alles andere, was hilft, den Prozess nachzustellen, ist erlaubt und sei es ein Spielzeugauto, das den Transport simuliert. Nun spielt das Six-Sigma-Team, gemeinsam mit Vertretern des Prozesses, den Ablauf anhand eines vorbereiteten Fallbeispiels einmal durch. Im Prinzip ähnelt dieses Vorgehen der Prozessdurchsprache, die im Kapitel über die Wertstromanalyse vorgestellt wurde. Der Unterschied liegt darin, dass bei der Wertstromanalyse der aktuelle Prozess auf Schwachstellen hin abgeklopft wird und beim Prototyping soll die Wirksamkeit eines neuen, verbesserten Prozesses prognostiziert werden. Daher werden die Ergebnisse von Berechnungen oder geänderten Abläufen in IT-Systemen für das Fallbeispiel vorausberechnet und in geeigneter Weise eingefügt. Geht es um die räumliche Anordnung von Bürobereichen, Lagern oder Ähnlichem, kommen Skizzen und Präsentationen zum Einsatz.

Jeder Teilnehmer dieser strukturierten Durchsprache übernimmt eine Rolle im Prozessablauf, möglichst die Rolle, die er im tatsächlichen Prozess auch einnimmt. Während der Durchsprache erklären die Teilnehmer pro Arbeitsschritt auf dem verbesserten Ablaufdiagramm, was gerade geschieht und welche Probleme sie noch sehen. Dabei werden die vorbereiteten Hilfsmittel eingesetzt. Im Anschluss an die Durchsprache geben alle Teilnehmer ihre Wertung ab. Dazu wird am besten ein Analysebogen vorbereitet, der den neuen Prozess nach Kriterien wie Durchlaufzeit, Ressourcenverbrauch, Fehleranfälligkeit, der Beseitigung bestehender Probleme, Verfügbarkeit benötigter Informationen usw. bewertet. Aus der Auswertung dieser Analysebogen kann beurteilt werden, ob der neue Prozess wirklich eine Verbesserung darstellt. Wenn nötig, muss dieser Verbesserungs- und Bewertungszyklus mehrfach durchlaufen werden.

Control

In der letzten Phase wird der Prozess so standardisiert, dass die erreichten Prozessverbesserungen auch langfristig wirken und zum Unternehmenserfolg beitragen. Dazu werden alle Prozessdokumente, wie sie bereits in Kapitel 3 beschrieben wurden, aktualisiert. Ein besonderer Schwerpunkt liegt auf den Prozessindikatoren, die an das neue, verbesserte Niveau angepasst werden müssen. Eventuell hat das Projekt ergeben, dass einige der bisherigen Indikatoren nicht mehr benötigt werden, aber andere erforderlich sind, um den Prozess auf dem neuen Niveau zu lenken. Der zweite Schwerpunkt liegt auf den Trainingsunterlagen, denn es müssen ja alle Mitarbeiter bezüglich des neuen Prozesses unterwiesen werden. In den Trainingsunterlagen lassen sich auch gut die Erkenntnisse, Tricks und Kniffe unterbringen, die in den eher formalen Prozessbeschreibungen keinen Platz gefunden haben.

Nach der Standardisierung wird der Prozess wieder seinen Besitzern übergeben. Vorher muss der Erfolg des Projekts nachgewiesen werden. Und hieraus ergibt sich eine typische Huhn-und-Ei-Diskussion. Was soll zuerst kommen, die Standardisierung oder der Erfolgsnachweis? Einerseits kann der Erfolg erst nachgewiesen werden, wenn der Prozess wirklich einige Zeit nach den neuen Spielregeln läuft. Andererseits ist es nicht sinnvoll, den Prozess endgültig zu standardisieren, bevor der Erfolg nachgewiesen wurde. Wie so häufig, kommt es auf den Einzelfall an.

Wenn der Prozess über einen längeren Zeitraum laufen muss, bevor die Leistungssteigerung nachgewiesen werden kann, dann muss er vorher standardisiert werden. Häufig werden Monatsmittelwerte als Leistungsindikator ermittelt, wie zum Beispiel der Anteil pünktlicher Lieferungen, die mittlere Bearbeitungszeit für Reklamationen oder die Verfügbarkeit von Produktions- oder IT-Anlagen. Dann ist es sinnvoll, erst den Prozess zu standardisieren, dann für eine angemessene Zeit den Prozess zu beobachten und danach eine Aussage über den Projekterfolg zu treffen.

Fallen im Prozess sehr viele Daten an, kann die Verbesserung bereits während der Projektlaufzeit nachgewiesen werden. Dies ist in der Regel bei Produktionsprozessen der Fall. Wurden die Ergebnisse mit Hilfe der statistischen Versuchsplanung ermittelt und hat bereits ein Bestätigungsexperiment stattgefunden, so ist der Wirksamkeitsnachweis ohnehin erbracht. Eventuell muss der Prozess noch eine kurze Zeit beobachtet werden, um mehr Daten für eine statistisch signifikante Aussage zu erhalten.

Die übliche Lösung für das beschriebene Reihenfolgeproblem ist, dass man das Projekt nur vorläufig abschließt. Das heißt, der Prozess wird vorläufig standardisiert und zurück an den Prozessbesitzer übergeben. Während der Übergabe wird auch festgelegt, wie lange der Prozess beobachtet werden soll, um den endgültigen Wirksamkeitsnachweis zu erhalten. Der Prozessbesitzer ermittelt die Daten für die neu festgelegten Indikatoren und übergibt diese nach der festgelegten Zeit dem Black Belt. Dieser nutzt die Daten, um die Wirksamkeit nachzuweisen.

HINWEIS: Idealerweise erkennt man die Verbesserung direkt an der Trendkarte und das neue Niveau unterscheidet sich deutlich vom alten, oder die Streuung in der Trendkarte ist sichtbar reduziert.

Six-Sigma-Puristen bestehen jetzt auf einem Signifikanznachweis. Das bedeutet, dass die Statistiksoftware noch einmal zum Einsatz kommt und Hypothesentests durchgeführt werden, um zu zeigen, dass die Prozessergebnisse vor und nach der Verbesserung wirklich aus signifikant verschiedenen Verteilungen stammen. Oder anders ausgedrückt: ob der Prozess vor und nach der Verbesserung wirklich andere Ergebnisse erzielt.

Ging es im Projekt nicht um die Veränderung des Mittelwerts, sondern um die Verringerung der Streuung, so wird der Prozessfähigkeitsindex herangezogen, um die Verbesserung zu beurteilen. Dies bedeutet, dass die Eigenschaft des Prozesses beurteilt wird, wie gut er das vorgegebene Toleranzband einhält. Aus dem Vergleich der Werte vor und nach der Verbesserung lässt sich das Ausmaß der Verbesserung ablesen.

Ist die Verbesserung nachgewiesen, ist das Projekt fast beendet. Das Team kommt ein letztes Mal zusammen und lässt das Projekt Revue passieren. Der Black Belt erstellt einen Abschlussbericht, in dem die Projektergebnisse zusammengefasst werden. Der Bericht wird dem Master Black Belt und dem Prozessbesitzer präsentiert und wenn beide das Projekt annehmen, übernimmt der Prozessbesitzer endgültig die Verantwortung für den Prozess und für die weitere ständige Verbesserung. Gibt es etwas auszusetzen oder konnte der Wirksamkeitsnachweis nicht erbracht werden, so muss der Black Belt noch einmal in den Ring steigen und nachbessern.

5.3 Prozess-Re-Engineering

Das Prozess-Re-Engineering entstand innerhalb eines Forschungsprogramms unter dem Titel „Management in the 1990s“ am MIT in den USA. Das Ziel war es, herauszufinden, wie sich der Einsatz moderner Informationstechnologien auf die Unternehmensorganisation auswirkt. In einem Satz zusammengefasst lautete das Ergebnis der Studie folgendermaßen (Venkatraman 1991):

HINWEIS: Die größten Produktivitätssteigerungen lassen sich erreichen, wenn neue Prozesse parallel zu Informationstechnologien geplant werden.

Champy verallgemeinerte die ursprünglichen Vorgehensweisen zu einem generellen Konzept der prozessorientierten Reorganisation, bei dem der Einsatz der Informationstechnologie nur ein Merkmal neben anderen ist (Hammer/Champy 1993).

Hammers und Champys Konzept zeichnet sich insbesondere durch die radikale Vorgehensweise aus. Durch das grundlegende in Frage stellen der bestehenden Prozesse sollten Quantensprünge in Kosten, Qualität, Service und Geschwindigkeit erreicht werden. Herausfordernde Vorgaben für das Re-Engineering-Team sollten sicherstellen, dass die bisherigen Denkmuster verlassen werden. Die Ziele sollten so hoch gesteckt werden, dass sie mit der bloßen Verbesserung der bisherigen Prozesse nicht erreicht werden können. Es soll für alle im Voraus klar sein, dass etwas Dramatisches passieren muss.

Da bei solchen fundamentalen Veränderungen viele Mitarbeiter ihre Aufgabe nicht mehr in gewohnter Weise ausführen können oder ganz verlieren und andere Macht und Einfluss einbüßen, ist der umfassenden Beteiligung der Mitarbeiter an den Projekten eine natürliche Grenze gesetzt. Die Projekte werden überwiegend von internen und externen Spezialisten abgewickelt und müssen zügig und konsequent umgesetzt werden, damit die Widerstände die Erneuerungsdynamik nicht zum Erliegen bringen. Neben der ständigen Verbesserung gab es nun einen radikalen und schnell wirksamen Verbesserungsansatz. Vielleicht waren die Berater, Wissenschaftler und Manager auch dem ewigen Kaizen, das japanische Tugenden wie Fleiß, Disziplin und Ausdauer fordert, schon wieder überdrüssig geworden.

Es gab viele erfolgreiche Beispiele, aber auch etliche Flops und nach einiger Zeit der Begeisterung für Re-Engineering mehrten sich auch Zweifel an der Wirksamkeit des Konzepts. Einige Unternehmen hatten sich wohl verhoben und einen zu breiten Ansatz gewählt. Schnell setzte eine Ernüchterung ein und es zeigte sich, dass Re-Engineering doch nicht immer und überall funktioniert, wie es die Autoren des Bestsellers versprochen hatten. Nach Hall, Rosenthal und Wade von der Unternehmensberatung McKinsey & Company sei es bereits 1994 in Amerika ein offenes Geheimnis gewesen, dass die Mehrzahl der Re-Engineering-Projekte als Flop enden würden (Hall/Rosenthal/Wade 1994). Sie führten an, dass der Reorganisationsumfang häufig zu eng gewählt wurde, so dass es überhaupt nicht zu einem organisatorischen Quantensprung kommen konnte, oder aber, dass eine zu große Breite gewählt wurde, so dass von vornherein klar sei, dass niemals genügend Ressourcen und Energie vorhanden sein würden, um das Vorhaben erfolgreich abzuschließen. Andere Quellen berichten von Studien in den USA und in Europa, bei denen nur 33 Prozent der Projekte ihr Ziel erreicht hatten, und 25 % der Unternehmen gaben an, keine dem Aufwand entsprechenden Resultate erreicht zu haben (Shapiro 1996, S. 183 ff.).

Die Aufregung um das Prozess-Re-Engineering hat sich schnell wieder gelegt. Auch wenn das Konzept nicht in allen Fällen die vollmundigen Versprechungen halten konnte und die radikale Erneuerung nur in wenigen Fällen gelungen ist, so hat es trotzdem entscheidend zur Diskussion um die Prozessverbesserung beigetragen und dem Gedanken der Prozessorientierung endgültig zum Durchbruch verholfen. Andere Verbesserungsansätze wie Lean Management oder Qualitätsmanagement sind zwar von jeher auf Prozesse ausgerichtet, aber durch das Re-Engineering gelangte diese Orientierung in die allgemeine Diskussion.

Die Anwendung der Prinzipien auf alle Prozesse, also auch außerhalb der Fertigung, die Abgrenzung der Prozesse voneinander, Messen mit Indikatoren, Identifizieren von Schlüsselprozessen, die Sichtweise der Prozesse als wesentliches Gestaltungsprinzip der gesamten Organisation und die strategische Bedeutung der Prozesse kamen neu hinzu.

HINWEIS: In bestimmten Situationen ist es sinnvoll, Prozesse grundlegend zu überdenken. Prozess-Re-Engineering ist in solchen Fällen eine wirksame Methode.

Auch der Gedankengang, dass nicht alles durch ständige Verbesserung erreicht werden kann, sondern dass die Prozesse in bestimmten Situationen grundlegend überdacht werden müssen, hat die Diskussion wesentlich bereichert. Solche Situationen sind zum Beispiel eine Verschlechterung der Wettbewerbsposition oder das Auftauchen von neuen Technologien oder Organisationsprinzipien, die wesentlich effizienter als die bisherigen sind. Somit hat das Re-Engineering einen festen Platz im modernen Prozessmanagement eingenommen und es lohnt sich, sich mehr mit diesem Ansatz zu beschäftigen, auch wenn mit der ständigen Verbesserung und mit Six Sigma bereits sehr wirksame Methoden für die Prozessverbesserung zur Verfügung stehen.

5.3.1 Merkmale des Prozess-Re-Engineering

Die grundsätzlichen Prinzipien des Prozess-Re-Engineering sind in Bild 5.13 dargestellt. Sie fügen sich im Wesentlichen in den Rahmen ein, der in diesem Buch bisher aufgespannt wurde. Ein bemerkenswerter Unterschied besteht jedoch in der Art der

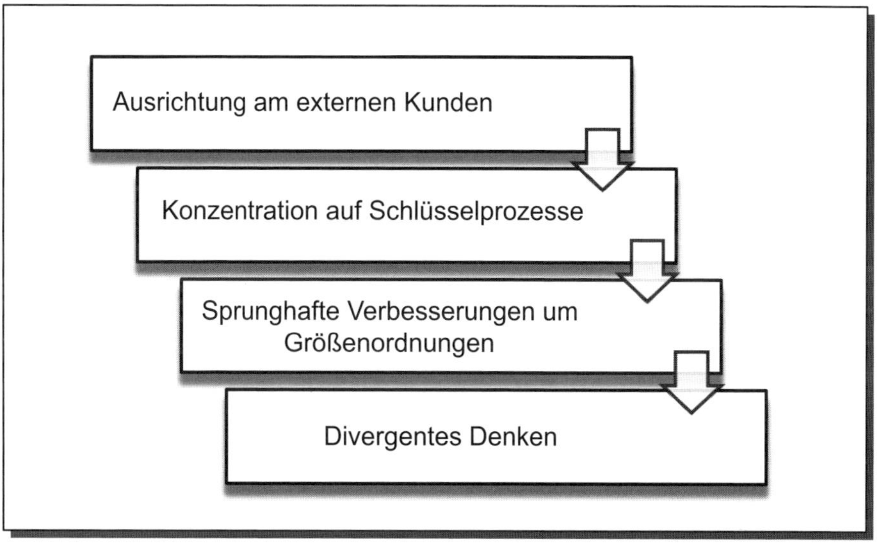

Bild 5.13 Prinzipien des Prozess-Re-Engineering

Problemlösung. Bisher hat in den Vorgehensweisen und Werkzeugen die analytische, deduktive Problemlösung dominiert. Aus Analyseergebnissen und gesammelten Fakten wurde auf die zugrunde liegenden Probleme geschlossen, um daraus einen verbesserten Zustand zu entwickeln. Da beim Re-Engineering ein Prozess entstehen soll, der sich wesentlich vom bisherigen unterscheidet, sind eher kreative Problemlösungstechniken gefragt und im Projektablauf wird sich das Verbesserungsteam mehr auf das Neue konzentrieren und weniger darauf, das Vorhandene zu analysieren.

Das kreative Problemlösen und die Neugestaltung werden also als Bereicherung des Werkzeugkastens gesehen und es muss je nach Situation entschieden werden, ob diese eingesetzt werden oder lieber die analytischen Werkzeuge.

Ausrichtung am externen Kunden

Die Ausrichtung am externen Kunden ist ein wesentliches Merkmal des Re-Engineering. Die Prozesse sollen zur Verbesserung des Kundennutzens und aus der Sicht des Kunden restrukturiert werden (Davenport 1993, S. 16). Für das Verbesserungsteam beinhaltet diese Aussage bereits eine klare Handlungsanweisung.

HINWEIS: Jeder Prozessschritt, der nicht den Kundennutzen erhöht, ist äußerst kritisch zu bewerten. Dient er nicht der Risikominimierung, Prozesserhaltung oder Steuerung, dann ist er sogar überflüssig. Zudem benötigt das Verbesserungsteam eine klare Vorstellung darüber, wie der externe Kunde die Ergebnisse des Prozesses verwendet. Also wird bei den Prozessen begonnen, die ihre Ergebnisse an externe Kunden liefern. ■

Das Verbesserungsteam wird sich daher zunächst den vorhandenen Marktstudien und Kundenbefragungen zuwenden, bevor es nach innen schaut und die Prozesse analysiert. Hier sind insbesondere vergleichende Aussagen wertvoll. Sind die Kunden zum Beispiel mit der Einhaltung der Liefertermine und den Informationen auf den Lieferpapieren nicht zufrieden, so ist es interessant zu erfahren, wo der Wettbewerb steht. Es ist auf jeden Fall nicht zu empfehlen, einen Prozess ins Blaue hinein zu verändern, ohne zu wissen, was der Kunde wirklich will. Hier sei noch einmal an die Hahne Industrieanlagen GmbH aus dem Abschnitt über Six Sigma erinnert. Unser Projektleiter wird jetzt vielleicht den Vertriebsprozess für Handhabungsmaschinen und Manipulatoren neu entwerfen und später stellt sich dann heraus, dass der Umsatzrückgang nicht an der Auftragsabwicklung lag, sondern daran, dass es einfach keinen Bedarf an Speziallösungen für Handhabungsmaschinen und Manipulatoren mehr gibt. Die am Markt verfügbaren Standardmaschinen decken den Bedarf vollkommen ab und kosten nur einen Bruchteil der Spezialmaschinen. Ein Bedarf besteht hingegen bei der Projektierung neuer Fertigungslinien, in denen die Manipulatoren und Maschinen auch von anderen internationalen Herstellern eingesetzt werden. Aber diesen Service bietet die Hahne Industrieanlagen GmbH bisher nicht an. Zielgerichtete Interviews mit den Schlüsselkunden hätten dieses leicht zu Tage fördern können.

Das Ziel solcher Interviews ist es, herauszufinden, wo die bisherigen Prozessergebnisse Probleme verursachen und wie der Lieferant zum Erfolg des Kunden beitragen kann. Der neu gestaltete Prozess soll die Wettbewerbsfähigkeit verbessern und die kritischen Erfolgsfaktoren adressieren. Lassen sich keine Schlüsselkunden identifizieren und bietet das Unternehmen seine Produkte eher für den anonymen Markt an, so können wertvolle Informationen aus größer angelegten Kundenbefragungen oder Marktstudien gewonnen werden. Liegen solche Daten nicht vor und verfügt das Unternehmen über keine eigene Marktforschung, so gibt es genügend Agenturen, die dabei behilflich sind.

Konzentration auf Schlüsselprozesse

Wer die Ergebnisse verbessern möchte, der muss sich um den Prozess kümmern, der dahinter steht. Es bewertet niemand positiv, wenn die Endkontrolle möglichst viele Produkte aussortiert oder wenn administrative Abläufe immer wieder gestoppt und mehrfach zur Korrektur zurückgeleitet werden. Jedem ist klar, dass sich die Prozessbesitzer anstrengen sollten, ihre Prozesse besser in den Griff zu bekommen. Ist der Prozess fähig und stabil, dann müssen Prüfungen nur durchgeführt werden, um ihn zu lenken und sicherzustellen, dass es auch so bleibt. So ist es auch beim Re-Engineering klar, dass der Hebel an den Prozessen angesetzt werden muss, wenn es um dramatische Veränderungen von Ergebnissen geht. Für eine radikale Neugestaltung sollte der Prozess einige Voraussetzungen erfüllen. Der geeignete Prozess oder Kandidat sollte über eine besondere strategische Bedeutung verfügen und gleichzeitig ein hohes Verbesserungspotenzial aufweisen.

Da das Prozess-Re-Engineering personelle und finanzielle Ressourcen in erheblichem Maße bindet, stellt es eine nicht zu unterschätzende Belastung für die Organisation dar. Vom Ermitteln der Kundenanforderungen bis hin zu dem Zeitpunkt, an dem der Prozess eingeführt wurde, vergeht eine lange Zeit. Neue Anlagen oder IT-Systeme müssen geplant und erstellt, Widerstände beseitigt und die Kinderkrankheiten des neuen Prozesses behandelt werden. Außerdem geht das Unternehmen mit dem Re-Engineering ein gewisses Risiko ein. Der Ausgang eines solchen Vorhabens ist ungewiss. So muss man sorgsam überlegen, welche Prozesse und wie viele gleichzeitig erneuert werden können.

Die Frage nach dem geeigneten Kandidaten ergibt sich nicht spontan und jeden Tag aufs Neue, sondern stellt sich während des Hoshin-Kanri-Prozesses. Zunächst werden die wenigen für die Strategie wichtigen Prozesse identifiziert, die einen wesentlichen Einfluss auf die Durchbruchziele für die nächsten Jahre haben. Während der Zielvereinbarung wird bestimmt, ob die ständige Verbesserung im Prozessteam ausreicht oder eventuell ein Six-Sigma-Projekt angemessen ist. Zeigt sich hingegen, dass es innerhalb des bestehenden Systems nicht mehr möglich ist, die Anforderungen an den Prozess zu erfüllen, so muss der Prozess einem grundsätzlichen Re-Engineering unterzogen werden.

Sprunghafte Verbesserung um Größenordnungen

Wie bei jedem anderen Projekt auch, sollten vor einem Re-Engineering-Projekt die Ziele klar formuliert und festgelegt werden, sonst ergeht es dem Projektleiter wie dem Nachwuchsmanager der Hahne Industrieanlagen GmbH. Die Ziele sollten anspruchsvoll sein, sodass es nicht möglich ist, sie durch härteres Arbeiten und mit etwas schnellerem Fertigwerden zu erreichen. Sie werden also vorsätzlich so gesetzt, dass das Prozessteam am System arbeiten muss. Jedem Beteiligten sollte klar sein, dass etwas Grundsätzliches verändert werden muss, und niemand soll hoffen, durch ein wenig Kosmetik die Projektziele erreichen zu können.

Wenn das Projektteam auf diese Weise herausgefordert wird, ist es gezwungen, die ausgetretenen Pfade zu verlassen und sich auf einen kreativen Lösungsweg einzulassen. Es gibt etliche Studien, die gezeigt haben, dass die maximale Leistung von einem Team abgerufen werden kann, wenn die Ziele herausfordernd, aber trotzdem noch erreichbar sind. Sind die Ziele hingegen zu hoch gesetzt oder zu wenig spezifiziert oder fehlt eine zeitliche Vorgabe, so führt dies zu einem Verlust der Selbstbindung und somit zum Verlust der Motivation (Locke/Latham 1990). Anspruchsvolle Ziele fordern hingegen einen vermehrten Einsatz und das Nachdenken über den eingeschlagenen Weg hinaus.

Divergentes Denken

Im ersten Stock eines Wohnhauses sind drei Schalter an der Wand angebracht. Einer dieser Schalter ist mit einer Leuchte im Keller verbunden. Die Aufgabe besteht nun darin, den Schalter zu finden, der mit der Leuchte verbunden ist. Die Leuchte oder das Licht sind vom ersten Stock aus nicht zu sehen und es gibt keine weitere Person, die behilflich sein könnte. Die Leuchte ist vor dem Experiment ausgeschaltet. Und nun kommt die entscheidende Bedingung: Es ist in diesem Experiment nur einmal erlaubt, in den Keller zu gehen. Wie soll sich die Versuchsposition verhalten? Mit der üblichen Art zu denken, nämlich Schritt für Schritt zu analysieren und auf eingeübte Muster zurückzugreifen, und mit den üblichen Werkzeugen ist dieses Problem anscheinend nicht lösbar. Selbst, wenn man die Situation genau beschreibt und alle Versuchsparameter im Geiste durchgeht, um auf die Ursache zu kommen, geht es hier nicht voran. Das Problem muss aus verschiedenen Perspektiven betrachtet werden. Man darf sich scheinbar nicht nur auf die Schalter und die Logik des Ein- und Ausschaltens konzentrieren, sondern andere Parameter müssen mit betrachtet werden. Vielleicht muss die Leuchte selbst, mit ihren Eigenschaften, in die Überlegung einbezogen werden. Nun liegt die Lösung nahe. Zunächst wird Schalter eins betätigt und nach ein paar Minuten wird er wieder ausgeschaltet. Danach betätigt die Versuchsperson Schalter zwei und geht in den Keller. Brennt die Glühlampe, dann ist Schalter zwei der richtige. Brennt sie nicht, ist aber heiß, dann ist Schalter eins der richtige, sonst ist es Schalter drei.

Umgangssprachlich wird diese Art zu denken auch als „um die Ecke denken" bezeichnet. Diese Denkhaltung passt zum Re-Engineering, denn hier werden die Prozesse so geplant, als ob der Betrieb von Grund auf neu entstehen würde.

HINWEIS: Nicht die Frage nach der Verbesserung des Bestehenden steht im Mittelpunkt, sondern es wird überlegt, warum der Prozess überhaupt nötig ist oder wie er idealerweise gestaltet sein müsste.

Hammer und Champy, die Erfinder des Prozess-Re-Engineering, bezeichnen diese Denkhaltung als induktives Denken (Hammer/Champy 1994). Im Gegensatz zur konventionellen Vorgehensweise werden beim induktiven Denken Prozessversionen durch kreatives Experimentieren mit neuen Prinzipien oder Technologien entwickelt. Durch die herkömmliche, deduktive Vorgehensweise würden suboptimale Prozesse festgeschrieben. So wurde zum Beispiel die Architektur vieler Prozesse zu einer Zeit gestaltet, zu der Informationsverarbeitungs- und Kommunikationssysteme von heutigem Zuschnitt noch nicht bekannt waren. Oftmals würden mit dem Aufkommen dieser Technologien die Prozesse einfach automatisiert, ohne dass der Ablauf kritisch überdacht worden wäre. Die Automatisierung brachte zwar eine Verbesserung, aber nicht in dem Maße, wie sie möglich gewesen wäre. Die deduktive Vorgehensweise setzt am vorhandenen Prozess an, analysiert bestehende Probleme und leitet daraus Verbesserungsmöglichkeiten ab. Auf diese Weise können aber die ausgetretenen Pfade nicht verlassen werden und es kommen auch keine wirklich neuen Lösungsansätze zustande, die sich wesentlich vom derzeitigen Status unterscheiden.

Streng genommen ist das induktive Denken jedoch nur eine der möglichen kreativen Problemlösungstechniken. Zusätzlich gibt es noch einige weitere Heuristiken wie zum Beispiel Variation des Vorhandenen, Veränderung der Annahmen, die Betrachtung von Extremfällen und das Bilden von Analogien. Daher wird der gesamte Denkansatz in den Fachkreisen der Intelligenz- und Kreativitätsforschung seit den 1960er-Jahren als divergentes oder laterales Denken bezeichnet (Guilford u.a. 1967; De Bono 1967).

5.3.2 Die Gestaltungsprinzipien

Im Wirtschaftsumfeld werden Personen hoch geschätzt, die analytisch denken können und zu logischen Schlüssen fähig sind. Gestochen scharfe Analysen und konsequente Schlussfolgerungen werden mit viel Applaus bedacht. Um in der entscheidenden Phase des Re-Engineering den Prozess auf eine neue Stufe zu heben, sind zusätzlich jedoch noch andere Eigenschaften notwendig. Kreativität, Intuition und unkonventionelles Denken sind Qualitäten, die das Team in dieser Situation benötigt. Im letzten Abschnitt wurde bereits erwähnt, wie divergentes Denken zur Problemlösung eingesetzt werden kann. Allein die Kenntnis dieser Denkmuster dürfte jedoch noch nicht zu den gewünschten Ergebnissen führen, daher wird im Folgenden erläutert, wie sich die erwähnten Prinzipien auf das Prozessmanagement übertragen lassen. Bild 5.14 zeigt eine Übersicht der Gestaltungsprinzipien, die sich aus diesem Gedankengang ergeben.

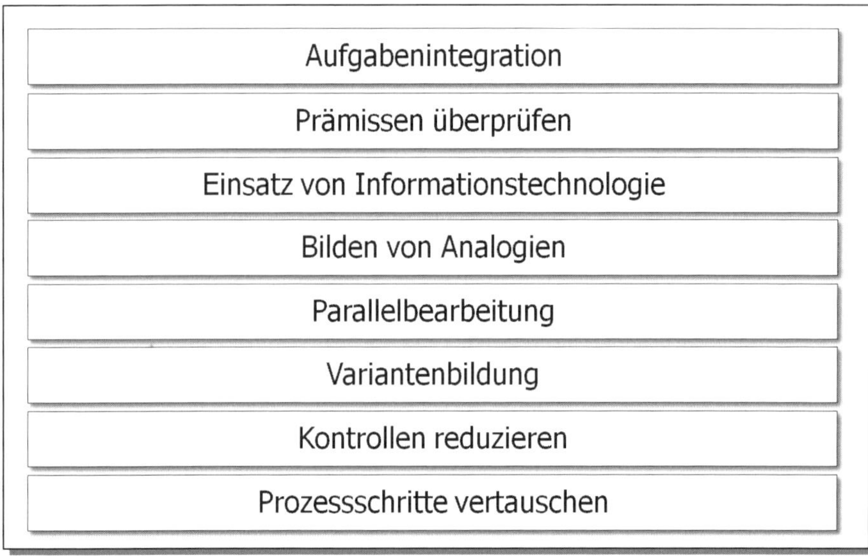

Bild. 5.14 Gestaltungsprinzipien beim Prozess-Re-Engineering

Aufgabenintegration

Beim Prinzip der „Aufgabenintegration" wird davon ausgegangen, dass nicht die Spezialisierung, sondern die Integration verschiedener Aufgaben in eine Stelle zu effektiveren Arbeitsabläufen führt. Hierdurch wird die Anzahl der Schnittstellen reduziert und der einzelne Mitarbeiter gewinnt mehr Übersicht und Einsicht in den gesamten Zusammenhang des Prozesses. Die größten Zeitverzögerungen und Informationsverluste entstehen durch das Weitergeben von Material und Information von der einen zur nächsten Bearbeitungsstation. Folgt man dieser Überlegung, so ist ein Prozess umso effektiver, je geringer die Anzahl der einzelnen Stationen ist.

Über viele Jahre hinweg wurde der Aufgabenzuschnitt jedoch durch das tayloristische Leitbild dominiert, das Anfang des letzten Jahrhunderts unter dem Stichwort „wissenschaftliche Betriebsführung" entstand und durch Spezialisierung geprägt war. Ein enges Aufgabenspektrum mit großer Wiederholhäufigkeit versprach eine hohe Produktivität und die bestmögliche Ausnutzung des Faktors Arbeit.

Dies galt zweifelsohne in einer Umgebung, in der Planung und Ausführung strikt voneinander getrennt wurden und wo es darum ging, Personen ohne Ausbildung möglichst schnell in einem industriellen Umfeld einsetzen zu können. In der heutigen Arbeitsumgebung, in der man auf gut ausgebildetes Fachpersonal zurückgreifen kann, und durch die zur Verfügung stehende Informations- und Kommunikationstechnologie lassen sich durch andere Organisationsprinzipien wesentlich wirksamere Prozesse gestalten.

Den Idealfall der Integration stellt die Fallbearbeitung dar. Dies bedeutet, dass der gesamte Prozess von nur einer Person ausgeführt wird. Bei der Planung des neuen Prozesses wird daher jeder Prozess probeweise so gestaltet, als ob er von nur einer Person ausgeführt werden soll (Hammer/Champy 1994, S. 185). So wird überprüft, welche

Tätigkeiten gebündelt, welche von anderen externen oder internen unterstützenden Prozessen ausgeführt oder welche eliminiert werden können. Ist die Zusammenfassung zu einer Stelle nicht möglich, so kann der Prozess von einer ständig zusammenarbeitenden Gruppe ausgeführt werden.

Versicherungen haben häufig den Weg der Aufgabenintegration eingeschlagen. Früher waren viele Arbeitsschritte notwendig, die von spezialisierten Bearbeitern ausgeführt wurden: Formular ausfüllen, Beitragssätze berechnen, Versicherungsnummern vergeben, Zahlungsfähigkeit prüfen, Versicherungsbestätigung verschicken, Konten einrichten und schließlich Rechnung schreiben. Dieser Prozess dauerte oftmals mehrere Wochen und es kam immer wieder zu Rückfragen an die vorherige Bearbeitungsstelle. Heutzutage setzt sich die Meinung durch, dass diese Tätigkeiten auch von nur einem Mitarbeiter in viel kürzerer Zeit durchgeführt werden können. Aufgrund der umfassenden Ausbildung eines Versicherungskaufmanns existierten keine Gründe mehr, den Prozess zu zerteilen. Das einzige Problem stellte die Informationsbereitstellung dar. Hierfür müssen Datenbanken zur Verfügung gestellt werden und der Zugriff auf eine einheitliche Datenbasis für alle Unternehmensbelange musste gewährleistet werden. Durch den Einsatz moderner Informationstechnologie stellt dies jedoch kein Problem dar.

Ist es nicht möglich, dass ein Mitarbeiter oder die Bearbeitungsgruppe alle Aufgaben vollständig erledigen kann, so sollte der Prozess in einer Art und Weise organisiert werden, dass es eine einzige klare Zuständigkeit für den gesamten Prozess, inklusive Ergebnis gibt. Gemeint ist hier nicht Managementverantwortung für alle Mitarbeiter des Prozesses, sondern operative Zuständigkeit für die Tätigkeiten. Kann zum Beispiel die Zahlungsfähigkeit nicht direkt durch den Bearbeiter des Vorgangs geprüft werden, so kann diese Aufgabe in einem anderen spezialisierten Teilprozess erledigt werden. Das Ergebnis wird aber an den Bearbeiter des Vorgangs zurückgegeben. Der Arbeitsablauf wird also nicht in einer langen Kette gestaltet, bei der die hinteren Schritte keinen Kontakt zum Auftraggeber haben und die vorderen Schritte die Fertigstellung des Auftrags, Unstimmigkeiten oder Zeitverzögerungen nicht interessieren. Sondern alle Teilergebnisse werden immer wieder an den Bearbeiter des entsprechenden Falls zurückgegeben, sodass es eine klare Zuständigkeit für den gesamten Auftrag und das Gesamtergebnis gibt.

Die verschiedenen Modelle der Aufgabenintegration werden schematisch in Bild 5.15 dargestellt.

Ein weiteres Beispiel könnte die Reklamationsabwicklung sein, die häufig in vielen Schritten quer durch die Abteilungen läuft. Die Reklamation wird im Callcenter oder Kundendienst entgegengenommen, eine andere Abteilung organisiert die Rücksendung der Reklamationsmuster und beschafft weitere erforderliche Informationen. Benötigt ein Industriekunde eventuell eine Ersatzlieferung, um selbst weiter produzieren zu können, so kommt als Nächstes die Auftragsplanung und die Bestandsführung ins Spiel. Der aufmerksame Leser hat eventuell bemerkt, dass die Reklamationsgründe bisher noch nicht analysiert, geschweige denn beseitigt wurden. Eventuell zeigen die Musterteile und die zur Verfügung stehenden Informationen aber auch keinen eindeutigen Befund und ein Servicetechniker muss zur Klärung den Kunden besuchen. Sollte es

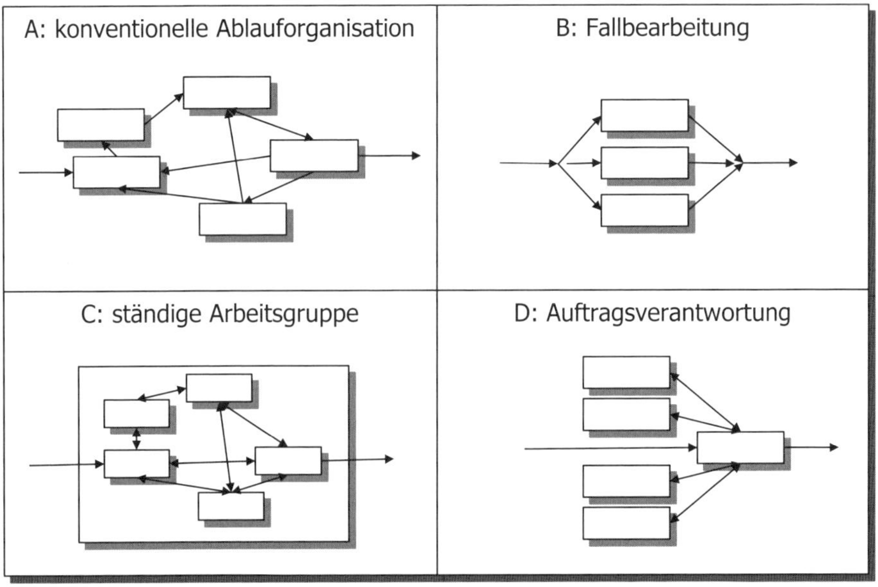

Bild 5.15 Verschiedene Möglichkeiten der Aufgabenintegration

trotz aller Widrigkeiten doch gelungen sein, das Problem zu lösen, muss nur noch die Kleinigkeit geregelt werden, wer dem Kunden Antwort gibt und wie der finanzielle Ausgleich aussieht. Sollte es bei diesem Ablauf eine klare Fallbearbeitung mit Ergebnis- und Zeitverantwortung geben, so hat der Kunde Glück gehabt. Andernfalls wird es ihm so gehen wie all den anderen entnervten Kunden, von denen man in den Medien häufig hört und liest.

Neben den administrativen Prozessen gibt es besonders in der Fertigung umfangreiche Möglichkeiten zur Aufgabenintegration. So untersuchte die Fraunhofer Gesellschaft in der Studie „Aufgabenintegration - Abkehr vom Taylorismus", inwieweit planende und steuernde Tätigkeiten in der Metall- und Elektroindustrie heute bereits in die Fertigung integriert wurden (Lay/Spomenka 2005).[7] Zum Zeitpunkt der Studie antworteten 61 % der befragten Unternehmen mit ja auf die Frage, ob planende und steuernde Aufgaben durch die Werker durchgeführt werden. Dies gilt insbesondere für die Bereiche Maschinenrüsten, Qualitätssicherung, Instandhaltung und Optimierung der Programme für die numerische Steuerung. Rückblickend stellt dies eine wesentliche Veränderung gegenüber 1989 dar. Damals verfolgten nur 10 % Konzepte der Aufgabenintegration, 1995 waren es bereits 27 % und seit dem Jahr 2000 sind es über 50 % der befragten Unternehmen.

[7] Siehe auch in Kapitel 7 in der Liste der empfohlenen Internetseiten unter dem Stichwort Fraunhofer Gesellschaft.

Prämissen überprüfen

Eine weitere Möglichkeit, um Kreativität zu erzeugen, ist die Überprüfung und das Außerkraftsetzen sämtlicher Prämissen, die einem Prozess zugrunde liegen. Prämissen sind die geschriebenen oder stillschweigend akzeptierten Annahmen, dass ein Prozess genauso ablaufen muss, wie er gerade organisiert ist, und dass genau die vorgegebenen Regeln einzuhalten sind. Alle geltenden Prämissen werden vor dem Neuentwurf des Prozesses identifiziert und hinsichtlich ihrer Aktualität überprüft (Guha/Kettinger/Teng 1993).

Spannend wird es, wenn das Team feststellt, dass die Prämissen und ungeschriebenen Gesetze nicht mehr gelten, denn daraus ergeben sich vielfache Möglichkeiten, den Prozess zu ändern. So herrscht in der Fertigung beispielsweise häufig die Annahme, dass die Fertigungslose möglichst groß sein müssen, um eine wirtschaftliche Produktion zu ermöglichen. Dieser Gedanke behindert die Abwicklung kleiner Aufträge und das Anbieten vielfältiger Produktvarianten, was letztendlich einen Wettbewerbsnachteil darstellt. Gleichzeitig führen solche Gedankengänge zu hohen Lagerbeständen, was sich wiederum negativ auf die Herstellkosten auswirkt. Mit den heutigen Fertigungs- und Planungstechnologien lassen sich aber flexible Fertigungslinien mit kleinem Kapazitätsquerschnitt aufbauen. Werden zusätzlich die Umrüstvorgänge verkürzt, wie es die Vertreter der schlanken Produktion propagieren, steht der Fertigung kleiner Losgrößen nichts mehr im Weg.

Ein anderer Glaubensgrundsatz ist, dass für die Herstellbarkeitsprüfung immer alle Maße und Toleranzen bekannt sein müssen. Eventuell reicht es aber aus, nur bestimmte funktionsbestimmende Maße festzulegen oder die Herstellbarkeit kann anhand allgemeiner Kriterien bewertet werden. Eine ähnliche Annahme ist, dass die Informationen auf dem Anfrageformular für die Preiskalkulation immer vollständig sein müssen. Eventuell ist es aber möglich, dass fehlende Informationen in einer Datenbank nachgeschlagen werden. Wollte beispielsweise eine technische Abteilung bisher immer wissen, welche Farbe ein Produkt haben soll, so kann die Anfrage eventuell auch ohne Farbe bearbeitet werden, wenn die Antwort den Zusatz enthält, gilt nur für grüne, rote und gelbe Produkte. Ein anderes ungeschriebenes Gesetze könne sein, dass immer ein Produktmuster vorhanden sein muss, um eine Reklamation zu bearbeiten, dass die Lager immer möglichst voll sein müssen, um die Kunden nach Wunsch beliefern zu können, dass umfangreiche Prototypentests notwendig sind, bevor eine Entwicklung freigegeben werden kann, dass eine Abrechnung immer spätestens am vierten Werktag des Folgemonats zur Verbuchung vorliegen muss oder dass die Gewährung eines Kredits immer die Überprüfung der Zahlungsfähigkeit und die Genehmigung durch den Filialleiter benötigt.

HINWEIS: Setzt man diese Prämissen während der Planungssitzung gezielt außer Kraft und überlegt das Planungsteam dann, wie der Prozess ohne die Einschränkung aussehen könnte, ergeben sich daraus neue Ansätze für Veränderungen, auch wenn sie sich später eventuell als unrealistisch erweisen sollten.

Zur Vorbereitung der Kreativsitzung sollten diese Prämissen bereits ausgearbeitet sein. Dazu bietet es sich an, Interviews zu führen. Durch einfache Fragen wie: „Was muss beachtet werden, damit der Prozess gut läuft?“ oder „Gibt es geschriebene oder gelebte Regeln, die eingehalten werden müssen?“ lässt sich dem Geheimnis schnell auf den Grund gehen. Die vorbereiteten Punkte können im Workshop diskutiert und ergänzt werden. Das geht jedoch nur, wenn genügend Vertreter aus dem Prozessteam eingeladen werden.

Einsatz von Informationstechnologie

Die Informationstechnologie spielte in der Diskussion um das Re-Engineering von Anfang an eine große Rolle. Die ersten Veröffentlichungen zu diesem Thema stammen aus dem Umfeld der MIT-Studie „Management in the 1990s“, bei der es um den effektiven Einsatz der modernen Informationstechnologie ging. Michael Hammer platzierte 1990 den ersten aufsehenerregenden Artikel über das Thema im Harvard Business Review. Der Titel lautet in der freien Übersetzung in etwa: „Re-Engineering: automatisieren Sie nicht, vergessen Sie den alten Prozess“. Hammer war einer der beiden Leiter der Studie. Der zweite Projektleiter, Thomas H. Davenport, legte 1993 mit seinem Buch „Process Innovation: Re-Engineering Work through Information Technology“ nach. Auf Deutsch bedeutet der Titel „Prozessinnovation: Reengineering durch Informationstechnologie“.

Beide gingen in ihren Veröffentlichungen der Frage nach, ob es sinnvoll ist, den Prozess erst zu optimieren und dann im IT-System abzubilden oder anders herum. Das Ergebnis der Studie war ein klares: weder noch. Durch den Einsatz der Informationstechnologien lassen sich Prozesse in einer Art und mit einer Effizienz planen, die ohne diese Technologie nicht möglich wäre. Eine vorherige Optimierung ist also nicht sinnvoll. Das Fazit der offiziellen Studie war, dass der neue Prozessablauf gleichzeitig mit der Informationstechnologie entwickelt werden soll. Die Informationstechnologie spielt also beim Re-Engineering eine tragende Rolle.

So machen moderne Netzwerkkonzepte und Datenbanken zum Beispiel eine Parallelbearbeitung in vielen Fällen überhaupt erst möglich. Sie erlauben es, dass verschiedene Mitarbeiter einen dezentralen Zugriff auf Daten haben, dass sie gleichzeitig dieselben Datensätze lesen können oder gemeinsam an einer Datei arbeiten. Eine sequentielle Verarbeitung ist in Datennetzen nur noch dann notwendig, wenn eine Aktivität davon abhängt, was im Schritt vorher entschieden wurde.

Die Informations- und Kommunikationstechnologie trägt maßgeblich dazu bei, die Schnittstellen zwischen den Organisationen und innerhalb der Organisation zu überbrücken. Geografische Distanzen lassen sich leicht überwinden und der stark beschleunigte Transport von Information führt zu gestiegener Flexibilität von Arbeitszeit und -ort. So galt bisher, dass Informationen zu einem bestimmten Zeitpunkt immer nur an einem Ort verfügbar sein können. Nach Aufhebung dieser Prämisse können Informationen gleichzeitig an beliebig vielen Orten genutzt werden. Im bereits erwähnten Versicherungsbeispiel gab es bisher einen Sachbearbeiter, der die Prämie eines Versicherungsnehmers ausrechnen konnte, und ein anderer hat sich auf die Bonitätsprüfung spezialisiert. Dahinter steckte die Prämisse, dass nur Experten komplexe Aufgaben übernehmen können. Die neue Regel besagt, dass auch ein Generalist komplexe Aufgaben übernehmen kann, wenn er durch Expertensysteme und intelligente Datenbanken unterstützt wird. Weitere Möglichkeiten zur Prozessgestaltung ergeben sich, wenn Außendienstmitarbeiter mit mobilen Rechnern ausgestattet werden, die Zugriff auf die Unternehmensdaten und Systeme haben. Somit können sie direkt beim Kunden vor Ort Geschäftsabschlüsse tätigen, Angebote erstellen oder technische Anfragen initiieren.

Hat eine Maschine zum Beispiel eine Störung, so muss sich der Kunde nicht unbedingt beim Lieferanten melden, wenn eine Online-Überwachung vereinbart wurde. Bei einer Störung kann die Maschine automatisch eine E-Mail an den technischen Service des Maschinenlieferanten senden. Ein ganzes Universum neuer Möglichkeiten ergibt sich auch für die Bestellabwicklung und die Rechnungserstellung. Verfügt der Lieferant über eine standardisierte Schnittstelle und ein Internetportal zur Bestellabwicklung, so kann der Kunde die Bestelldaten direkt in die Systeme des Lieferanten eingeben. Die Daten lösen sofort eine Lieferung aus und müssen zur Rechnungserstellung nicht noch einmal erfasst werden. Diese Möglichkeiten bereichern aber nicht nur den Internetversandhandel, sondern bieten auch vielfältige Möglichkeiten für die Prozesse zwischen zwei Unternehmen. Neben der Bestellabwicklung können auf diese Weise beispielsweise auch gemeinsame Entwicklungsvorhaben organisiert werden.

Bilden von Analogien

Ein weiteres wichtiges Prinzip ist die Analogiebildung. Dabei werden bestehende Abläufe von anderen Prozessen oder aus anderen Bereichen auf den zu verbessernden Prozess übertragen. Dieses Vorgehen wird häufig auch als Benchmarking bezeichnet.

Möchte man dieses Verfahren anwenden, so wird zunächst ein Benchmarking-Partner benötigt. Dieser kann aus anderen Bereichen des gleichen Unternehmens oder aus anderen Unternehmen stammen. Um Prozesse vergleichen zu können, werden die eigenen und die des Partners analysiert und als Ablaufdiagramm dargestellt, so wie es im Werkzeug 5 beschrieben wurde. Weiterhin einigt man sich mit dem Benchmarking-Partner auf Prozessindikatoren wie zum Beispiel Produktivität, Fehlerrate, Durchlaufzeit oder Kosten, um diese miteinander zu vergleichen.

Die größten Verbesserungspotenziale lassen sich für den eigenen Prozess entdecken, wenn der Vergleich mit einem Partner durchgeführt wird, dessen wirtschaftliche Daten wesentlich besser sind als die eigenen. Aus diesem Grund wäre es wünschenswert, die wettbewerbsstärksten Mitbewerber für das Benchmarking auszuwählen. Zumeist werden diese Wettbewerber aber nicht dazu bereit sein, ihre Daten zu veröffentlichen. Daher erfolgt der Vergleich häufig mit den klassenbesten Unternehmen aus einer anderen Branche. Es geht insbesondere darum, in anderen Branchen Partner zu finden, bei denen ähnliche Prozesse wie im eigenen Betrieb existieren.

So kann zum Beispiel ein Teilefertiger seinen Prozess der Materialkommissionierung mit dem eines Handelshauses vergleichen. Beim Handelshaus gehört das Kommissionieren zu den Kernaufgaben. Somit ist zu erwarten, dass dieser Prozess beherrscht wird und als Lehrbeispiel dienen kann.

HINWEIS: Die wirksamsten Organisationsmechanismen im vergleichbaren Prozess sollen gefunden und im Analogieschluss auf den eigenen übertragen werden.

Es geht bei diesem Prinzip aber nicht darum, möglichst viel vom anderen Prozess zu imitieren, sondern letztendlich sollen die wirksamsten Organisationsmechanismen in einem vergleichbaren Prozess gefunden und im Analogieschluss auf den eigenen übertragen werden. Daher sollten auch nicht so naheliegende Prozesse mit in die Überlegung eingeschlossen werden. Der Boxenstopp bei der Formel 1 könnte zum Beispiel als Benchmark für das schnelle Umrüsten komplexer Maschinen dienen. Oder die Art der Speisezubereitung in einem Sternerestaurant könnte als Vorbild für die Durchlaufplanung dringender Aufträge genommen werden. Als Ergebnis der Benchmarking-Analyse erhält man die Defizite der eigenen Prozesse und somit Ansätze für die Neugestaltung (Wildemann 2012).

In diesem Zusammenhang soll auch auf die Methode des TRIZ hingewiesen werden, in der die Analogiebildung in Vollendung zur Anwendung kommt. Die Bezeichnung TRIZ stammt aus dem Russischen und bedeutet auf Deutsch in etwa: Theorie des erfinderischen Problemlösens. Die entsprechenden Grundlagen wurden bereits 1946 von G.S. Altschuller entwickelt (Altschuller 1986)[8]. Er nahm an, dass die meisten technischen Probleme schon irgendwann einmal gelöst wurden. So machte er sich an die Arbeit und sichtete bestehende Patentschriften. Er wählte diejenigen aus, die ihm einen technischen Durchbruch zu beschreiben schienen, und destillierte 40 innovative Prinzipien heraus wie zum Beispiel „Ausnutzung mechanischer Schwingungen" oder „Billige Kurzlebigkeit anstelle teurer Langlebigkeit".

Eine besondere Rolle nimmt hier die Verallgemeinerung ein. Zunächst wird das spezielle Gestaltungs- oder Optimierungsproblem genauer beschrieben, dann wird dieses Problem verallgemeinert bzw. in ein Modell übertragen. Es werden diejenigen Parameter festgelegt, die verbessert und diejenigen, die dabei minimiert werden sollen. Für diese allgemein formulierten Probleme lassen sich nun bewährte Lösungen aus der sogenannten Widerspruchsmatrix ablesen. Die Widerspruchsmatrix bringt die innovativen Prinzipien mit den zu verbessernden 39 technischen Parametern wie z.B. Gewicht, Länge, Druck oder Form in Beziehung. Wählt man in dieser Matrix in der Vertikalen den Parameter aus, der verbessert werden soll, und in der Horizontalen denjenigen, der minimiert werden soll, so kann man die technischen Prinzipien ablesen, die schon häufig zu einer Lösung geführt hatten. Die so entstandene allgemeine Problemlösung wird auf das vorliegende, spezielle Gestaltungsproblem zurückübertragen.

Parallelbearbeitung

Häufig besteht ein Prozess aus aufeinanderfolgenden Sequenzen. Diese müssen jedoch nicht zwangsläufig nacheinander ausgeführt werden, sondern oftmals ist es auch möglich, dass sie sich überlappen oder parallel laufen. Für die Produktentwicklung ist diese

[8] Siehe hierzu auch den Link in der Liste der empfohlenen Internetseiten unter dem Stichwort Triz online.

Vorgehensweise als Simultaneous Engineering bekannt. Dabei werden die Produkte und die Produktionsanlagen weitgehend parallel und nicht, wie sonst üblich, nacheinander entwickelt. Einige wenige Rahmendaten des Produkts reichen aus, um mit der Anlagenplanung zu beginnen. Im Laufe der Entwicklung werden die vorhandenen Daten dann immer weiter konkretisiert.

Dieses Prinzip lässt sich aber auch auf viele andere Bereiche übertragen. In zeitkritischen Prozessen kann durch die parallele Ausführung einzelner Aufgaben ein Zeitgewinn in der Gesamtdurchlaufzeit erreicht werden. Im Beispiel aus der Formel 1 wurde dieses Prinzip beim Boxenstopp perfektioniert. In wenigen Sekunden werden parallel die Reifen gewechselt, der Tank aufgefüllt, kleine Reparaturen erledigt und mechanische Einstellungen vorgenommen. Hat sich das Re-Engineering-Team eventuell in einer längeren Planungssitzung an einem Detail verbissen, so bietet sich dieses Beispiel an, um für Auflockerung zu sorgen, indem man beispielsweise fragt, wie wäre dieser Prozess organisiert, wenn er in der Formel 1 Verwendung fände.

Wie bei den anderen Prinzipien auch, geht es hier um das kreative Ausprobieren und Experimentieren und nicht darum, sofort die perfekte Lösung zu präsentieren. Im Abschnitt über die Aufgabenintegration wurde bereits ausgeführt, dass überwachende und koordinierende Tätigkeiten direkt von den Werkern wahrgenommen werden. Dadurch kommt es auch zu einem parallelen Ablauf von Fertigungsprozessen mit anderen Prozessen, was insgesamt häufig zu einer Verkürzung der Durchlaufzeit führt. Ein weiteres Beispiel sind die Kommissionierstrategien im Versandbereich eines Distributionslagers. So werden üblicherweise die Kundenaufträge einzeln und nacheinander zusammengestellt, verpackt und dann versandt. Eine Alternative stellt die Kommissionierung von mehreren Aufträgen gleichzeitig dar. Die Kundenaufträge werden verteilt und alle Positionen, die sich im gleichen Lagerbereich befinden, werden nacheinander entnommen und in einer speziellen Kommissionierzone bereitgestellt. Erst in der zweiten Stufe werden die Artikel den Kundenaufträgen zugeordnet. Für den erwähnten Prozess ist ein ausgeklügeltes Informationssystem notwendig.

Variantenbildung

Häufig wird bei der Planung des Prozesses der Fehler gemacht, nur einen Prozess für alle erdenklichen Situationen schaffen zu wollen. Es ist jedoch meist nicht sinnvoll, den Prozess so komplex zu gestalten, dass jede noch so kleine Ausnahme ohne Problem bearbeitet werden kann. Besser ist es, verschiedene Ablaufvarianten zu schaffen. Für den großen Strom der allgemeinen Fälle ist ein einfacher Prozessablauf vollkommen ausreichend. Nur für die wenigen besonderen Bearbeitungsfälle muss eine umfassendere Prozessvariante mit spezialisierten Bearbeitern zum Einsatz kommen.

Als Beispiel kann hier ein beliebiger Beschaffungsprozess dienen. Für geringwertige Materialien kommt eine einfache Variante zum Einsatz. Es wird ein Lieferant genommen, von dem bereits zuvor Material bezogen wurde. Bei größeren Beschaffungsvolumen erfolgt in einer anderen Prozessvariante eine Ausschreibung. Mindestens drei Angebote werden eingeholt und verglichen. Unter bestimmten Bedingungen wird der Lieferant einem Qualitätsaudit unterzogen und es sind weitere Manager mit in den Genehmigungsprozess einbezogen. In einer Bank kann es mehrere Varianten bei der

Kreditvergabe geben. Bei der einfachen Variante für Kleinkredite erfolgt keine Sicherheitsprüfung und jeder Kreditsachbearbeiter ist befugt, diesen Kredit zu vergeben. Bei der zweiten Variante geht es um große Kreditrahmen. Hier wird eine umfangreiche Prüfung der Sicherheiten vorgenommen und nur einige Spezialisten sind befugt, solche Kredite zu vergeben. Als drittes Beispiel soll die Ausrichtung des Unternehmens auf den Kunden dienen. Die Kunden können je nach Wichtigkeit in mehrere Kundengruppen eingeteilt und über spezielle Prozessvarianten versorgt werden. Die wichtigsten Kunden, die den meisten Umsatz bringen, aber auch die größten Anforderungen stellen, werden vielleicht durch sogenannte Key Account Manager betreut. Die übrigen Kunden werden durch den Standardprozess durch Außendienstmitarbeiter und den Kundenservice bedient und die große Menge an Kleinkunden erreicht man über den Großhandel.

Bei der Auftragskalkulation kann nach Komplexität des Produkts oder Vorhabens unterschieden werden. Kleine Anfragen werden nach einer Kostenträgermatrix kalkuliert und für umfangreichere Neukonstruktionen erfolgt eine detaillierte Kostenermittlung oder eventuell eine Versuchsproduktion. Projekte zur Produktentwicklung können danach unterschieden werden, ob sie eine grundsätzliche Innovation darstellen oder ob es sich um eine Modifikation bestehender Produkte handelt.

Liegt die Überarbeitung eines Prozesses an und trifft sich das Re-Engineering-Team zu einer Kreativsitzung, werden zunächst die verschiedenen Prozessergebnisse näher diskutiert und in verschiedene Gruppen eingeteilt. Im Anschluss hieran werden probeweise verschiedene Prozessvarianten für die einzelnen Ergebnisgruppen entworfen.

Zur Vorbereitung ist es ratsam, die Schnittstellenvereinbarung zu hinterfragen. Wurde der Prozess bisher nur in einer Variante abgewickelt, so stellt der Prozesskunde höchstwahrscheinlich gleich hohe Anforderungen an alle Eingaben in seinen Prozess, obwohl dies nicht in allen Fällen notwendig ist. Wenn das so ist, ergibt sich die erste Möglichkeit zur Effizienzsteigerung auf diese Weise sehr schnell.

Kontrollen reduzieren

Weitere Möglichkeiten des Re-Engineering ergeben sich aus dem Abbau von Kontrollstufen. Eine Reduzierung der Kontrollen führt zwar theoretisch zur Beschleunigung, setzt aber eine Investition ins Vertrauen voraus und bedingt, dass die Qualität auf andere Art gesichert wird.

Für die meisten Prozesse sind Kontrolltätigkeiten vorgesehen, durch die entweder eine hierarchisch höhere Ebene oder ein zusätzlicher Prüfschritt in den Prozess mit einbezogen wird. Beispiele hierfür sind die Genehmigung von Dienstreisen, Beschaffungsvorgängen, Investitionsanträgen, Personaleinstellungen oder Qualitätsprüfungen. Diese Art von Kontrollen kostet nicht nur Zeit, sondern bindet Ressourcen, die anderweitig effektiver genutzt werden könnten.

Viele Kontrollstellen bilden Engpässe im Prozess, was dazu führt, dass die Durchlaufzeit unnötig verlängert wird. Teilweise sind sie nötig, um das Einhalten von Vorschriften oder das Erfüllen von Kundenanforderungen sicherzustellen, wertschöpfend sind diese Tätigkeiten aber nicht. In der heutigen Zeit und beim heutigen Stand der Ausbildung sind solche Kontrollen oftmals nicht mehr nötig.

HINWEIS: Kontrollen sollten kritisch überdacht und gegebenenfalls vermieden werden. Es besteht zudem immer die Möglichkeit, die Überprüfungen in bereits bestehende Tätigkeiten zu integrieren und als Selbstprüfung zu gestalten.

Soll der Prozess nun bezüglich der Kontrollen optimiert werden, so werden zunächst alle Prüfungen im Ablaufdiagramm gekennzeichnet. Als Nächstes wird besprochen, welche Prüfungen wegfallen können. Viele Prüfungen werden einfach nur durchgeführt, weil sie schon immer da waren oder weil den Mitarbeitern keine Entscheidungen zugetraut werden. Ohne hier auf eine wissenschaftlich fundierte Methode zurückgreifen zu können, sei empfohlen, das Risiko einzuschätzen, das durch das Wegfallen der Kontrolle und das Entscheiden der Mitarbeiter entsteht. Zusätzlich ist es ratsam, einmal überschlägig zu ermitteln, was die Kontrollen in Euro kosten. Dem sollte gegenübergestellt werden, was die Kontrollen bewirken sollen.

Im Abschnitt Aufgabenintegration wurde die Möglichkeit der Selbstprüfung in der Fertigung bereits angesprochen. Dieses bedeutet, dass dem Werker Verantwortung übertragen und Vertrauen entgegengebracht wird, was zur Förderung der Motivation und zur Lust am „Mitdenken" führt. Prüfungen lassen sich häufig in der Fertigung in den bestehenden Ablauf integrieren, wenn entsprechende Prüfmittel zur Verfügung gestellt werden. Die meisten Prüfaufgaben sind bereits mit einfachen Lehren oder Schablonen durchzuführen. Teilweise ist es sogar möglich, diese Prüfmittel direkt in die Anlagen, Transportmittel oder Werkstückträger zu integrieren. Diese Denkweise kann auch auf administrative Prozesse übertragen werden, wie zum Beispiel die Angebotsprüfung, die Freigabe von Reklamationsberichten, Kreditprüfungen oder ähnliche Abläufe. Dafür müssen Prüfkriterien und Prüfverfahren aufgestellt werden. Das klingt zwar komplex, gemeint sind aber lediglich Tabellen, Checklisten und Rechenformeln, die in die bestehende Unternehmenssoftware eingebunden oder separat zur Verfügung gestellt werden können.

Für Kalkulationen und Berechnungen bietet sich ebenfalls die Integration in bestehende Software an, um Rechenfehler mit dem Taschenrechner oder einer Tabellenkalkulation zu vermeiden. Es muss dann lediglich die Richtigkeit der Ausgangsdaten nachgeprüft werden. Eine andere Möglichkeit ist die Verwendung von Prüfsummen innerhalb der Berechnung.

Prozessschritte vertauschen

Als Letztes soll noch auf das Prinzip der vertauschten Prozessschritte eingegangen werden. Es wird hierbei versucht, ob die einzelnen Prozessschritte nicht in veränderter Reihenfolge ausgeführt werden können. In einigen Fällen lässt sich durch das Verändern der Aufgabenreihenfolge bereits eine Verbesserung zum vorherigen Zustand erreichen. In anderen Fällen regt diese Übung zumindest den kreativen Fluss an und öffnet die Augen für weitere Möglichkeiten.

Gerade durch das Vertauschen von Prozessschritten wird das bekannte Schema im Kopf gestört und es führt zu einer Loslösung vom Bestehenden. Versucht sich das Verbesserungsteam vorzustellen, wie der Prozess aussehen könnte, wenn wesentliche Schritte vertauscht werden, so fördert dies das divergente Denken.

Beispiele für das Vertauschen von Prozessschritten lassen sich zum Beispiel in der Logistik eines Versandzentrums finden. Üblicherweise werden die einzelnen Kundenaufträge zusammengestellt und dann versendet. Es ist aber auch möglich, die Artikel erst zu versenden, und der Gebietsspediteur stellt die Kundenaufträge während der Auslieferung zusammen. Dazu müssen die Artikel nach Zielgebiet und nicht nach Kunden bereitgestellt werden und müssen neben den Artikeln auch entsprechende Datensätze übergeben werden. Neben der erhöhten Abwicklungsgeschwindigkeit ergeben sich weitere Vorteile in der Kommissionierphase. Ein weiteres Beispiel lässt sich in der italienischen Schnellpizzeria beobachten. Üblicherweise gibt man in einem Restaurant zuerst die Bestellung auf, isst danach und zahlt am Schluss die Rechnung. Die Schnellpizzeria ist hier optimiert und auf möglichst kurze Durchlaufzeiten ausgelegt. Auch hier wird zuerst gewählt, dann kommt aber das Zahlen dran und erst hiernach wird die Küche informiert. Ein anderes Beispiel kennt fast jeder von zu Hause. Gemeint ist das Staubsaugen. Auf der Hauswirtschaftsschule wird gelehrt, von oben nach unten zu putzen. Die Begründung liegt nahe. Wenn man nämlich oben putzt, fallen die Staubkörner nach unten auf den Fußboden. Es wäre doppelte Arbeit, wenn man den vorher reinigt. Es wird aber auch die entgegengesetzte Meinung vertreten. Ein Staubsauger wirble den Staub erst richtig auf und verteile ihn dann wieder nach oben auf die Möbel. Ein gutes Staubtuch binde den Staub und nehme ihn auf. Je nachdem, welche Prämissen man hier gelten lässt, führt das in diesem Beispiel zu einer anderen Lösung.

5.3.3 Die Phasen des Re-Engineering

Ein Re-Engineering-Projekt wird in vier logisch aufeinanderfolgende Phasen eingeteilt, wie es Bild 5.16 zeigt. Zuerst wird der Kandidat bestimmt, der verbessert werden soll, dann erfolgt die Einarbeitung des Projektteams, danach ist die Umgestaltung an der Reihe und schließlich wird der neue Prozess eingeführt. Dies klingt zunächst wie der Standardablauf eines jeden Projekts. Tritt man aber näher heran und nimmt den Ablauf etwas genauer unter die Lupe, so ergeben sich doch einige Besonderheiten.

Bei der Auswahl eines Six-Sigma-Projekts werden beispielsweise die Bedeutung und die Organisation des Prozesses nicht in Frage gestellt. Es wird davon ausgegangen, dass er lediglich beschädigt ist und repariert werden kann und dass sich dadurch die Prozessleistung wesentlich verbessern lässt. Beim Re-Engineering geht man hingegen davon aus, dass der Prozess nicht mehr repariert werden kann und vom Grundsatz her nicht den Anforderungen entspricht. Dies kann beispielsweise der Fall sein, weil sich die strategische Ausrichtung des Unternehmens geändert hat oder der Aufbau einer Wettbewerbsposition eine gänzlich andere Ausrichtung des Prozesses erfordert.

Ein anderer, häufig genannter Anlass für das Re-Engineering ist die Verfügbarkeit neuer Fertigungs- oder Informationstechnologien. Six Sigma legt den Schwerpunkt auf die Analysephase. Das Projektteam verbringt einen großen Teil des Projekts mit der Datenanalyse, denn die Entscheidungen über den neuen Prozess sollen auf Fakten basieren und die Wirksamkeit der Maßnahmen wird vorher mit Hilfe der statistischen Werkzeuge nachgewiesen. Das Re-Engineering hat hingegen seinen Schwerpunkt in der Entwurfsphase. Man analysiert den bestehenden Prozess nicht so tief. Es geht lediglich darum, die Anforderungen an den Prozess zu verstehen und die Prozessumgebung kennenzulernen. Die zentrale Frage ist, was der Kunde möchte und welche Prozessergebnisse besonders wichtig sind. Es ist hingegen nicht so wichtig herauszufinden, wie genau die Ergebnisse heute erzeugt werden.

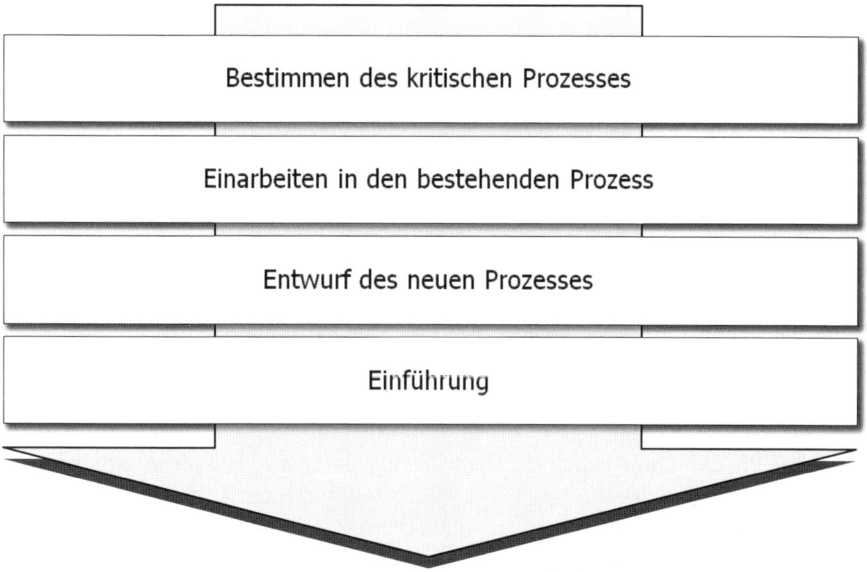

Bild 5.16 Die Phasen des Re-Engineering

Six-Sigma-Projekte sind eher kurzfristig angelegt. Der Erfolg soll sich innerhalb weniger Monate einstellen, um den Prozess schnellstmöglich wieder an den eigentlichen Besitzer zu übergeben. Dahingegen haben Re-Engineering-Projekte einen längeren Zeithorizont, speziell, wenn es um die Einführung neuer Software oder anderer Technologien geht. Jeder Anfang ist schwer und daher benötigt ein vollkommen überarbeiteter Prozess gerade nach der Einführung eine sehr intensive Begleitung. Besser man plant die eine oder andere Korrekturschleife gleich mit ein, als dass man sich von plötzlich auftauchenden Schwierigkeiten überraschen lässt.

Der Re-Engineering-Teamleiter hat sich während des Projekts zum Spezialisten für den neuen Prozess entwickelt, während der Prozessbesitzer sich in dieser Zeit häufig noch nicht an die neuen Abläufe gewöhnen konnte. Daher ist es ratsam, eine längere Übergabephase zu planen. Da es sich um strategisch sehr relevante Prozesse handelt, steht eventuell auch ein Wechsel des Prozessbesitzers an.

Ein Re-Engineering ist nicht einfach eine andere Art Six-Sigma-Projekt, bei dem der bestehende Prozess ein bisschen mehr verbessert wird und das Projektteam etwas mehr Kreativität wagt. Nichtsdestotrotz kann ein solches Projekt innerhalb der Six-Sigma-Organisation ablaufen und durch einen Black Belt geleitet werden. Da der Programmleiter so oder so für alle Aspekte des Prozessmanagements zuständig ist, spielt er auch bei der Auswahl und Durchführung des Re-Engineering eine tragende Rolle. Obwohl es hier nicht so sehr um Statistik geht, kann ein Master Black Belt sehr gute Unterstützung leisten, denn er verfügt über umfangreiche Erfahrung im Projektmanagement und kennt die Schwierigkeiten und Widerstände, die innerhalb der Organisation auftreten können.

Bestimmen des kritischen Prozesses

Zuerst werden diejenigen Prozesse identifiziert, die neu gestaltet werden sollen. Wie das im Einzelnen abläuft, wurde im Abschnitt über Hoshin Kanri bereits beschrieben. Da Prozess-Re-Engineering Zähigkeit und Ausdauer verlangt und das Projektteam etliche Hindernisse und Widerstände überwinden muss, ist die Unterstützung des oberen Managements unabdingbar. Daher wird zu Beginn ein Machtpromotor aus dem Steuerkreis verpflichtet, der über Ressourcen verfügen kann und gewillt ist, das gesamte Re-Engineering voranzubringen. Diese Person wählt mit dem Programmleiter und dem Prozessbesitzer einen Projektleiter aus.

Die erste Aufgabe dieses Trios ist es, Ziele zu bestimmen und den Projektauftrag festzulegen. Anders als bei Six-Sigma-Projekten ist es manchmal notwendig, die Ziele etwas weiter zu fassen und den strategischen Hintergrund auszuleuchten. Beispielsweise hat die letzte Kundenbefragung ergeben, dass das Unternehmen als Riesentanker gesehen wird, der zwar eine große Masse bewegt, aber nur sehr langsam reagiert. So kann der vorläufige Projektauftrag lauten, den Entwicklungsprozess zu beschleunigen und mehr auf die Schlüsselkunden auszurichten. Wie diese Ziele genau gemessen werden und welche Indikatoren den Prozess überhaupt beschreiben können, ist zu Beginn des Projekts mitunter noch nicht klar.

Auf der anderen Seite ist es notwendig, Beschränkungen festzulegen. Es ist für die Planung sehr wichtig zu wissen, ob das Projekt innerhalb eines Jahres fertig sein soll oder ob es auch drei Jahre laufen darf, ob das Budget maximal 500 000 EUR beträgt oder ob man mit den vorhandenen Mitarbeitern auskommen soll bzw. ob die Anzahl eventuell sogar reduziert werden muss.

Dies soll aber nicht bedeuten, dass Re-Engineering ohne Messung und Erfolgsnachweis auskommt. Sobald die Gestaltungsprinzipien des neuen Prozesses festgelegt wurden und der Ablauf mitsamt den benötigten Ressourcen dem Steuerkreis zur Genehmigung vorgelegt wird, sind auch eine Berechnung des erwarteten Nutzens und die Festlegung von Leistungsindikatoren notwendig.

Die Genehmigung verwandelt den vorläufigen in den endgültigen Projektauftrag. Jetzt bedarf es nur noch eines Projektteams. Neben dem Projektleiter und dem Prozessteam spielen weitere Experten eine besondere Rolle. Soll beispielsweise eine neue Technologie eingeführt werden, so ist es notwendig jemanden im Team zu haben, der sich bereits damit auskennt. Eventuell lohnt es sich auch, einen Moderator oder Experten für Veränderungsprozesse mit in die Gruppe einzubeziehen, der auf gruppendynamische Prozesse achtet und sicherstellt, dass alle vom neuen Prozess betroffenen Personen in angemessener Weise vorbereitet werden.

Einarbeiten in den bestehenden Prozess

In der zweiten Phase findet eine Einarbeitung in den bestehenden Prozess statt, mindestens so weit, wie es nötig ist, um die elementaren Aufgaben des Prozesses zu verstehen und die Kundenanforderungen festzulegen.

Über die Frage, ob der alte Prozess tiefgehend analysiert werden soll oder nicht, herrschen unterschiedliche Meinungen. Einige Autoren plädieren für eine genaue Analyse des Prozesses, um Hinweise auf Schwachstellen zu erhalten und um später einen Leistungsvergleich zwischen dem alten und dem neu gestalteten Prozess durchführen zu können. Andere Autoren lehnen jedoch eine ausführliche Analyse ab. Es soll nur grob ermittelt werden, was der gegenwärtige Prozess bewirkt und welche Aspekte die Leistung des Prozesses beeinflussen. Da die Prozesse vollkommen neu gestaltet werden sollen, gibt es keinen Grund, genaue Analysen zu betreiben oder größere Datenmengen zu erheben. Eine Vertiefung in den bestehenden Prozess blockiert die Sicht auf neue Lösungsmöglichkeiten (Hammer/Champy 1994, S. 167). Eine Detailanalyse wäre an dieser Stelle unnütz oder sogar hinderlich, denn der Prozess soll letztendlich neu gestaltet werden.

Dies ist jedoch eine eher theoretische Diskussion und kann im praktischen Fall je nach Bedarf entschieden werden. Das gesamte Projektteam muss die Ziele des Prozesses verstehen und kann im Umfeld des Prozessmanagements ohnehin auf das Ablaufdiagramm, die Prozessindikatoren und die Schnittstellenvereinbarung zurückgreifen. Die Tiefe der Analyse richtet sich nach der Menge der benötigten Daten. Die Prozesse sollen zur Verbesserung des Kundennutzens und aus der Sicht des Kunden restrukturiert werden. Aus diesem Grund ist zu Beginn des Vorhabens eine Kundenbefragung ratsam, um die wesentlichen Anforderungen bezüglich der einzelnen Prozesse herauszufinden.

Entwurf des neuen Prozesses

Hat sich das Projektteam ausreichend genug in den bestehenden Prozess eingearbeitet und versteht es die Kundenanforderungen, so ist es an der Zeit, den neuen Prozess zu entwerfen. Dabei finden die Erkenntnisse bezüglich der prozessorientierten Organisationsgestaltung Anwendung, die in Kapitel eins beschrieben wurden. Insbesondere wenn ein Re-Engineering stattfindet und der Prozess in eine neue Form gegossen wird, sollte die Anwendung des Entsendungsprinzips oder des Delegationsprinzips erwogen werden.

Bei der Vorbereitung der Planungssitzungen sind einige Punkte zu beachten, die zwar nicht bahnbrechend neu sind, aber über den Erfolg entscheiden können. Eventuell kann ein Moderator hinzugezogen werden, der das Projektteam begleitet und auf die Einhaltung der Grundsätze kreativen Arbeitens achtet.

Anfangs wird bewusst eine möglichst breite Streuung der Lösungen gefördert und erst am Schluss kommt die Bewertung. Die Ausgangssituation und die Rahmenbedingungen werden nicht als unveränderbar hingenommen. Daher wird bei solchen Sitzungen zugelassen, dass die vorliegenden Informationen subjektiv bewertet und selektiv verwendet werden. Details werden nicht analytisch, sondern intuitiv erfasst. Das heißt, dass in dieser frühen Phase nicht unbedingt jede Äußerung einer logischen Überprüfung standhalten muss und einer schlüssigen Begründung bedarf. Vielmehr werden gedankliche Sprünge und Assoziationen zugelassen und auch nicht durchführbare Lösungen können einen Beitrag zum besseren Verständnis des Problems leisten.

Schließlich gibt es noch die ungeschriebene Regel für alle Gruppensitzungen, dass Kritik in der kreativen Phase vermieden werden soll. Und wenn sie doch geäußert wird, soll sie nicht auf Personen zielen. Erst wenn die kreative Phase abgeschlossen ist, erfolgen eine Bewertung und die Verengung des möglichen Lösungsraums auf die realistischen Prozessvarianten (Csikszentmihalyi 2003; De Bono 2005; Schlicksup 2004).

HINWEIS: Bereits in der Vorbereitung sollte gezielt darauf geachtet werden, dass hindernde Faktoren vermieden werden. Zeitdruck, Stress oder ein zu bürokratischer Ablauf sind Faktoren, die sich nicht sehr fördernd auswirken.

Ein Tagesablauf, der zum Beispiel um sieben Uhr mit dem Erläutern der Workshop-Ziele, dem Vorstellen der Teilnehmer und der Beschreibung der Problematik beginnt, dann um neun Uhr einen Gedankenaustausch und pünktlich um zwölf Uhr dreißig das Mittagessen vorsieht, nachdem um viertel nach elf kreative Einfälle aufgelistet wurden, fördert nicht unbedingt das Entstehen guter Ideen. Außerdem sollte Meinungszensur und die Anwesenheit von zu dominanten Vorgesetzten oder Meinungsführern vermieden werden. Eventuell müssen im Vorfeld Gespräche geführt werden, wer lieber nicht teilnehmen sollte.

Es ist allerdings nicht so, dass sich die Teilnehmer nicht vorzubereiten bräuchten und die gesamte Arbeit vom Projektleiter oder dem Moderator übernommen werden könnte. Ohne die intensive Auseinandersetzung mit dem Thema, wird sich keine Kreativität einstellen. Denn die vertiefte Kenntnis des entsprechenden Fachbereichs ist dafür Voraussetzung und Einfallsreichtum und Unvoreingenommenheit allein reichen nicht aus. Je weiter der neue Prozess vom alten entfernt sein soll, desto mehr Expertenwissen ist erforderlich.

Nachdem die Situation intensiv besprochen wurde und erste Lösungsmöglichkeiten erörtert wurden, sollte eine Phase der Ruhe folgen, in der sich die Kreativen nicht mit dem Problem befassen. Diese als Inkubation bezeichnete Phase führt vermutlich zu Veränderungen der assoziativen Verbindungen im Gehirn. Nach der Inkubation stellt sich plötzlich die Einsicht ein und es kristallisieren sich konkrete Ansätze heraus. So gaben bei einer 2010 durchgeführten Studie nur 6,4 % der Befragten an, dass sie ihre besten Ideen am Arbeitsplatz haben, während ca. zwei Drittel anführten, dass sie diese in Ruhemomenten, in der Bewegung oder während der Freizeit entwickeln.[9]

Nachdem der Rahmen für die Kreativsitzung abgesteckt wurde, muss nur noch der neue Prozess festgelegt werden. Um sich an einen Ablauf halten zu können und viele kreative

[9] Die erwähnte Studie von „lQudo - academy for creative intelligence“ wurde am 26. 7. 2010 in der Wirtschaftswoche beschrieben und ist im Internet veröffentlicht. Siehe die Liste der empfohlenen Internetseiten. Es handelt sich um eine explorative Studie, die keinen Anspruch auf Repräsentativität erhebt oder wissenschaftliche Thesen stützt.

Ideen zu entwickeln, wendet das Projektteam die in Bild 5.14 gezeigten Gestaltungsprinzipien der Reihe nach an.

Das Herumexperimentieren und das Ausprobieren verschiedener Lösungen sollen dem Verbesserungsteam beim Entwickeln eigener Ideen helfen. Dies erfolgt am besten auf einem Phönix-Workshop. Ein Phönix ist der griechische Sagenvogel, der aus seiner eigenen Asche wieder aufersteht. Dazu baut der er am Ende seines Lebens ein spezielles Nest, setzt sich hinein und verbrennt. Nach dem Erlöschen der Flammen bleibt ein Ei zurück, aus dem nach kurzer Zeit ein neuer Phönix schlüpft.

Da es eine sehr komplexe Aufgabe ist, den Prozess als Ganzes neu zu planen und dabei auch noch die Gestaltungsprinzipen anzuwenden, wird die große Aufgabe in mehrere kleine zerlegt. Das Prozessteam plant erst einmal verschiedene Alternativen für einzelne Abschnitte bzw. Teilprozesse und setzt daraus im zweiten Schritt den verbesserten Prozess zusammen. Soll beispielsweise der Auftragsplanungsprozess einem Re-Engineering unterzogen werden, so werden erst einmal mögliche Varianten für den ersten Teilprozess festgelegt. In Variante eins könnte der Kunde selbst sein gewünschtes Produkt im Internetportal konfigurieren. In Variante zwei reist ein Außendienstmitarbeiter mit einem Laptop zum Kunden und nimmt die Wünsche auf und in der dritten Variante wird die Anfrage über ein Callcenter direkt in das Anfragesystem eingegeben. Im zweiten Teilprozess wird das entsprechende Angebot erarbeitet. Dazu könnte ein Workflow eingerichtet werden, der nacheinander den Zielpreis, die technische Machbarkeit und die Herstellkosten bei verschiedenen Mitarbeitern abfragt und daraus automatisch ein Angebot erstellt. Eine andere Möglichkeit wäre es, eine Wissensdatenbank zu erstellen, in der alle Details erfasst sind, die dann automatisch die technische Machbarkeit prüft und die Kosten ermittelt. Um dieses zu ermöglichen, werden alle Sondervarianten gestrichen, sodass eine standardisierte Produktpalette übrig bleibt. Nimmt der Kunde das Angebot an, so wird der Vorgang vom Anfragesystem in das Auftragsplanungssystem übertragen. In einer anderen Variante gibt ein Mitarbeiter in der Auftragsbearbeitung alle Daten von Hand in das System ein, um dabei die fehlenden Daten zu ergänzen.

Sind die verschiedenen Varianten für die Teilprozesse entworfen, so können diese bezüglich der Zielsetzung und des benötigten Aufwands bewertet werden. Anschließend werden die am besten bewerteten Teilprozesse zu einem Prozess zusammengefasst. Bei der Kombination ergeben sich wiederum neue Möglichkeiten. Zum Beispiel bespricht der Außendienstler das Angebot vor Ort mit dem Kunden und gibt es gemeinsam direkt in ein Internetportal ein. Die Daten sind für den Kunden und den Lieferanten gleichzeitig sichtbar. Im Laufe des Angebotsprozesses werden üblicherweise noch mehrere Schleifen gedreht, um Preis, Konditionen und weitere Details festzulegen, die lange Kommunikationsprozesse zwischen Kunden, Außendienstmitarbeiter und Lieferant nach sich ziehen. Die Änderungen könnte der Kunde direkt im Internetportal selber durchführen und er bekommt umgehend eine Antwort, da alle betroffenen Stellen automatisch informiert werden und somit schnell reagieren können.

Werkzeug 16: Phönix-Workshop

1. Planen Sie nicht nur einen Workshop, sondern eine **ganze Reihe von Sitzungen.** Bereiten Sie die Workshops gut vor und überlegen Sie genau, wer eingeladen werden soll. Neben dem Prozessteam sollten Sie auch an **Organisations- oder Technologieexperten** denken. Ein **Moderator** leistet bei dieser Art von Vorhaben ebenfalls sehr gute Dienste.
2. Verteilen Sie die Nahtstellenvereinbarungen, Turtle-Diagramme, Ablaufdiagramme und Prozessindikatoren zur **Vorbereitung** an die Teilnehmer. Sollten **Kundeninterviews** durchgeführt worden sein oder hat im Vorfeld eine **Benchmarking**-Studie stattgefunden, so werden die Ergebnisse ebenfalls an die Teammitglieder weitergegeben. Außerdem übernimmt jeder ein oder zwei der Gestaltungsprinzipien, die im letzten Abschnitt beschrieben wurden, und bereitet sie so weit vor, dass sie den anderen erläutert und bereits erste Vorschläge zum Workshop mitgebracht werden können. Haben die Teilnehmer bisher noch nicht an einem Re-Engineering-Projekt mitgewirkt, so ist es ratsam, ein Vorbereitungstreffen durchzuführen, auf dem Details trainiert, der Ablauf geklärt, die Rollen und Aufgaben verteilt und die vorliegenden Daten besprochen werden.
3. Erläutern Sie zu Beginn des Workshops noch einmal, warum der Prozess neu gestaltet werden soll und welche **Zielvorgaben** im **Projektauftrag** gesetzt wurden. Nun sind die Teilnehmer an der Reihe und jeder trägt den Teil vor, den er vorbereitet hat. Zunächst zählt der Teilnehmer, der an der Reihe ist, auf, welche **Teilprozesse er identifiziert** hat. Hier soll keine offizielle Einteilung wiedergegeben werden, sondern die eigene Sichtweise steht im Vordergrund. Als Nächstes wird pro Teilprozess aufgeführt, nach welchen **Grundsätzen der Prozess heute organisiert** ist, und dann erläutert der Teilnehmer seine persönlichen Vorschläge zur Neugestaltung der Teilprozesse. Beispielsweise wird das Auftragsformular ausgefüllt und per E-Mail weiter geleitet oder das Antragsformular ist Bestandteil eines elektronischen Ablaufs in einem IT-System oder der Kunde wird angerufen und die Checkliste wird gemeinsam durchgesprochen usw. Es ist jedoch nicht notwendig, die Details zu erläutern. Der Moderator notiert die Teilprozesse und die Gestaltungsvorschläge so, dass sie für alle sichtbar sind.
4. Die anderen Teilnehmer stellen **Verständnisfragen** und unterbreiten weitere **Gestaltungsvorschläge,** die ihnen zu diesem Thema einfallen. Achten Sie darauf, dass zu diesem Zeitpunkt keine Kritik an den Vorschlägen der anderen geäußert wird. Es soll absichtlich noch kein Realitätscheck stattfinden und lassen Sie zu, dass sich das Team hier etwas von der Realität entfernt. Auch wenn der gerade geäußerte Vor-

schlag unrealistisch ist und später verworfen wird, so kann er den anderen Teilnehmern zur zündenden Idee verhelfen.

5. Sprudelt die **Kreativität** nicht mehr, so kommt der nächste dran. Er nimmt Bezug auf den Vorredner und erläutert zunächst, ob er die Einteilung der Teilprozesse genauso vorgenommen hat und welches die eigenen Vorschläge sind. Es ist hier vorteilhaft, keine Präsentationen vorzubereiten, sondern Tafel, Pinnwand, Flipcharts oder Packpapier zu benutzen, das an die Wand angebracht wird. So können zusätzliche Vorschläge leicht ergänzt werden und die einzelnen Vortragenden können ihren Beitrag direkt in das Diagramm des Vorredners eintragen. Zusätzliche Informationen können auf Klebezetteln untergebracht werden oder durch Pfeile und Symbole angedeutet werden.
6. Sind alle **Gestaltungsprinzipien** durchgesprochen, so beginnt die nächste Runde. Jetzt geht es ans **Bewerten.** Entweder wird vorher eine große **Pause** gemacht oder gleich ein neuer Termin vereinbart. Sie sollten zuerst die Anzahl der aufgelisteten Alternativen **reduzieren.** Am einfachsten geht das durch Abstimmung per Handzeichen oder jeder bekommt einige Klebepunkte und bewertet damit seine Favoriten pro Teilprozess. Sind nur noch drei Alternativen pro Teilprozess übrig, so sollten Sie bei der Entscheidung etwas formaler und nachvollziehbarer vorgehen und nach Kriterien wie Machbarkeit, Risiko, Investitionsbedarf usw. bewerten.
7. Bilden Sie nun aus den am besten bewerteten **Alternativen** den gesamten Prozess. Werden Sie jetzt schon etwas konkreter und überlegen Sie, ob die einzelnen Teillösungen wirklich zusammenpassen und ob beim Zusammenfügen noch etwas Zusätzliches beachtet werden muss. Eventuell passen die besten Alternativen doch nicht zusammen und die als zweite oder dritte bewertete Alternative kommt zum Einsatz. Der Projektleiter oder eine andere Person **fasst die Ergebnisse so zusammen,** dass mit der Detailplanung begonnen werden kann.

■

Sind die Varianten geplant, bewertet und zum neuen Prozess zusammengesetzt, so wird der Prozess systematisch auf mögliche Fehler hin untersucht. Hierfür kommt wieder die Fehlermöglichkeit und -einflussanalyse (FMEA) in Frage, die bereits im Abschnitt 5.3.2 als Werkzeug für Six-Sigma-Projekte erwähnt wurde. Kann eine FMEA nicht durchgeführt werden, wird ein Problementscheidungsplan erarbeitet, bei dem in einer Gruppensitzung jeder Schritt des neuen Prozesses untersucht wird, welcher Fehler auftreten kann. Die Fehler werden durch logisches Schließen oder durch den Vergleich mit bereits existierenden Prozessen ermittelt. Für alle möglichen Fehler werden Vermeidungsmaßnahmen erarbeitet oder es wird festgelegt, welche Abstellmaßnahmen getroffen werden sollen, falls der Fehler tatsächlich auftritt.

Ist der Prozess gegen mögliche Fehler abgesichert, so wird der vorläufige Projektauftrag überarbeitet und daraus die endgültige Version erzeugt und im Steuerkreis präsentiert. Dabei werden noch einmal der Hintergrund des Projekts und der aktuelle A3-Bericht des Prozesses erläutert. Daran schließt sich eine Zusammenfassung der Kundenanforderungen und des wünschbaren neuen Zustands an. Zu einer solchen Präsentation gehören auch Zahlen. Es wird dargestellt, welche Ziele verfolgt werden, was es dem Unternehmen nützt und welche Investitionen und Ressourcen notwendig sind. Die strategische Einordnung und die Argumentation bespricht der Projektleiter vorab mit dem Prozessbesitzer, dem Programmleiter und den Vertretern des Steuerkreises, die ohnehin das Projekt unterstützen.

Genehmigt der Steuerkreis das Re-Engineering-Projekt, so wird der Projektauftrag verabschiedet und das Projektteam geht an die Detailplanung. Pro Teilprozess werden zunächst die Tätigkeiten aufgelistet, die nötig sind, um die Kundenanforderungen zu erfüllen. Direkt zusammengehörige Tätigkeiten werden zu Gruppen zusammengefasst und in die richtige Reihenfolge gebracht. Den einzelnen Tätigkeiten werden jetzt die Verantwortlichen zugeordnet und die benötigten Ressourcen aus den Bereichen Materialien, Anlagen, Werkzeuge, Personal, Raum und Software bestimmt. Wenn es darum geht, neue Software oder Anlagen zu erstellen, übernehmen jetzt die Fachabteilungen.

Das Re-Engineering-Team wird aber nicht arbeitslos. Das übergeordnete Projektmanagement hat es bei solchen Vorhaben in sich und bis alles steht und der neue Prozess im System des Prozessmanagements standardisiert wurde, wird noch einige Zeit vergehen. Bis alle trainiert sind und wissen, was sie zu tun haben, ist noch einiges zu tun. Um die Vorgaben für die Fachabteilungen zu ermitteln, den Prozess zu standardisieren und das Training vorzubereiten, müssen Turtle-Diagramm, Ablaufdiagramm, Indikatoren, Prozessbeschreibung und Nahtstellenvereinbarung erstellt werden.

Einführung

In der vierten Phase wird der neue Prozess schließlich eingeführt. Da er sich deutlich vom alten unterscheidet, können sich leicht Widerstände ergeben. Die Mitarbeiter müssen alte Gewohnheiten aufgeben. Zu diesem Zeitpunkt sind die Unterstützung des Steuerkreises und eine proaktive Kommunikation besonders wichtig. Die betroffenen Mitarbeiter sollen erfahren, warum dieser Prozess gerade so geändert wird, und Unsicherheit über den zukünftigen Zustand und die Zuständigkeiten im Prozess sollen möglichst vermieden werden. So kann der neue Prozess auf dem Papier zwar hervorragend geplant sein, wird er aber von den Mitarbeitern nicht akzeptiert oder sogar unterlaufen, ist dies für das Unternehmen kein Gewinn. Daher wird der Prozess vor der endgültigen Einführung auf seine Tauglichkeit und Akzeptanz geprüft. Dazu wird das Prozess-Prototyping angewendet, wie es bereits im Abschnitt 5.2.3 beschrieben wurde.

Ist dieses geschehen, muss noch entschieden werden, ob eine Pilotumsetzung möglich ist, um in einem möglichst unkritischen Bereich Erfahrungen zu sammeln und das Risiko zu minimieren. Dies bedeutet, dass der alte und der neue, restrukturierte Prozess für eine Zeitlang nebeneinander existieren. Eine Pilotanwendung ist immer dann möglich, wenn sich die Prozesse nach verschiedenen Objekten oder Bereichen trennen lassen. Objekte können zum Beispiel Materialgruppen, Kundengruppen oder Auftragsarten sein und Bereiche können verschiedene Werke, Räume, Produktionshallen oder Vertriebsgebiete sein. Ein direkter Umbruch vom alten auf den neuen Prozess wird dann gewählt, wenn der betroffene Personenkreis klein ist und der neue Prozess vorwiegend auf neuen Ablaufregeln basiert und nicht eine größere Technologieänderung nach sich zieht.

Das Wichtigste in Kürze

- Korrekturmaßnahmen bringen den Prozess zurück auf den vorher bereits erreichten Normalwert. Verbesserungen heben den bestehenden Normalwert an.
- Die Vorgehensweise von Kaizen entspricht der ständigen Verbesserung in kleinen Schritten. Bei Prozess-Re-Engineering und Six Sigma wird eine sprunghafte, innovative Prozessverbesserung angestrebt.
- Basis des Kaizen oder der ständigen (kontinuierlichen) Verbesserung ist der PDCA-Zyklus (plan, do, check, act). Zu den Prinzipien der ständigen Verbesserung gehören die Beteiligung aller Mitarbeiter, kleine Schritte, Verbesserung als Bestandteil der täglichen Arbeit und eine unterstützende Organisationsform.
- Zentrales Element bei der ständigen Verbesserung ist die Reduzierung der Verschwendung. Nach Ohno lassen sich sieben Verschwendungsarten festhalten: Überproduktion, Wartezeit, unnötige Transporte, ungünstige Prozessgestaltung, überhöhte Bestände, unnötige Tätigkeiten und fehlerhafte Ergebnisse.
- Ein Prozess kann anhand einer Wertstromanalyse systematisch durchleuchtet werden, Daten werden aufgenommen und es wird festgestellt, wo der Prozess Verschwendungen aufweist oder fehlerhafte Ergebnisse produziert. Die Grundprinzipien der Wertstromanalyse sind, dass das Prozessteam sich selbst von dem Zustand des Prozesses überzeugt, sein Wissen in die Verbesserung einbringt und die für gut befundenen Verbesserungsmöglichkeiten selber umsetzt (Werkzeug 13: Wertstromanalyse).
- Im Ideenspeicher können alle Verbesserungsideen, die sich z. B. durch Audits, Hoshin Kanri oder den Nahtstellenvereinbarungen ergeben haben, gesammelt und bewertet werden (Werkzeug 14: Ideenspeicher).
- Die gesammelten Ideen sollten hinsichtlich ihres Einflusses auf die Zufriedenheit des Prozesskunden, ihres Einfluss auf die Prozesseffizienz sowie der Kriterien Kosten und Umsetzbarkeit bewertet werden.
- Six Sigma ist eine Methode der Prozessverbesserung, die mit Hilfe statistischer Methoden die Prozessstreuung auf ein Minimum reduziert. Zentral ist bei Six Sigma das sogenannte Promotorenkonzept sowie der DMAIC-Prozess (Define, Measure, Analyse, Improve, Control). Diese fünf Phasen können von allen Projektarten durchlaufen werden. Zunächst wird ein Problem definiert, ist das Problem bzw. dann das Projekt (siehe Werkzeug 15: Projektauftrag) definiert, werden die Einflussfaktoren identifiziert, die sich

auf das angestrebte Ergebnis auswirken. Sind die Ursache-Wirkungs-Zusammenhänge aufgezeigt, geht es nach dem Pareto-Prinzip darum, die wenigen wichtigen Einflussfaktoren zu finden, die sich wesentlich auf das Ergebnis auswirken. Abschließend werden der Verbesserungssprung und die Fähigkeit des veränderten Prozesses nachgewiesen und ein Steuerungskonzept entworfen, mit dem der Prozessbesitzer auch langfristig den optimierten Zustand halten kann.

- Prozess-Re-Engineering überdenkt Prozesse grundlegend und plant neue Prozesse parallel zu Informationstechnologien. Zentral sind dabei die Ausrichtung am externen Kunden, die Konzentration auf Schlüsselprozesse, sprunghafte Verbesserungen um Größenordnungen und divergentes Denken. Zu den Gestaltungsprinzipien gehören die Aufgabenintegration, das Überprüfen der Prämissen, der Einsatz von Informationstechnologie, das Bilden von Analogien, die Parallelbearbeitung, die Variantenbildung, das Reduzieren der Kontrollen sowie das Vertauschen der Prozessschritte. Prozess-Re-Engineering besteht aus vier Phasen: Bestimmen des kritischen Prozesses, Einarbeiten in den bestehenden Prozess, Entwurf des neuen Prozesses (Werkzeug 16: Phönix-Workshop) und Einführung. ■

Literatur

Altschuller, G. S.: Erfinden: Wege zur Lösung technischer Probleme. Berlin 1986

Csikszentmihalyi, M.: Kreativität. Wie Sie das Unmögliche schaffen und Ihre Grenzen überwinden. Stuttgart 2003

Davenport, T. H.; Short J. E.: The New Industrial Engineering: Information Technology and Business Process Redesign. In: Sloan Management Review, 31(1990)4, S. 11 - 27

Davenport, T. H.: Process Innovation: Re-Engineering Work through Information Technology. Boston 1993

De Bono, E.: De Bonos neue Denkschule. Kreativer denken, effektiver arbeiten, mehr erreichen, Heidelberg 2005

De Bono, E.: The use of lateral thinking. Cape London 1967

Deming, W. E.: Out of the Crisis. Cambridge, 2000 (ursprünglich veröffentlicht 1982)

Ford, H.: Zitiert nach http://www.gutzitiert.de/zitat_autor_henry_ford_thema_denken_zitat_852.html; abgerufen am 14. 3. 2014

Fukuda, R.: Managerial Engineering: Techniques for Improving Quality and Productivity in the Workplace. Cambridge 1983

Gamweger, J.; Jöbstl, O.: Six Sigma. In: Kamiske, G. F. (Hrsg.): Handbuch QM-Methoden - Die richtigen Methoden auswählen und erfolgreich umsetzen. München 2013

Guha, S.; Kettinger, W. J.; Teng, J.: Business Process Re-Engineering: Building a Comprehensive Methodology. In: Information Systems Management, 10(1993)3, S. 13 - 22

Guilford, J. P. u. a.: Some new views of creativity. In: Helson, H. (Hrsg.): Theories and data in psychology. Princetown 1967

Hall, G.; Rosenthal, J.; Wade, J.: Rengineering: Es braucht kein Flop zu werden. In: Harvard Business Manager (1994) 4, S. 82 - 93

Hammer, M.: Re-Engineering Work: Don't Automate, Obliterate. In: Harvard Business Review, 68(1990)4, S. 104 - 112

Hammer, M.; Champy, J.: Business Re-Engineering: Die Radikalkur für das Unternehmen. Frankfurt am Main 1994

Hammer, M.; Champy, J.: Re-Engineering the Corporation. New York 1993

Imai, M.: Kaizen: Der Schlüssel zum Erfolg der Japaner im Wettbewerb. Berlin 1986

Kamiske, G. F.; Füermann, T.: Die Denker der Qualitätswissenschaft. In: Kamiske, G. F. (Hrsg.): Digitale Fachbibliothek Qualitätsmanagement, Kapitel 01 Qualitätsmanagementsysteme: Grundlagen. Fortlaufend aktualisiert, http://www.symposion.de

Kano, N.: Attractive quality and must be quality. In: Hinshitsu: Journal of the Japanese Society for Quality Control, 14(1984)2, S. 39 ff.

Lay, G.; Spomenka, M.: Aufgabenintegration - Abkehr vom Taylorismus?, Fraunhofer Gesellschaft, Mitteilungen aus der Produktionsinnovationserhebung Nummer 36, Karlsruhe 2005

Lindner A.; Becker, P.: Wertstromdesign. In: Kamiske, G. F. (Hrsg.): Handbuch QM-Methoden - Die richtigen Methoden auswählen und erfolgreich umsetzen. München 2013

Locke, E. A.; Latham, G. P.: A Theory of Goal Setting and Task Performance. Englewood Cliffs 1990

Magnusson, K.; Bergman, B.; Kroslid, D.: Six Sigma umsetzen: Die neue Qualitätsstrategie für Unternehmen. München 2004

Ohno, T.: Das Toyota-Produktionssystem. Frankfurt am Main 1993

Schlicksup, H.: Ideenfindung. München 2004

Scott Morton, M. (Hrsg.): The Corporation of the 1990s: Information Technology and Organizational Transformation. New York 1991

Shapiro, E. C.: Fad Surfing In The Boardroom: Managing in the age of instant answers. New York 1996

Short, J. E.; Venkatraman, N.: Beyond Business Process Redesign: Redefining Baxter's Business Network. In: Sloan Management Review, 34(1992)1, S. 7 - 20

Töpfer, A.: Six Sigma: Projektmanagement für Null-Fehler-Qualität in der Automobilindustrie. In Zeitschrift für die gesamte Wertschöpfungskette Automobilwirtschaft, 7(2004)2, S. 14 ff.

Venkatraman, N.: IT - induced Business Reconfiguration. In: Scott Morton, M. (Hrsg.): The Corporation of the 1990s: Information Technology and Organizational Transformation. New York 1991, S. 122 - 158

Wildemann, H.: Prozess-Benchmarking: Leitfaden zur Erreichung von Quantensprüngen in Geschäftsprozessen. München 2012

Witte, E.: Organisation für Innovationsentscheidungen - Das Promotoren-Modell. Göttingen 1973

Womack, J.; Jones, D.; Roos, D.: The Machine that changed the World: The Story of Lean Production. New York 1990

6 Fachausdrücke und Abkürzungen

A3-Bericht	Bericht im Papierformat A3, der zusammengefasste Informationen über Prozesse, Strategien, Projekte oder Problemlösungen gibt.
Andon	Der aus dem Japanischen stammende Begriff bezeichnet eine Reißleine oder einen Abstellknopf, der es ermöglicht, eine Produktions- oder Montagelinie anzuhalten.
Ablaufdiagramm	Ein Ablaufdiagramm zeigt die Tätigkeiten eines Prozesses in einer sachlogischen Reihenfolge. Häufig benutzte Formen sind das Prozessablaufdiagramm, das Blockdiagramm oder der Tabellenablaufplan.
Benchmarking	Ein systematischer Vergleich von Produkten oder Prozessen. Der englische Begriff Benchmark bedeutet Bezugspunkt oder Bezugsnorm.
Callcenter	Telefonzentrale, in der Kundenaufträge entgegengenommen werden oder andere standardisierte Kommunikationsabläufe ausgeführt werden.
C_{pK}	Prozessfähigkeitsindex. Ein Index, der das Verhältnis der Streuung eines Merkmals zur Spezifikation angibt. Der Buchstabe K drückt aus, dass der Indexwert die kritische Seite der Spezifikation berücksichtigt.
Change Management	Planung und Durchführung von Projekten zur Organisationsveränderung, im Deutschen auch als Organisationsentwicklung bezeichnet.
CEO, Chief Executive Officer	Angelsächsische Bezeichnung für einen Vorstandsvorsitzenden oder den alleinig zeichnungsberechtigten Geschäftsführer eines Unternehmens.
DMAIC	Bezeichnet die Phasen eines Six-Sigma-Projekts: **D**efine = Definiere, **M**easure = Messe, **A**nalyse = Analysiere, **I**mprove = Verbessere, **C**ontrol = Steuere.

DNS	Abkürzung für Desoxyribonukleinsäure. Ein Begriff, der aus der biologischen Vererbungslehre stammt. Gemeint ist in diesem Buch die Summe des gemeinsamen Wissens und der Erfahrungen, auf die ein Unternehmen zurückgreifen kann.
Eingabe	Informationen und Materialien, die in den Prozess hineingelangen und eine Kette von Tätigkeiten auslösen.
Ergebnis	Informationen und Materialien, die aus dem Prozess herausgegeben werden.
FMEA	Fehlermöglichkeits- und -einflussanalyse; analytisches Verfahren, um Schwachstellen und Risiken in Produkten oder Prozessen zu bewerten und zu minimieren.
Ganttchart	Ein Balkenplan, der zum Projektmanagement eingesetzt wird. Es wird nach dem Unternehmensberater Henry L. Gantt (1861 bis 1919) benannt und stellt die zeitliche Abfolge von Aktivitäten in grafischer Form dar.
IMVP	**I**nternational **M**otor **V**ehicle **P**rogram; eine vergleichende Studie des MIT, die von 1985 bis 1991 über Herstellungsprozesse in der Automobilindustrie in 15 Ländern durchgeführt wurde.
JUSE	**J**apanese **U**nion of **S**cientists and **E**ngineers; Verband der japanischen Wissenschaftler und Ingenieure.
Kanban-Steuerung	Methode der Produktionsablaufsteuerung, die auf dem Hol-Prinzip beruht. Die benötigte Materialmenge wird durch ein Kanban angezeigt. Das japanische Wort Kanban bedeutet auf Deutsch Karte.
Key Account Management	Betreuung der Schlüsselkunden.
Nahtstellenvereinbarung	Vereinbarung zwischen Prozesskunden und -lieferanten, in der die Anforderungen an die gelieferten Eingaben festgelegt werden.
Just-in-time-Produktion	Bedarfssynchrone Produktion. Dieser Ausdruck bezeichnet ein Organisationsprinzip, bei dem das Material genau zum benötigten Zeitpunkt und in der benötigten Menge zur Verfügung gestellt wird, ohne Lagerbestände aufzubauen.
Lean Production	Schlanke Produktion. Produktionssystem, bei dem bewusst auf das Erzeugen von Puffern und Beständen verzichtet wird. Dieses System wurde ursprünglich bei japanischen Unternehmen, insbesondere Toyota, entwickelt und wird heute auch außerhalb der Automobilindustrie angewendet.
MIT	**M**assachusetts **I**nstitute of **T**echnology, eine der anerkanntesten Technische Hochschulen in den USA mit Sitz in Cambridge im Bundesstaat Massachusetts.

National Bureau of Census	Entspricht in etwa dem statistischen Bundesamt, wörtliche Übersetzung: Nationales Amt für Volkszählung.
Pareto-Prinzip	Vilfredo Pareto (1848 - 1923) war italienischer Ingenieur und Ökonom und untersuchte die Einkommenskonzentration in einer Volkswirtschaft. Er stellte mathematische Modelle zur Messung und Erklärung der Konzentration auf. In Anlehnung hieran wird die 80/20-Regel, nach der 80 Prozent der Auswirkungen auf 20 Prozent der Ursachen beruhen, auch Pareto-Regel genannt.
ppm	Parts per Million; Teile pro Millionen Teile.
Profit Center	Ertragszentrum; Unternehmenseinheit, die eine eigene Gewinn und Verlustrechnung durchführt.
Process Prototyping	Methode zum Erstellen eines ersten Ablaufmusters eines Prozesses.
Process Map	Prozesslandkarte; Darstellung der wichtigen Prozesse eines Unternehmens.
Prozess-Re-Engineering	Prozess-Neuentwurf. Methode zum grundlegenden Neuentwurf eines Prozesses.
Prozess	Ein Satz von in Wechselwirkung stehenden Tätigkeiten, der Eingaben in Ergebnisse umwandelt.
Problemlösungsplan	Festgelegtes Vorgehen zur Problemlösung, bei dem mehrere Stufen durchlaufen und in einen Bericht eingetragen werden.
Screenshot	Bildschirmschuss; Momentaufnahme der Abbildung auf einem Computermonitor.
Simultaneous Engineering	Gleichzeitiges Entwerfen; Organisation eines Entwicklungsprojekts, bei dem das Produkt und die Produktionsprozesse gleichzeitig und nicht nacheinander entwickelt werden.
SIPOC-Diagramm	**S**upplier = Lieferant, **I**nput = Eingabe, **P**rocess = Prozess, **O**utput = Ergebnis, **C**ustomer = Kunden Prozessablaufdiagramm, das den Prozess mit Eingaben und Ergebnissen zeigt.
Six Sigma	Sechs Sigma. Sigma bezeichnet das Maß für die Streuung eines Prozesses oder den Namen eines Verbesserungsprogramms.
Taylorismus	Nach dem US-Amerikaner Frederick Winslow Taylor (1856 bis 1915) benannte Methode der wissenschaftlichen Betriebsführung. Heute wird der Begriff wegen der starken Zergliederung der einzelnen Tätigkeiten und der strikten Trennung von Planung und Ausführung vorwiegend im kritischen Kontext verwendet.
TQM Total Quality Management	Umfassendes Qualitätsmanagement; Führungskonzept, das Qualität in den Mittelpunkt stellt und alle Mitarbeiter des Unternehmens auf allen Hierarchieebenen einbezieht.

Turtle-Diagramm	Schildkrötendiagramm. Prozessdiagramm, das den Prozess mit Eingaben, Ergebnissen, Ressourcen, Indikatoren, Erfahrungen und Kompetenzen und Methoden darstellt. Die Anordnung der einzelnen Details erinnert an eine Schildkröte.
Wertstromanalyse	Analyse des Wertschöpfungsprozesses, basierend auf der Erstellung eines Ablaufdiagramms im Verbesserungsteam und der Identifizierung von Schwachstellen und Verschwendungen.
Workflow	Arbeitsablauf. Definierte Folge von Aktivitäten in einem Arbeitssystem. Als Workflow-Management-System werden IT-Systeme bezeichnet, die Arbeitsabläufe unterstützen.

7 Empfohlene Internetseiten

Aris Community

Kostenloser Download von Aris Express

http://www.softwareag.com/de/Press/pressreleases/20100817_SoftwareAGARISCommunity_page.asp

DMAIC Tools

Englische Internetseite rund um Six Sigma mit Beschreibungen und Werkzeugen, die teilweise heruntergeladen werden können.

http://www.dmaictools.com/

Fraunhofer Gesellschaft - Aufgabenintegration - Abkehr vom Taylorismus?

Studie der Fraunhofer Gesellschaft in der Metall- und Elektroindustrie

http://www.isi.fraunhofer.de/isi-media/docs/i/de/pi-mitteilungen/pi36.pdf?WSESSIONID=uirkmuzx

Fraunhofer Gesellschaft - Lean Office 2006

Studie der Frauenhofergesellschaft, Institut für Produktionstechnik und Automatisierung zusammen mit dem Kaizen Institute

http://www.ipa.fraunhofer.de/fileadmin/www.ipa.fhg.de/pdf/Produkt-_und_Qualitaetsmanagement/Studie_Lean_Office_-_Zusammenfassung_lang_060723.pdf

forFlex

Marktübersicht über moderne Werkzeuge zur Simulation von Geschäftsprozessen. Herausgeber ist der Bayerische Forschungsverbund forFLEX, eine Zusammenarbeit der Universitäten Bamberg, Regensburg und Erlangen-Nürnberg.

http://www.forflex.de/uploads/AB/forflex-2011-002.pdf

Gesellschaft für Organisationsentwicklung

Die GOE e.V. ist ein Netzwerk für alle, die im Feld der Organisationsentwicklung tätig sind und sich kollegial austauschen wollen.

http://www.goe.org/hintergrundwissen/theorien-wissen/oe-historie/

Iqudo – Institut für Kreativitätstraining

Studie Ideenfindung 04/2010

http://www.iqudo.com/fileadmin/pdf/IQudo_StudieIdeenfindung_042010.pdf

ITIL (IT Infrastructure Library)

ITIL ist ein internationaler Standard für IT Service Management.

http://www.itil-officialsite.com/home/home.aspx

IT Service Management Forum

Das IT Service Management Forum ist eine internationale Vereinigung und in Deutschland ein eingetragener Verein für ITIL-Publikationen.

http://www.itsmf.de/26.html

JUSE

Union of Japanese Scientists and Engineers

http://www.juse.or.jp/e/

Lean Production Expert

Begriffserklärungen und Diskussionsforum rund um das Thema Lean Production

http://www.lean-production-expert.de/lean-production/7-verschwendungsarten.html

Process Maker

OpenSource-Software zur Simulation von Geschäftsprozessen

http://workflow-tool.de/processmaker/

Qualitätsforum

Unabhängiges Forum für Qualitätswesen; Informationen und Diskussionen rund um das Thema Qualität und somit auch über die Werkzeuge für Six Sigma

http://www.qualitätswesen.de/include.php?path=forumsthread&threadid=33

Qualitätspreise und Reifegradmodelle

Links zu den Internetseiten der bekanntesten Qualitätspreise

Europa/EFQM-Modell, *http://www.efqm.org/en/*

USA/MBNQA *http://www.nist.gov/baldrige/*

Japan/Deming Prize *http://www.juse.or.jp/e/deming/*

Deutschland/Ludwig-Erhard-Preis *https://ilep.de/*

Softguide

Anbieterunabhängige Internetseite zur Auswahl von Software für Data Warehouse, Unternehmenssoftware und Branchenlösungen

http://www.softguide.de/software/data-warehouse

StangerWeb - Werkzeuge zur Prozessverbesserung

StangerWeb ist eine private Seite ohne kommerziellen Hintergrund. Das Hauptziel ist es, Hilfe beim Verbessern von Geschäftsprozessen zu geben.

http://www.stangerweb.de/improvement/process_capability.php

Triz Online

Internetseite für Interessierte an dem Werkzeugt TRIZ. Sie bietet die Möglichkeit, sich gezielt über Hintergründe, Entwicklung und Anwendung zu informieren.

http://www.triz-online.de/

Universität Flensburg - Heuristiken zur Problemlösung

Vorlesung von Prof. Dr. Alfred Schreiber, Institut für Mathematik und ihre Didaktik, Universität Flensburg

http://www.gefilde.de/ashome/vorlesungen/gzmadi/heuristik_problemloesen/heuristik_problemloesen.html

Wandelweb.de

Internetseite zu den Themen Prozesse verbessern, Probleme lösen und lernen mit Beiträgen und Diskussionen über Change Management und ständige Verbesserung

http://www.wandelweb.de/

VDA - QMC - 8D-Bericht

Qualitätsmanagement-Center des Verbands der deutschen Automobilindustrie

http://www.vda-qmc.de/publikationen/formulare/

Wikipedia - Satistiksoftware

Umfangreiche Auflistung statistischer Software mit Link zu den Herstellern und Download-Möglichkeit nicht kommerzieller Software

http://de.wikipedia.org/wiki/Liste_von_Statistik-Software

8 Werkzeug-Box

Nachfolgend eine Übersicht der empfohlenen Werkzeuge. Diese sind im E-Book PLUS⁺ integriert oder stehen Ihnen zum Download zur Verfügung:

- Werkzeug 1: Programmplan (S. 37)
- Werkzeug 2: Trainingsplan (S. 41)
- Werkzeug 3: SIPOC-Diagramm (S. 44)
- Werkzeug 4: Turtle-Diagramm (S. 52)
- Werkzeug 5: Prozessablaufdiagramm (S. 55)
- Werkzeug 6: Tabellenablaufdiagramm (S. 61)
- Werkzeug 7: Trendkarten (S. 76)
- Werkzeug 8: X-Matrix (S. 86)
- Werkzeug 9: A3-Prozessbericht (S. 92)
- Werkzeug 10: Nahtstellenvereinbarung (S. 99)
- Werkzeug 11: Prozessaudit (S. 106)
- Werkzeug 12: Problemlösungsplan (S. 121)
- Werkzeug 13: Wertstromanalyse (S. 146)
- Werkzeug 14: Ideenspeicher (S. 151)
- Werkzeug 15: Projektauftrag (S. 165)
- Werkzeug 16: Phönix-Workshop (S. 198, ohne elektronische Vorlage)

Dank

Wer ein Buch schreibt, benötigt viel Unterstützung. Ich hatte das große Glück, mich auf viele Unterstützer verlassen zu können. Einige waren sich bewusst, dass sie mir geholfen haben, andere eher nicht. Allen diesen Unterstützern gehört mein Dank.

An erster Stelle möchte ich meine Familie nennen, die mir durch viel Nachsicht und Einsicht geholfen hat, das Buch zu Ende zu bringen. Sie freuen sich sicher, dass ich bald wieder an der Hausarbeit und den allgemeinen Dingen teilnehme. An zweiter Stelle folgen meine Freunde, mit denen ich die große Linie, aber auch die vielen Kleinigkeiten diskutiert habe. Namentlich und im Übrigen alphabetisch möchte ich Andrea und Jens, Birgit und Hans-Peter und Sabine und Marco nennen. Sie haben mich angefeuert, durchzuhalten und in Aussicht gestellt, bald wieder beim Sport mitmachen zu können, mehr Zeit für Wein und gutes Essen zu haben und sie würden sogar zur Feier kommen, die ich anlässlich der Veröffentlichung des Buchs veranstalte.

Dann sollen noch meine Kollegen erwähnt werden. Die meisten wissen gar nicht, dass sie in einem Buch vorkommen, haben aber trotzdem die Prinzipien und Werkzeuge angewendet, so wie sie in diesem Buch beschrieben wurden oder in einer ähnlichen Form. Die meisten Erfolgsprinzipien und guten Beispiele konnte ich in unserer Company beobachten. Ich habe allerdings auch gesehen, was gar nicht funktioniert und warum einige Dinge immer wieder schief gehen.

Dann möchte ich mich noch beim Verlag bedanken. Allen voran bei meiner sehr kompetenten Lektorin, aber auch bei den anderen Mitarbeitern, die sich um das Layout und die Herstellung des Buchs gekümmert haben. Schließlich möchte ich mich noch vor den Autoren verbeugen, die ich in diesem Buch zitiert habe, auch wenn die meisten mein Buch wohl nie in die Hand bekommen werden. Natürlich habe ich mir nicht alles selbst ausgedacht, sondern vieles wurde bereits vorher gedacht und organisiert. Ich habe zwar einige Ideen neu eingestreut, doch mein bescheidener Beitrag liegt mehr in der Zusammenstellung der besten Vorgehensweisen und dem Einsortieren in das Umfeld des Prozessmanagements.

Am Schluss möchte ich noch den Lesern danken, dass sie sich mit dem Thema Prozessmanagement beschäftigt, dieses Buch gelesen und bis hierher durchgehalten haben. Ich bin mir bewusst, dass es wohl nur sehr wenige geben wird, die einen Blick auf diese Seite werfen werden. Falls sich doch jemand hierher verirrt und Gefallen an diesem Buch gefunden hat, so freuen sich der Verlag und auch ich über eine Rückmeldung.

Der Autor

Dr.-Ing. Timo Füermann

ist bei 3M in der European Business Unit Automotive als Qualitätsmanager tätig. Nach verschiedenen Positionen als Leiter des Prüflabors, Projektleiter für die Einführung des Prozessmanagements und als Qualitätsbeauftragter, ist er heute für das Qualitätsmanagementsystem in den europäischen Werken zuständig. Er ist Qualitätsauditor bei der DQS GmbH und Lehrbeauftragter für das Fach Statistische Methoden der Qualitätssicherung an der Bergischen Universität Wuppertal im Fachgebiet Produktsicherheit und Qualitätswesen. Zudem ist er Autor zahlreicher Publikationen zu den Themen Prozessmanagement und Qualitätswissenschaft und Mitglied in verschiedenen Facharbeitskreisen.

Index

Symbole

A

B

C

D

E

F

G

H

I

J

K

L